KB104216

곽재식의
도시
탐구

우리나라 도시에 숨겨진 과학 이야기

곽재식의
도시
탐구

곽재식 지음

아라크네

과학기술의 관점으로 들여다본
한국의 도시 이야기

나는 꽤 오래전에 방랑 여행을 다니는 것을 좋아했다. 방랑 여행이 무엇이냐 하면, 목적지를 정하지 않고 여행을 떠나는 것이다. 내가 무슨 김삿갓도 아니고 진짜 제대로 방랑을 떠날 수는 없을 테니, 기간은 정해져 있고 예산도 정해져 있는 여행을 떠나는 것뿐이기는 하다. 그래도 목적지 없이 기차역이나 버스 터미널에 가서 어디로 향할지 시간표를 보고 바로 정해서 출발하는 것으로 여행을 시작하는데, 그럴 때마다 정말 제대로 어딘가 떠나는 느낌이 들었다. 목적지에 가는 동안 "그 동네에 뭐가 유명했던 것 같은데" 싶은 것이 생각나면 도착해서 한번 찾아가 살펴본다. 그게 아니라면, 그냥 동네를 걸어 다니면서 아무 곳이든 한 바퀴 돌아봐도 좋다. 다니다 보면 "저건 뭔가?" 싶은 건물이나 간판이 눈에 뜨이기 마련인데, 도대체 이런 게 여기 왜 있나 하는 궁금증이 생기면 조사하고 추적해 보기도 한다. 그런 식으로 이것저것 살피다 보면 시간이 지나간다. 다음 날이 되면, 또 기차역이나 버스 터미널에 가서 이제 다음 목적지는 어디가 될지 곧바로 그 자리에서 정한다. 그렇게 해서 여행이 끝나는 날까지 한국 이곳저곳을 둘러본다.

문득 싱그러운 산이나 숲 풍경을 보고 싶어서 최대한 가까이에 있는 산골 마을에 가 보기도 하고, 넓은 들이 펼쳐진 농촌 정경을 보고 싶어서 시골 버스가 달릴 만한 곳을 골라 아무 지역으로나 찾아가 보기도 한다. 그러다 보면 갑자기 대도시에 가 보고 싶어서 인근의 광역시로 갈 때도 있고, 바다가 보고 싶어 지도를 보고 해안이 있는 곳으로 향하기도 한다. 이런 여행 중에는 평생 두 번 다시 안 가 볼 만한 곳에 찾아가게 될 때도 있고, 일부러 재미난 곳을 찾아다니기만 해서는 결코 볼 수 없는 모습을 보게 될 때도 있다.

그렇게 보는 것이 항상 대단히 멋지고 재미나더냐 하면, 꼭 그런 것은 아니다. 하지만 나는 그렇게 여행해야만 생각하게 되는 것이 많았다. 참 세상에 가지각색으로 사는 사람들이 있구나, 평소에 잘 모르고 지내서 그렇지 사실 세상은 이런 식으로 또는 저런 식으로 돌아가고 있구나, 하는 생각에 빠진다. 그런 생각이 재미있고, 어떤 풍경이 펼쳐질지 모르는 데로 뛰어든다는 점이 신나서 계획 없이 돌아다니는 여행을 좋아하게 된 것 같다.

그러다 보니 나는 한국의 도시나 지역은 그마다 나름대로 특성이 뚜렷하다는 사실을 알게 되었다. 회식 때 세상 모든 일을 다 아는 것처럼 말하는 아저씨들의 이야기를 들으면, 외국과는 다르게 한국에는 별달리 구경할 곳이 없고 똑같은 아파트 단지에 시멘트 건물 풍경뿐이라 재미없다고들 하는데, 그렇다고 해서 한국 도시와 지역에 저마다의 개성이 결코 부족하지는 않다. 부족한 것이 있다면 그 개성을 관광객이 재미있게 즐기기 좋게, 그리고 구경하고 사진 찍기 좋게 개발된 곳이 부족할 뿐이다.

그래서 아쉽기도 하고, 한편으로는 여행·답사·관광이 새롭게 달라질 수 있는 방법을 찾아내면 좋겠다 싶기도 했다. 한참 먼 곳의 낯선 동네를 걷다 보면 유행처럼 아무 곳에나 만드는 벽화 마을이나 둘레길 같은 것들 말고, 진짜 그 도시의 특징이 뭐고 그 동네 사람들이 다른 곳과는 다르게 느끼는 환경이 무엇인지 짚어 가면서, 그걸 잘 살려서 구경 거리로 만들고 즐길 거리로 즐겨 보는 것이 좋을 텐데 하는 생각이 든 때가 많았다.

그런데 숨겨진 특징, 아직 겉으로 잘 드러나지 않는 이야 깃거리를 캐내기에 과학기술만큼 좋은 도구가 없다. 원래 과학은 자연과 환경을 탐구하는 좋은 수단이었다. 게다가 기술 산업이 발달한 현대의 한국에서는 전국 각 지역이 어 떻게든 여러 가지 과학기술과 연관을 맺으며 성장하고 있 기에 그만큼 지역의 삶에서 과학이 무척 중요하기도 하다. 그 때문에 나는 과학기술의 관점에서 한국의 여러 지역, 여 러 도시를 둘러보면 그 도시의 현실에 대한 생생한 특징과 재미난 이야깃거리를 보다 뚜렷하게 포착해 볼 수 있을 거 라고 생각했다.

이 책에서는 전국 10개 도시 지역에 대해 이런 방식으로 찾아낸 이야기를 풀어 보았다. 그렇다고 해서 지역 발전에 관한 전문적인 자료집을 만들고자 했다거나 지역 연구 결 과를 정리하려고 한 것은 아니다. 하나하나의 과학 지식을 전해 주는 것이 목표인 책이라기보다는, 이런저런 도시를 둘러보면서 과학기술에 바탕을 두고 찾아낸 이야기에서 어 떤 느낌을 받았는지를 풀어 보고자 했다. 그리고 그 과정에 서 도시를 이루고 사는 사람들의 삶과 그 사람들의 사회가 과학기술과 어떤 식으로 연결되는지 글로 써 보고, 그렇게 다양한 가닥으로 풀려나가는 이야기들을 끝없이 엮인 줄 처럼 표현해 보려고 애썼다. 완성하고 결과를 보니 그럭저력 뜻대로 된 것 같기는 하지만 좀 더 다양한 지역을 다루지 못한 것, 더 상세하고 많은 이야기를 지면의 한계 때문에 생략해야 했던 것은 아쉽다. 특히 전국의 광역시 중에서 다루지 못한 곳이 있는 것이 무척 안타까운데, 지금은 이 정도로 마무리하기로 하고 언제인가 비슷한 내용을 다룬 다른 책을 또 쓸 기회가 생기기를 기다려 본다.

책 원고의 적지 않은 부분은 SBS 파워 FM의 라디오 프로그램 〈김영철의 파워FM〉 중 내가 2021년부터 맡아 온 '곽재식의 과학 편의점' 시간에 다루었던 내용을 글로 옮긴 것이다. 라디오 방송을 들으며, 청취자님 각자가 사는 곳과 고향의 이야기를 이렇게 재미있게 해 주셔서 고맙다는 말을 들었을 때는 정말 감사했고 기뻤다. 그래서 꼭 책으로도 내용을 엮어 봐야겠다고 결심했는데, 그것이 이렇게 결실을 맺게 되어 더욱 기쁘다. 이 기회를 빌려 좋은 라디오 프로그램에 참여할 수 있도록 초대해 주신 윤의준 PD님, 홍은혜 작가님, 황수빈 작가님께 깊은 감사의 말을 드리고자 한다.

2022년, 종로에서
곽재식

차례

우리나라 도시에 숨겨진 과학 이야기

곽재식의
도시
탐구

청주에 펼쳐진
동물의 왕국

산속 깊은 곳에 살던 괴물의 정체

조선 후기의 글인 『북관기사』에는 백두산에 가까운 함경도 북부 지역의 풍물을 소개하면서 산속 깊은 곳, 사람이 거의 드나들지 않는 숲속에 이상한 괴물 같은 것이 산다고 설명하는 대목이 있다. 이 이상한 괴물은 "완연히 7~8세된 어린아이 모습"과 닮았다고 표현된다. 그렇다면 사람의 형체를 하고 있지만 사람보다 작은 동물이었다는 뜻이다. 그 작은 사람 형체의 괴물이 나무를 타고 움직이는데, 속도가 매우 빨라서 날아가는 듯했다고 한다. 글의 전후를 보면

이 괴물을 본 사람이 여럿 있는지, 그에 관한 소문이 인근 사람들에게는 꽤 알려져 있었던 것 같다.

　도대체 이 괴물의 정체는 무엇이었을까?

　유럽 전설 중에는 키가 아주 작지만 사람 형체를 한 요정 종족이 깊은 숲속에 산다는 이야기가 많다. 땅속 세상에 드워프가 산다든가, 황금을 좋아하는 레프리콘이 있다든가 하는 이야기는 영화를 통해서도 많이 알려져 있다. 그 비슷한 종족이 있는데, 백두산 근처의 숲에서는 주로 나무 위를 돌아다니며 사는 것이라고 보아야 할까?

　혹은 산속 깊은 곳에서 특별히 훈련하며 무예를 갈고닦은 아주 몸집이 작은 사람이 있다거나, 그런 사람이 자기 재주를 어린 제자에게 알려 주어서 그 제자가 뛰어난 무예 솜씨로 나무 사이를 재빨리 뛰어다니는 모습이 목격된 것이라고 상상해 보면 어떨까? 그것도 아니면, 숲속 안 보이는 곳에 자기 우주선을 착륙시켜 놓은 어느 키 작은 외계인이 하늘을 날 수 있는 장비를 이용해서 이동하는 모습이 조선 시대 사람들에게 목격된 것이라고 생각해 봐야 할까?

　『북관기사』 본문에는 이 괴물을 가리켜 "목객木客"이라 부르고 있다. 목객은 중국 고전에서 산속 깊은 곳에 사는 사람과 짐승의 중간쯤 되는 이상한 괴물을 말하는 이름이다. 조선 시대 사람들에게도 꽤 알려졌기에, 옛사람들의 시에도 깊은 산속을 묘사할 때 "목객이 나올 것 같다"라는 식의 표현이 자주 등장한다. 백두산 근방에서 도는 소문을 듣고 글을 쓴 작가는 이야기 속의 괴물이 중국 고전에 나오던 목객이라는 괴물과 닮았다고 생각해서 그 이름을 그대로 썼을 것이다.

중국 고전에서는 목객을 묘사할 때 원숭이처럼 표현하기도 한다. 중국 남부 지역에는 실제 원숭이가 살고 있으므로, 원숭이를 잘못 보고 무슨 이상한 괴물이라고 생각해서 목객이라는 이름을 붙였을 가능성은 충분하다. 특이한 모습의 원숭이·이상한 습성을 가진 원숭이가 우연히 나타났다면, 그것은 평범한 원숭이가 아니라고 생각해서 목객이라는 특별한 괴물로 불렀을지도 모른다. 그러고 보면 『북관기사』에 나오는, 어린이만 한 덩치에 나무를 잘 타고 다닌다는 이야기가 원숭이와 닮은 점이 많다는 생각이 든다.

그런데 한반도에는 원숭이가 없지 않은가?

단 한 마리도 없었다고는 할 수 없다. 예를 들어, 조선 시대 자료들을 보다 보면 일본의 상인이나 세력가가 조선 관청에 잘 보이기 위해 선물로 바친 원숭이가 몇 마리 들어와 있었다는 기록이 있다. 『조선왕조실록』에는 일본인에게 선물 받은 원숭이를 지금의 인천국제공항 근처인 인천 용유도나 제주도 어귀에 풀어놓고 길러 보라고 했던 기록도 있다. 삼국 시대를 배경으로 한 이야기로는 『삼국유사』에 이차돈이 죽음을 맞이했을 때 원숭이 떼가 울었다는 대목을 언급해 볼 만하다. 짐승까지 울 정도로 슬픈 일이었다는 과장법 표현일 수도 있지만, 궁중 사람들이나 부자가 일본 등지에서 원숭이를 사들여 기르고 있는 곳에서 원숭이들이 정말로 우는 장면을 상상해 볼 수도 있다고 생각한다. 이런 기록이 아니라도, 조선 후기의 목격담이나 소문을 기록해 놓은 글들을 보다 보면 재주 부리는 원숭이를 데리고 다닌 사람의 이야기는 눈에 뜨인다.

그런 식으로 한반도에 들어왔던 원숭이가 이런저런 이유로 사람 손을 벗어나 산속에 스스로 퍼져서 일정 기간 살았을 수도 있지 않을까? 그 원숭이가 우연히 산속에서 목격된다면 사람을 매우 놀라게 했을지도 모른다. 조선 시대에는 컬러 사진이 인쇄된 책도 없고, TV나 스마트폰도 없었으므로 실제 원숭이의 모습이 정확히 어떤지 아는 사람이 거의 없었을 것이다. 그런 상황에서 원숭이를 볼 거라고는 상상도 하지 못했던 사람들이 문득 산속에서 원숭이를 목격하면 그 형체를 도깨비라고 생각했을 수도 있다. 어쩌면 그것을 목객이라고 불렀을 수 있다고 본다.

이와는 다른 이야기이기는 하나, 많은 원숭이가 한반도에서 야생으로 사는 것이 가능했던 시대가 있었다. 조선 시대의 일은 아니다. 확인된 한반도의 원숭이를 만나 보려면 그보다 훨씬 더 머나먼 옛날로 거슬러 올라가야 한다.

간접 증거는 이웃 일본의 원숭이들이다. 섬나라인 일본에 원숭이가 사는 것을 보면, 그 원숭이들은 언젠가 다른 지역에서 일본으로 건너갔을 것이다. 그렇다면 일본과 가까운 한반도에서 원숭이가 건너갔으리라고 생각하는 것은 어렵지 않다. 원숭이들이 한반도에서 일본으로 퍼져 나갔는데, 그 후 어떤 이유로 한반도의 원숭이들은 숫자가 줄어들다가 멸종했고 일본에 건너간 원숭이들은 지금까지 살아남아 현재의 일본원숭이가 되었다고 보면 상황은 들어맞는다. 그렇다고 치면 과거의 언젠가 한반도에 원숭이가 살던 시기가 있었다는 이야기가 된다.

그럴 만한 시대로 추정해 볼 수 있는 시기는 1만 년 전보다 훨씬 거슬러 올라가는 먼 옛날일 것이다. 그 먼 옛 시대에는 지금과 지형이 달랐기 때문이다. 그 시기에는 한반도와 일본이 육지로 연결되어 있었다.

흔히들 빙하기라고 부르는 시대에는 남극과 북극에 얼음이 훨씬 더 많이 붙어 있었고, 다른 지역의 바닷물도 온도가 낮아 부피가 오그라들어 있었다. 빙하기라고 하면 학자들마다 의견이 다르고 뜻이 헷갈리게 사용되는 경우도 많으므로, 조금 더 정확하게 말하자면 최후 빙하 극성기the Last Glacial Maximum라고 하는 2만 년 전 무렵이 아마도 그런 현상이 심했을 시기였다고 볼 만하다. 얼음이 얼어붙어 있는 지역의 범위가 가장 넓었던 이 시기에는, 바닷물의 높이가 지금보다 낮았다.

따라서 얕은 바다는 아예 바닥이 드러나 있었다. 서해는 말라서 드넓은 육지로 변하고, 남해의 얕은 지역도 육지로 노출되어 한반도와 일본을 걸어서 오가는 길이 있었을 것이다. 그렇다면 한반도에 들어와 살던 동물들이 일본으로 쉽게 건너갈 수 있다. 아마 이런 시기에 원래 한반도에 살던 원숭이들이 일본으로 갔다고 생각해 보면 어떨까?

그러나 하나 골치 아픈 문제가 있다. 최후 빙하 극성기는 너무 추운 시대이기 때문에 원숭이같이 따뜻한 곳에 사는 동물이 한반도에서 살기는 힘든 날씨일 가능성이 크다. 그러면 최후 빙하 극성기가 아닌 다른 시대를 생각해 보아야 한다. 한반도에서 일본으로 갈 수 있을 정도로 바닷물은 빠져 있었지만 원숭이가 살 수 있을 만큼 온도는 높은, 묘한 균형을 이룬 시기가 있다면 아귀가 정확히 들어맞을 듯하다.

정확히 그런 시기가 있었는지, 그게 언제인지에 대해서는 내가 아는 것이 너무 부족하다. 그래서 함부로 뭐라고 설명하지는 못하겠다. 다만 빙하기가 등장한 이후 여러 이유로 빙하는 심해지기도 하고 약해지기도 하면서 기후는 계속 변해 갔다.

과거에는 추운 빙하기와 따뜻한 간빙기가 교대로 나타난다는 식으로 설명하는 학자도 많았다. 지구는 태양 주변을 정확하고 깔끔하게 도는 것이 아니라 아주 약간 비틀거리면서 도는데, 그 비틀거리는 각도가 달라지면서 태양열을 받는 정도가 살짝 변해 기후가 달라진다는 이론도 있다. 그중 제일 유명한 밀란코비치 주기 이론에 따르면, 지구는 조금씩 비틀거리는 움직임 때문에 4만 1,000년마다 기후가 추워지고 더워지기를 반복하며 바뀐다.

이런 여러 원인으로 몇 만 년에서 수십만 년 전 사이 한반도에 굉장히 따뜻한 시기가 잠시 있었다면, 그때가 바로 원숭이들이 살던 시대일 수 있다. 실제로 그런 시대가 있었기 때문인지, 한반도에서는 옛 시대 원숭이의 뼈가 발견된 적이 몇 차례 있었다. 가장 대표적으로 꼽아 볼 만한 곳이 충청북도 청주의 두루봉 동굴 유적이다.

두루봉 동굴 유적은 하나의 동굴이 아니라, 청주 상당구 두루봉이라는 산에 있는 여러 동굴을 모두 모아 일컫는 말이다. 충청북도 지역에는 석회석을 갈고 구워서 만드는 시멘트 공장이 여럿 들어서 있는데, 이것은 이 지역에 석회석이 묻힌 산이 많기 때문이다. 석회석은 적절한 조건에서 물을 만나면 잘 녹아나는 특징이 있다. 그러므로 긴 세월 물을 만나면 구멍이 뚫린다. 석회석 지역에 멋진 동굴이 생겨나는 까닭이다. 전국에서 가장 유명한 동굴로 손꼽히는 고수동굴, 온달동굴, 천동동굴 등도 충청북도 지역에 있다.

생겨난 원리가 고수동굴과 똑같다고는 볼 수 없겠지만, 두루봉의 많은 동굴도 비슷하게 석회석 지대 사이에서 나타났다. 유적이 처음 발견된 이유도 이 지역에서 석회석 등을 채취하며 광산 영업을 하던 중에 동굴에서 이상한 것을 본 사람들이 있었기 때문이다.

가장 극적인 사연으로 언급되는 것은 김흥수 선생에 얽힌 일이다. 김흥수 선생은 1970년대 청주에서 일하던 광산업자였다. 그는 석회석을 캐던 광산 어귀의 동굴에서 이상한 동물 뼈가 자주 발견되는 것을 보고 학자들에게 연락했다. 그렇게 해서 1976년 충북대학교 이융조 교수를 비롯한 학자들이 이 지역 일대의 여러 동굴을 발굴하며 다양한 동물 뼈를 발견했다. 『충북일보』 윤기윤 기자의 글을 보면, 발굴 과정에서 이융조 교수는 사람 뼈가 나오면 정말 가치가 크다는 식의 말을 많이 했다고 한다. 그 말이 김흥수 선생의 마음에 남았던 것 같다.

시간이 흘러 1983년, 김흥수 선생은 석회석 동굴 근처에서 땅을 고르다가 우연히 사람 머리뼈처럼 보이는 형체를 발견했다고 한다. 그는 머리뼈가 발견되었다고 하면 모든 일이 중지되고 그 뼈에 관련된 조사를 하느라 작업에 막대한 지장이 생길 수도 있다는 생각이 들었던 듯싶다. 그래서 걱정을 많이 했지만 3일을 고민한 끝에, 중요한 자원이 될 수 있는 발견은 정직하게 알리는 것이 맞는다고 생각하여 학자들에게 신고하게 되었다.

이렇게 해서 발굴된 것이 옛날 이 지역에 살던 어린이의 뼈로 밝혀진 유골이다. 유골에는 흥수아이라는 이름이 붙었다. 신고한 김흥수 선생의 이름을 기념해 붙인 것으로, 우리나라 유적·유물 중에 발견자의 이름이 붙은 매우 희귀한 사례다.

두루봉 동굴의 유적에 대해서는 수십만 년 전, 플라이스토세 시기의 흔적이라고 이야기되는 것이 많다. 플라이스토세는 현재 우리가 사는 시기가 시작되기 전의 옛 시대를 말하는데, 지구 전체의 역사에서 보면 옛 시대 중에서는 가장 최근에 해당한다. 그래서 최근이라는 뜻의 그리스어 표현에서 플라이스토라는 이름이 나왔다고 한다. 옛날에는 이 시기를 대홍수의 시대라고 해서 홍적세洪積世라고 부르기도 했다. 성경에 나오는 노아의 방주 이야기가 등장하는 대홍수가 이 무렵 일어난 것 같은 느낌을 준다고 해서 붙은 이름이다.

대홍수라고 말할 수는 없지만 플라이스토세에 빙하기, 그러니까 최후 빙하 극성기가 있었던 것은 사실이다. 그러니 기후가 격렬히 변하기는 했다. 빙하기가 끝나고, 말라붙어 있던 바다에 다시 물이 흘러들기 시작하면 엄청난 홍수 같은 느낌이 들었을지도 모르겠다. 한반도만 해도 빙하기 시대에는 서해 전체가 커다란 대륙이었고 일본과도 육지로 연결되어 있었는데, 플라이스토세가 끝날 무렵에 그 모든 것이 바다 밑에 잠기는 거대한 변화가 일어났다. 그때 물에 잠긴 지역은 대단히 많다. 지금도 그때 들어찬 바닷물은 대체로 빠지지 않아서 여전히 그 지역들은 바다 밑에 잠겨 있다.

플라이스토세 시대 중에 언제라고 해야 할지는 정확히 모르지만, 그 시대 옛 동물의 뼈가 두루봉 동굴 유적에서 다양하게 발견되었다. 제2굴이라고 이름이 붙은 한 굴에서는 동굴곰, 첫소 같은 멸종된 동물들의 뼈가 나왔다고 한다. 현재의 곰, 소와 비슷한 동물들이다.

그런가 하면 일부에서는 쌍코뿔소, 동굴하이에나 같은 현재의 한국인에게는 매우 이국적인 동물들의 뼈도 발견되었다. 원숭이의 일종으로, 현재는 멸종된 동물인 큰원숭이의 뼈 역시 이곳에서 발견되었다. 정말로 먼 옛날 한반도에서 살던 원숭이가 일본으로 건너간 것이 맞는다면, 현대 일본원숭이들의 조상과 가까운 동물이 바로 청주 두루봉 근처에서 돌아다녔을 가능성이 있다.

두루봉 유적의 다른 굴에서도 비슷한 낯선 동물 뼈가 나왔다. 심지어 새굴이라는 이름이 붙은 굴에서는 옛코끼리라는 코끼리 종류 동물의 상아가 발견되기도 했다. 코끼리, 원숭이, 하이에나, 코뿔소가 어슬렁거리는 풍경이라면 다들 청주보다는 멀리 동아프리카 초원의 동물 보호 구역이 훨씬 어울린다고 생각할 것이다. 그러나 먼 옛날 플라이스토세 시대에는 청주에 펼쳐진 동물의 왕국이 생생한 현실이었다. 한반도의 다른 옛 유적에서는 동굴사자라고 하는 사자, 호랑이와 비슷한 동물의 뼈가 발견된 사례도 있다.

동굴 속에 이런 다양한 동물의 뼈가 모여 있던 까닭으로 가장 쉽게 떠올릴 수 있는 설명은 바로 이 동굴에 사람이 살았기 때문이라는 것이다. 사람들이 모여 살면서 여러 동물을 사냥해서 요리해 먹고 남은 뼈를 던져 놓았거나 어떤 형태로 처분했다면, 다양한 동물 뼈가 한곳에 쌓일 수 있다. 그러므로 충북 청주 지역은 대단히 훌륭한 사냥 실력을 갖춘 무리가 수십만 년 전 한반도에 자리 잡은 터전이라고 추측해 볼 만도 하다.

모르긴 해도, 한반도에 코끼리와 하이에나가 있던 시기에 살던 사람이라면 현재의 우리와는 다른 종족이라는 생각도 충분히 떠올릴 수 있다. 현대의 사람은 호모 사피엔스 사피엔스라고 하는 종족으로, 네안데르탈인이나 데니소바인 등등의 종족과는 다른 종이다.

네안데르탈인과 데니소바인도 넓게 보면 사람의 일종으로 분류할 수 있는 동물이기는 하다. 하지만 과학에서 말하는 종을 구분하는 단위로 볼 때는, 이런 종족을 현대의 사람과 같은 종으로 분류하지는 않는다. 이것은 큰 차이다. 현대의 사람을 피부색에 따라 인종으로 구분하기도 하지만, 현대인들은 아무리 달라 보여도 같은 종이다. 아무리 인종이 달라도 현대의 80억 인구는 모두 호모 사피엔스 사피엔스라고 하는 하나의 종이다. 그러나 네안데르탈인이나 데니소바인 같은 먼 옛날의 사람 부류 동물은 현대인과는 다른 종이다. 현대의 사람 중에서 서로 가장 다른 민족의 차이보다도 더욱 차이가 나는 네안데르탈인은 한층 더 다른 종족이다.

현대의 사람은 그다지 멀지 않은 과거에 아프리카 동부 지역에서부터 전 세계로 퍼져서 자리 잡은 종족이다. 그 시기로는 수만 년 전의 시점을 이야기하는 것이 보통이다. 한반도는 아프리카 대륙에서 한참 떨어진 아시아 대륙의 동쪽 끝에 있다. 그러니 아마도 현대의 사람 종족이 한반도에 도착해 한국인이 된 것은 더욱 나중의 일일 것이다.

이렇게 미루어 짐작해 보면, 청주 두루봉 동굴에서 코뿔소와 코끼리를 사냥하던 종족은 현대의 우리 사람과 같은 종이 아니라, 지금은 사라진 다른 종족일 가능성이 있다고 생각한다.

나는 이런 상상에서 어렴풋하지만 신비로운 이야기를 찾게 된다. 영화나 소설 중에는 사람과 비슷하지만 사람과는 살짝 다른 힘센 종족이나 마법을 사용할 수 있는 종족, 귀가 긴 종족이나 거인 종족 같은 무리 등등이 나오는 이야기들이 있다. 그런데 현실 세계에 그와 비슷하게 사람과 닮았지만 정확히 우리 사람과 똑같지는 않은 동물 종족이 한반도의 주인이 되어 무리를 이루고 사회를 만들고 이야기를 나누며 살던 시대가 있었다는 것이다.

그 종족은 어떤 특징이 있었을까? 사람보다 사냥을 잘하는 재주가 있었을까? 추위나 더위를 더 잘 견딜 수 있었을까? 혹시 노래를 굉장히 잘할 수 있는 신체 구조를 갖고 있었을까? 그 종족들은 왜 사라졌을까? 혹독한 기후변화에 적응하지 못해 서서히 멸망한 것일까? 그게 아니면 동아프리카에서 건너온 지금 우리의 조상과 전쟁을 벌인 끝에 패배해 사라진 것일까?

이런 문제에 대해 두루봉 동굴에서 발견된 흥수아이가 답을 줄 수 있을까? 그런데 흥수아이는 그냥 현대의 사람과 거의 같은 종족으로 봐야 한다는 의견이 처음부터 우세했던 것으로 보인다. 게다가 최근에는 흥수아이가 애초에 플라이스토세나 구석기 시대의 유골이 아닐 수도 있다는 가능성이 학계에서 제기된 상황이다.

프랑스 연구팀이 연대 측정 분석을 시도한 결과를 보면, 흥수아이는 오히려 최근인 조선 시대의 유골일 수도 있다는 결론이 나왔다. 고인류학자 이상희 교수가 유골을 연구한 결과로도 구석기 시대 사람이라기보다는 농사가 시작된 시대의, 그러니까 훨씬 더 최근 사람일 가능성이 있다고 설명하는 논문이 발표되었다. 이상희 교수가 지적한 문제 중에는 홍수아이의 이에서 충치 흔적이 발견되었는데 충치는 곡식을 먹었을 때 잘 생겨나는 질환이므로, 과일과 동물 사냥한 것을 먹던 구석기 시대 사람보다는 농사를 지어 밀이나 쌀을 먹는 신석기 시대 이후부터 현대까지의 사람에게 잘 나타난다는 점이 있었다.

비록 그에 대한 반대 의견도 나오기는 했지만, 홍수아이를 연구해서 먼 옛날 한반도 사람들의 이야기를 정확히 밝힌다는 것이 지금은 어려운 일이 되어 버렸다.

더욱 안타까운 일은 홍수아이와 한반도의 코끼리, 코뿔소, 원숭이가 발견된 두루봉 동굴 유적이 지금은 아예 사라져 버렸다는 것이다. 수십만 년 동안 산속에 자리했던 광산이 어떻게 사라지나 싶지만, 현대 산업 사회의 호모 사피엔스 사피엔스가 가진 기술은 그런 일을 가능하게 만들었다. 특별히 정부에서 광산을 사들이거나 보존하기 위해 돈을 쓰려고 하지 않았기에, 광산 작업은 발굴 이후에도 계속 진행되었다. 그렇게 수십 년간 광산으로 산을 조금씩 파냈기 때문에, 두루봉 지역의 산이 아예 통째로 다 갈려 나갔다. 산을 거의 없애 버렸다는 이야기다.

지금은 한반도에 각양각색의 야생동물이 우글거렸던 시대의 흔적을 찾아 두루봉 동굴까지 가도 딱히 볼 수 있는 것이 없다. 산 하나를 거의 없애 버린 거대한 작업의 흔적이 오히려 구경거리라면 구경거리다.

다행히 미리 동굴을 탐사해서 발굴해 놓은 동물 뼈와 여러 다른 흔적은 충북대학교 박물관으로 많이 옮겨져 보관되고 있기는 하다. 그래도 놀랍고 신비한 먼 옛날의 이야기가 사라져 버렸다는 사실은 아쉽다. 어쨌든 빙하기와 간빙기를 넘나들던 옛날에 원숭이·하이에나와 함께 다른 종족의 사람들이 살던 두루봉도 청주에 있었고, 시내의 아파트 단지에서 현대 동물인 개·고양이 그리고 현대인들이 사는 세상도 지금 청주에 있다고 말해 볼 수는 있다. 청주는 그런 재미난 사연이 있는 곳이다.

조금 다른 이야기이지만, 나는 이런 옛 동물의 흔적이 있는 지역에 그 뜻을 살릴 만한 어떤 장소를 만드는 것도 어울린다고 생각한다. 예를 들어 한국에 코끼리, 코뿔소, 원숭이 같은 동물에 대한 전시관, 체험관, 연구 기관 등등을 만든다고 해 보자. 청주 지역처럼 먼 옛날에 그런 동물이 있었던 곳 근처에 시설을 만들면 이야기를 더 살릴 수 있을 것이다.

이런 사례는 찾아보면 꽤 많다. 『조선왕조실록』에는 전라남도 순천에서 코끼리를 기른 적이 있다는 기록이 실려 있고, 전라북도 부안에서는 매머드 화석이 발견된 적이 있으며, 전라북도 전주에는 공작새의 깃털로 만든 부채에 대한 역사 기록이 있고, 경상남도 사천에서는 먼 옛날의 악어 화석이 나온 적이 있다. 그렇다면 매머드에 대한 전시관은 부안에 만들고, 공작새를 사육하는 시설은 전주에 만들고, 악어에 관한 체험관은 사천에 만들면 재미있지 않을까?

기후변화에 대비하는 두꺼비와 배터리

청주에서 현대에 자주 언급되는 동물을 생각해 본다면 나는 두꺼비를 가장 먼저 이야기하겠다.

두꺼비는 산비탈의 높은 지역에서 살다가 알을 낳을 때가 되면 물이 더 많은 낮은 지역으로 꽤 먼 길을 내려가서 그곳에 알을 낳는 습성이 있다. 도대체 어떻게 방향을 잡는지, 왜 그렇게까지 열심히 움직이는지는 모른다. 그런데 그 습성 때문에 두꺼비가 알 낳으러 가는 길에 도로가 생기거나 건물이 들어서면 목숨을 잃을 위험이 커진다.

자동차가 달리는 도로와 두꺼비가 가는 길이 겹쳤다고 상상해 보자. 대단히 많은 숫자의 두꺼비가 떼를 지어 지나가는 중에, 두꺼비 입장에서는 도대체 무엇이 갑자기 나타난 것인지 왜 죽게 되는지도 모른 채, 모두 달리는 자동차에 줄줄이 몰살당하는 일이 벌어진다. 나는 그 모습을 어릴 때 여러 번 본 적이 있다. 내가 초등학교 시절 살던 아파트는 저수지 옆에 새로 생긴 단지였는데, 마침 두꺼비 떼가 알을 낳으러 지나가는 길목에 길이 있었다. 두꺼비들이 이동하는 날 집 밖 자동차 도로 근처에 나가 보면, 수백 마리의 두꺼비가 달리는 자동차 때문에 길 위에 죽어 있었는데 무척 끔찍한 모습이었다.

다행히 청주 사람들은 이런 일을 문제라고 생각하여 해결하기 위해 노력했다. 2003년에 청주 산남동 근처가 개발될 때, 원흥이 방죽이라고 부르는 지역 근처에 두꺼비 집단 서식지가 있다는 사실이 지적되자 사람들이 관심을 가진 것이다. 긴 논쟁과 청주 시민들의 희생 끝에, 청주에서는 이 지역을 생태 보존을 위한 공원으로 만들기로 했다. 그렇게 해서 현재 이곳은 원흥이 두꺼비생태공원이라는 이름의 보존 지역으로 꾸며졌다. 전국에서 유례가 드문 곳이며, 지금은 두꺼비 외의 다른 여러 동물도 자주 발견되는 아담하면서도 보기 좋은 공원이다.

두꺼비와 같은 양서류는 기온에 민감한 특징이 있다. 그래서 요즘 같은 시대에는 더 유심히 관찰할 필요가 있는 동물이다. 즉 기후변화 지표종이 될 수 있기 때문이다. 무슨 말이냐 하면, 개구리나 두꺼비가 잘 사는지 잘못 사는지 살펴보면 기후변화가 얼마나 심하고 생태계가 얼마나 큰 피해를 받고 있는지 가늠해 보기에 좋다는 뜻이다.

2019년에 국립생물자원관에서 발행한 기후변화 생물지표종 자료에는 두꺼비는 아니지만 세 종의 양서류 동물이 포함되어 있다. 개구리, 두꺼비 같은 동물들은 추운 겨울에는 땅속에서 겨울잠을 자다가 날씨가 따뜻해지면 밖으로 나오므로 살아가는 방식부터가 온도와 관계가 깊다. 또한 몇몇 부류는 알을 낳는 시기가 날씨와 관계가 있는 것 같다고도 한다. 이런 양서류 동물들은 기후변화를 우리보다 먼저, 더 예민하게 느끼고 우리에게 알려 준다. 기후변화에 관해서는 양서류 동물이 경비대, 파수꾼, 기상캐스터 역할을 하는 셈이다. 현대에도 은혜 갚은 두꺼비가 있다고 할 수 있겠다.

은혜 갚은 두꺼비 전설을 살펴봐도 마침 청주는 두꺼비와 관계가 깊은 도시다. 한국 각지에 널리 퍼진 전설 중에 이런 것이 있다. 거대한 지네에게 제물을 바치는 풍습이 있는 마을이 있었는데, 두꺼비가 지네와 싸워 제물이 된 여성을 구해 주었다는 이야기다. 현대에는 흔히 지네장터 이야기, 오공원 이야기라고도 부르는 전설이다. 조선 시대 기록인 『송천필담』에 의하면 이 이야기의 무대가 바로 청주 오창 지역이라고 한다.

현재의 청주 오창 지역은 지네나 두꺼비보다는 다른 주제로 훨씬 더 유명하다. 이 주제 역시 기후변화와 관계 깊다. 청주에 한국을 대표한다고 할 수 있는 커다란 배터리 생산 시설이 있기 때문이다.

세계 경제와 기술에서 차지하는 위치를 생각해 보면, 청주를 배터리의 도시라고 해도 아주 이상한 말은 아니다. 오창과학산업단지라는 지역에 공장을 세운 어떤 회사는 한국에서 처음 리튬이온 배터리를 개발한 회사의 사업을 이어받아 영업해 오고 있다. 한국은 일본 다음으로 리튬이온 배터리를 상업용으로 양산하는 데 성공한 나라이므로, 청주의 이 공장은 한국 배터리 기술의 핵심이라고 부르기에 손색이 없다. 내가 청주에 여러 차례 간 것도 사실은 이 공장에서 이러저러한 할 일이 있었기 때문이다.

　배터리는 스마트폰이나 자동차처럼 화려하게 눈에 뜨이는 제품은 아니다. 그래서 크게 관심이 없으면 배터리가 뭐 그렇게 대단한 제품인지 알지 못하기 십상이다. 그러나 사실 배터리는, 특히 성능이 뛰어난 리튬이온 배터리는 현대 IT를 떠받치는 바탕에 해당한다.

　현재 자동차 산업의 큰 방향은 전기차라고 하는데, 전기차는 배터리가 좋아져서 조금만 충전해도 멀리 갈 수 있게 되었기에 마침내 실용화될 수 있었다. 드론도 마찬가지다. 좋은 리튬이온 배터리가 나와서 가벼운 배터리로도 오래 날 수 있게 되었기 때문에 드론을 이용한 온갖 작업이 실용화되었다. 스마트폰도 오래 가는 배터리가 없다면 사람들이 편리하다고 느낄 만큼 들고 다니며 인터넷과 동영상을 마음껏 쓸 수 없다. 미래의 로봇 역시 뛰어난 배터리가 없다면 항상 전기선을 꽂아 놓은 채로 한자리에 붙어 있어야 한다. 사람과 같이 돌아다니며 일하는 로봇은 배터리 없이는 현실이 될 수 없다. 좋은 리튬이온 배터리 없이는 화려하고 멋진 IT 제품 중 아무것도 현실이 될 수 없다.

자동차 회사의 기술 동향이나 드론 회사의 발전 가능성을 살펴보는 사람들은 배터리와 관련된 온갖 정보를 주목한다. 리튬이온 배터리의 핵심 원료인 리튬은 볼리비아·아르헨티나·칠레 같은 나라에서 많이 생산되고, 현재 리튬이온 배터리의 성능을 끌어올리기 위한 재료로 자주 사용하는 광물인 코발트는 중앙아프리카 지역에서 많이 생산된다. 그래서 갑자기 볼리비아의 경제가 어려워져서 리튬 시세가 너무 높아지면, 배터리 만드는 회사가 어려워진다. 콩고민주공화국에서 전쟁이 일어나 코발트를 사고파는 것이 어려워져도 배터리 만드는 회사는 어려워진다. 그러면 자연히 자동차 회사, 스마트폰 회사, 드론 회사, 로봇 회사도 모두 어려워질 수밖에 없다.

요즘은 한 산업이 세계 곳곳과 연결되어 있다. 중앙아프리카의 광산에서 캐낸 코발트가 배에 실려 인도양을 건너서 한국으로 오고, 남아메리카의 사막에서 캐낸 리튬이 배에 실려 태평양을 건너서 한국에 오면, 그 재료가 결국은 청주의 공장까지 배달되어 청주 사람들의 손에서 배터리로 만들어진다. 배터리는 다시 미국, 유럽 등지의 자동차 공장까지 먼 길을 실려 가 세계 각지의 소비자에게 팔린다. 태양광, 풍력 같은 미래의 재생 에너지를 사용할 때도 배터리가 필요하다고 하므로, 청주에는 기후변화에 대비하기 위한 두꺼비도 있고 배터리도 있다고 말할 수 있다.

나는 청주 배터리 공장의 기술은 썩 괜찮다고 생각한다. 그러나 중국 각지에 들어선 배터리 공장의 규모가 워낙 크며, 일본 각지의 배터리 생산 업체가 가진 기술은 아직도 뛰어난 수준이다. 청주가 세계 최고의 배터리 도시라고 잘라 말하기에는 아직 조금 먼 느낌이 있다. 그렇다면 청주에서 만드는 물건 중에 세계 최고라고 할 만한 것이 있을까?

전국적으로 비슷한 이름을 달고 있는 음식 중에 청주에서 시작된 해장국이 무척 유명한 편이다. 나도 그 청주 해장국을 참 좋아한다. 청주의 원조 해장국을 먹어 본 것은 아니지만, 대전에서 살던 시기에 청주 이름을 달고 있는 해장국집에 자주 찾아갔다. 하지만 해장국을 해외에 수출하거나, 세계 곳곳 여러 나라에서 해장국이라는 음식을 원하는 사람이 많은 것은 아니다. 그러므로 청주를 세계 최고의 해장국 도시라고 하기에는 역시 약간 부족한 느낌이다.

화장품은 어떨까?

전통적으로 화장품으로 유명한 회사의 공장이 청주에 자리 잡고 꽤 긴 시간 제품을 생산해 왔다. 그리고 다른 이런저런 화장품 업체들도 생기면서 청주의 화장품 산업은 점차 큰 규모로 성장했다. 한국에서 가장 많은 화장품을 판매하는 업체의 경우 세계 12위 정도에 해당하는데, 이 정도면 유럽과 미국의 어지간한 업체들을 능가하는 규모다. 물론 영원한 화장품 업계의 황제로 긴 세월 세계 1위의 자리를 지키고 있는 프랑스의 로레알 같은 회사와는 많은 차이가 나지만, 상당히 유명한 세계 유수의 회사보다도 한국 화장품 회사가 장사를 잘하는 일은 자주 벌어진다.

한국 화장품이 세계에서 이렇게 인기가 많다는데, 그 한국 화장품의 3분의 1을 생산하는 지역이 충청북도다. 특히 충청북도에서도 청주 인근에 생산 공장이 몰려 있다.

청주에는 화장품 등의 제품에 대한 허가를 맡은 정부 기관인 식약처도 있다. 흔히 식약처가 오송에 있다고 말하고, 오송에서 화장품뷰티산업엑스포가 열린다고 이야기하는데, 오송이 바로 청주시 흥덕구 오송읍에 속한다. 청주는 넓은 지역이 통합되면서 지금의 모습을 갖추었고, 지역 각각이 저마다 다른 특색으로 발전한 경향이 있다. 그래서 관심이 없으면 KTX 오송역을 비롯한 오송 지역이 청주에 속한다는 것을 모르고 지나치기 쉽다.

청주 일대에 화장품 공장, 화장품 업체, 화장품과 관련된 관공서가 모두 모여 있다는 점은 분명 큰 장점이다. 그 장점 덕택에 전 세계의 여러 배우, 가수들의 얼굴을 빛나게 하는 다양한 화장품이 청주에서 만들어져서 퍼져 나가는 것일지도 모른다.

그런데 한국에서 청주와 화장품을 연결해 떠올리는 사람이 많지는 않은 것 같다. 화장품뷰티산업엑스포 같은 행사가 있기는 하지만, 무엇인가 더 좋은 방법이 없을까? 화장품 산업에 어울리는 멋지고 화려한 방법이 걸맞겠지만, 나는 일단 화장품과 과학의 관계에서도 재미있는 이야기는 많다고 말해 보고 싶다.

노화를 멈추게 한다, 주름을 막는다, 자외선으로부터 피부를 보호한다, 수분을 지킨다는 온갖 놀라운 성질을 가진 물질을 만들어 내기 위해 화학과 생물학에 밝은 많은 과학자가 열심히 연구하는 것은 당연하다. 조금이라도 더 좋은 성능을 가진 화장품을 만들고자, 다양한 과학 원리가 동원되는 것을 살펴보는 일은 재미있다.

별것 아닌 화장품도 만드는 원리와 재료를 살펴보면 신기한 것이 많다. 예를 들어, 립스틱 같은 제품을 보면 성분에 "카르나우바납"이라고 하는 것이 있다. 도대체 카르나우바납이란 무엇일까? 일단 납이라는 말은 중금속 납이라는 뜻은 아니다. 꿀벌이 벌집을 만드는 성분인 밀랍의 납과 비슷한 의미로, 좀 더 익숙한 단어로 설명하면 기름이지만 굳히면 딱딱해지는 왁스 재질을 말한다. 그러니 카르나우바납이라는 말은 카르나우바 왁스라는 뜻이다.

립스틱에 카르나우바 왁스가 필요한 까닭은, 그래야 입술 같은 곳에 바르기가 좋기 때문이다. 립스틱의 목적은 입술에 색깔을 입히는 것이다. 하지만 색깔을 내는 물감만 있다면 쓰기가 너무 어렵다. 물감으로 그림을 그려 보면 바로 알 수 있지만, 대체로 물감은 액체나 가루 아니면 아주 물렁한 물질이다. 액체인 물감을 립스틱 모양으로 만들 수는 없다. 만약 립스틱이 물감 형태로 되어 있다면 바를 때마다 깨끗한 붓을 구해서 조심히 묽게 만든 뒤 찍어다가 입술에 칠해야 하는데, 이러면 립스틱 사용이 대단히 귀찮을 것이다.

그래서 립스틱은 바르면 묻어나는 왁스 성분을 굳힌 것에 색을 섞어 놓는 방식으로 만든다. 그러면 전체가 쓰기 좋게 굳어 있으면서 입술에 바르면 부드럽게 묻어나 색을 묻히기 좋다. 이런 용도로 쓰기에 딱 맞을 정도로 부드럽고, 사람의 몸에도 별 해가 없는 물질이 바로 카르나우바 왁스다. 카르나우바 왁스는 80도가 넘는 높은 온도가 되어야만 녹아내리고, 물이나 알코올에는 거의 녹지 않는다. 굳혀 놓으면 잘 변하지 않고 안정적이다. 쉽게 쓰는 화장품 재료로는 아주 좋다.

그렇다면 카르나우바란 도대체 무슨 뜻일까? 카르나우바는 카르나우바 야자, 또는 카르나우바 종려라고 하는 브라질에서 자라나는 좀 특이한 야자나무 계통의 식물을 말한다. 보통 야자나무와는 잎사귀만 좀 비슷해 보일 뿐 상당히 다르게 생겼다.

혹시 솔잎을 만지다가 손에 뭔가 끈적한 것이 묻었다고 느낀 적이 있는지 모르겠다. 카르나우바 야자 역시 나뭇잎 뒷면에 미끈한 왁스 성분이 많이 묻어 있다. 브라질 사람들이 카르나우바 야자의 나뭇잎에서 왁스를 채취해서 외국에 팔고, 그것이 한국의 청주까지 흘러들어 와서 립스틱이 된다. 카르나우바는 원래 남아메리카에 유럽인이 들어오기 전부터 터를 잡고 살고 있던 투피족의 말인데, 그 사람들이 발견한 나무가 현대에는 한국에서도 화장품 재료로 애용되고 있다.

가로수길과 초정 탄산수에 관한 단상

나는 회사에서 일하면서 배터리 공장에 드나들고, 나중에는 화장품 공장에도 잠깐 들르느라 청주를 자주 찾았다. 그렇지만 맨 처음 청주에 방문한 것은 그보다 한참 앞서서, 그냥 휴일에 아무 이유 없이 낯선 곳에서 잠깐 놀다 오면 좋겠다는 생각으로 괜히 간 때였다.

고민도 많고 걱정도 많고 잘 풀리는 일은 없던 시기였다. 하지만 날씨가 좋은 봄날이어서 그런지, 처음부터 오늘은 재미있다고 생각하자고 제대로 마음을 먹어서 그런지, 울적한 기분은 아니었다. 그날은 그런 많은 어려움이 삶에서 내가 헤쳐 나가야 하는 모험이라는 듯한 느낌이 들었다. 고민은 별것 아닌 것 같았고, 걱정거리조차도 무슨 무슨 대소동이라는 영화처럼 삶을 지루하지 않게 만들어 주는 사건 정도로 느껴졌다. 힘든 일은 계속 있겠지만, 하나둘 헤쳐 나가는 가운데 기대할 만한 날이 펼쳐질 것 같았다.

그런 발걸음으로 향한 청주에서 처음 본 것이 가로수길이었다. 4차선에서 6차선 정도 되는 길 주변과 중앙에 커다란 가로수가 늘어서 있었는데, 마침 계절이 맞아떨어져서 잎이 무성했다.

가로수들은 길 전체에 그늘을 드리우고 있었다. 자동차가 길을 지나가면 가로수 잎으로 된 터널 안을 통과하는 것처럼 보였다. 길을 걸으면, 날이 밝은 오후인데도 넓은 가로수 그늘 때문에 어둑어둑했다. 그러다가 나뭇잎 사이로 잠깐씩 들어오는 햇빛이 어른거리며 지나갔다. 신기한 경치였는데, 그러면서도 너무나 평화롭다는 느낌이었다. 어디로 가겠다는 생각도 없이 계속 그냥 길을 걸었다. 나중에 산림청인가 어디에서 나무와 숲을 주제로 전국의 지역에 대해 수상하는 상을 청주의 가로수길이 받았다는 기사를 보기도 했다.

청주에는 그런 가로수길이 몇 군데가 있다. 가장 대표적이라고 할 만한 곳은 경부고속도로 청주 나들목을 지나면 시작되는 5킬로가량의 길이다.

　이 지역에 들어선 가로수는 플라타너스인데, 1952년에 처음 가로수를 심어 70년가량 크게 자라나도록 가꾼 까닭에 터널을 이룰 정도로 아름다운 모양이 되었다. 현재 이 길에만 1,500그루가 넘는 플라타너스가 있다고 한다. 이곳 말고도 청주 이곳저곳에는 가로수 가지가 무성하게 우거진 길이 있다. 지금은 또 어떤지 모르겠는데, 내가 한창 청주를 자주 찾을 때도 가로수길은 아무것도 없는 길일뿐이라서 일부러 찾는 사람도 별로 없었고 설령 찾아오는 사람이 있어도 그냥 사진이나 한번 찍고 가는 곳이었다. 그렇지만 나에게는 어떤 아름다운 관광지 못지않게 멋진 모습으로 기억된 길이다.

　플라타너스의 정식 한국어 명칭은 양버즘나무다. 버즘나무 무리의 나무 중에서 서양, 그러니까 유럽에서 유래한 것이라고 해서 붙은 이름이다.

　버즘나무에서 버즘이란 피부병의 일종인 버짐을 말한다. 플라타너스의 나무통 겉면에 껍질 벗겨진 듯한 모습이 잘 나타나기 때문에 버즘(버짐의 방언)이라는 이름이 지어진 것이다. 가로수로 자주 심는 나무에 버즘이라는 피부병 이름이 붙어 있으면 아무래도 기분이 나쁘기 때문인지, 정식 한국어 명칭인 양버즘나무 대신에 플라타너스라는 다른 이름을 당국에서도 더 많이 쓰는 듯하다. 플라타너스는 이 나무의 식물 분류학상의 학술적 명칭인, 학명 플라타너스 오키덴탈리스*Platanus occidentalis*에서 온 말이다. 정식 명칭인 양버즘나무가 싫어서, 정식 명칭보다 더욱 정식이라고 할 수 있는 학술 명칭에서 플라타너스라는 이름을 가져왔다고 볼 수 있겠다.

플라타너스가 가로수로 유용했던 이유는 매우 빨리 자라는 데다가 나뭇잎이 넓어서 그늘을 잘 만들어 주기 때문이다. 플라타너스라는 말 자체에 무엇인가가 넓다는 의미가 있다고 한다. 게다가 플라타너스는 더러운 곳에서도 잘 자라는 특징이 있어서, 공해와 오염이 심한 도시에서도 쑥쑥 큰다는 장점이 있다. 도시에서 빠르게 멋진 가로수들을 키우는 데는 플라타너스가 무척 쓸모가 많다.

그러나 지나치게 빨리 자라나서 나뭇가지가 자칫 주변의 건물, 전봇대, 시설물을 찌르거나 뿌리가 뻗어 나가며 땅속과 보도블록을 헤집어 버리기도 한다. 나무가 너무 커지면 태풍에 쓰러져 문제를 일으키는 일도 있어서, 지금은 예전만큼 가로수로 인기가 높지는 않다. 그래서 플라타너스가 어느 정도 커지면 일부러 가지를 잘라서 너무 커지는 것을 막기도 한다. 플라타너스가 굉장히 커질 때까지 잘 길러서 특이한 풍경을 만들어 낸 청주의 가로수길 같은 곳이 오히려 드문 사례다.

청주 이야기를 끝내기 전에 초정 탄산수도 잠깐 언급해 보고 싶다. 초정 탄산수 혹은 초정리 탄산수라고 하는 청주 초정 지역의 샘물은 한국에서는 드물게 이산화탄소가 섞여 있어서 탄산수 맛이 난다고 알려졌다.

조선 시대에는 이 물의 특이한 성분이 몸에 좋다고 해서, 세종 임금이 눈병을 치료하기 위해 왔다는 이야기가 유명하다. 탄산의 쏘는 맛을 잘 표현할 수 없었던 조선 시대 사람들은 "물이 맵다"고 했는데, 초정이라는 말부터가 우물에서 산초 같은 매운맛이 난다는 의미다. 지금은 그 이야기를 알리기 위해서인지, 조선 시대 임금이 머물던 건물인 행궁 형태의 한옥을 탄산수가 나오는 지역 근처에 새로 지어놓고 홍보하는 곳이 있다.

어떤 원리로 청주의 초정에서 물이 저절로 탄산수가 되는지 이런저런 추측이 있었다. 요즘에는 지하의 아주 깊은 곳에 뜨거운 마그마에서 이산화탄소가 분출되는 곳이 있고, 그 이산화탄소가 지표면으로 뿜어져 나오는 중에 초정으로 솟아 나오는 지하수를 만나서 물속에 녹아들어 탄산수로 변한 것이라 보고 있다.

참고로 보통 우리가 탄산수라고 하는 물에는 화학에서 말하는 정확한 탄산 성분은 별로 없다. 탄산수는 그냥 이산화탄소가 많이 들어 있어서 보글거리는 느낌이 나는 것뿐이다. 다만 그렇게 이산화탄소가 많이 든 물에는 자연히 탄산 성분이 조금 생기기 때문에 탄산수라는 이름을 쓴다고 보면 된다. 2018년 무렵의 기사를 보면, 보이지 않는 지하에서 대체 무슨 일이 있는지 초정 탄산수의 이산화탄소 함량은 요즘 점차 떨어져 가고 있다고 한다.

대전은 화학과
얼마나 관계가 있을까?

화학자의 후손이 남긴 자취

거의 모든 일에는 화학적인 해답이 있다. 대체로 사람들이 사회에서 귀중하다고 생각하는 일은 화학에 의해 결정되는 사례가 많기 때문이다. 사람이 밥을 먹기 위해 농사를 짓는다면, 식물을 잘 길러서 그 안에 탄수화물·단백질·지방 같은, 사람의 몸에 영양분으로 활용되는 화학 물질이 많이 생겨나도록 해야 한다. 만약 그런 화학 물질이 적으면, 그것을 "쭉정이가 되었다" "웃자랐다" "흉년이 들었다"고 이야기한다. 돈 문제도 마찬가지다. 사람들이 돈으로 여기는 물건이란 특별한 몇 가지 화학 물질을 순수하게 분리해서 모아 놓은 것이다. 돌에서 금이라는 화학 물질을 뽑아서 모아 놓으면 황금 덩어리가 되고, 땅속에서 탄화수소가 주성분인 액체 화학 물질들을 뽑아서 모아 놓으면 그것이 바로 석유다.

마음이나 감정의 문제도 결국은 화학의 문제다. 사람이 건강하게 산다는 것은 몸에서 꼭 일어나야 할 다양한 화학 반응이 넘치지도 모자라지도 않게 순조로이 잘 일어난다는 뜻이다. 사람이 다양한 감정을 느끼는 것 또한 호르몬이라고 부르는 화학 물질이 몸속에서 얼마나, 어떻게 흘러 다니는지와 큰 관련이 있다. 사람이 깊은 생각에 빠지고 세상에 대해 많은 고민을 하는 현상은 결국 뇌 속에서 뇌세포가 일으키는 다양한 전기 화학 반응 때문에 벌어지는 결과다. 만약, 이런 화학 반응에 어느 것 하나 문제가 생긴다면 우리는 아프거나 절망하게 된다.

사람의 몸이나 마음마저 화학 물질과 화학 반응의 결과로 설명할 수 있다고 해서, 거기에 아무런 신비함이 없다거나 화학만 알면 나머지는 알 필요가 없다는 뜻은 아니다. 오히려, 이 모든 것이 화학의 결과라는 사실을 알고 있을수록, 세상은 더 신비하고 더 흥미진진해진다.

예를 들어, 어떤 두 사람이 유난히 남들에 비해 긍정적이고 행복하게 사는 경향이 있다고 해 보자. 그중 한 명은 보통보다 사람을 긍정적으로 만드는 호르몬을 분비하는 기관이 유독 발달해 있다. 그 호르몬의 양이 많기에 그냥 남들처럼 살아도 긍정적인 기분을 쉽게 느낀다. 다른 한 사람은 호르몬 분비 기관이 남들과 다를 바 없는데도 긍정적으로 행복한 삶을 산다. 그렇다면 두 사람 중에 누구의 삶을 살펴보는 것이 평범한 사람에게 더 도움이 될까? 이런 문제는 삶의 태도, 행복의 본질, 사람과 사람 사이의 차이를 더욱 깊이 따질 수 있게 해 준다.

나는 대전에서 대학 시절을 보내며 처음으로 화학을 열심히 공부했다. 화학이 이렇게나 재미있다는 것도 대학 시절에 처음 알았다. 고등학교 시절에도 과학 시간에 조금씩 화학을 배웠고, 싫어했다고 할 수야 없겠지만 딱히 다른 과목보다 더 재미있다고 생각하지는 못했다.

고등학교 과학 과목 중에서는 지구과학을 가장 좋아했고, 역시 소설가가 되려고 그랬는지 화학보다는 국어나 역사 과목을 더 좋아했다. 그런데 대전에 와서, 그것도 한 2년쯤 공부한 뒤에, 화학이 정말 재미있는 과목이라는 것을 깨달았다. 역시 대전에 살았던 대학원 석사 과정 시절에는 아예 화학을 전공으로 택했다. 그 때문에 이후로도 직장 생활을 줄곧 화학 회사에서 했고, 학교에서 학자로 일하면서도 항상 화학을 요긴한 도구로 활용하며 공부하게 되었다. 그렇게 보면 내 삶의 방향을 크게 바꾸어 놓고 그

뒤로 이어질 목표를 파 놓은 시절이 대전에서 살던 시기고, 내가 화학으로 빠진 곳이 대전이라는 도시다.

대전은 화학과 얼마나 관계있는 도시일까?

대전에는 나라에서 만든 한국화학연구원이라는 커다란 연구소도 있고 각 대학의 화학과를 비롯해 화학 연구를 열심히 하는 연구 기관이 많다. 그런 연구 기관들의 기술을 이용해서 새로 창업하는 회사들이 꾸준히 생겨나는 것을 보면 화학과 관련된 첨단 기술 산업도 어느 정도는 가능성을 가진 지역이다.

그러나 나는 좀 다른 이야기를 하고 싶다. 사람이라는 동물이 처음으로 화학 반응을 이용하기 시작한 먼 옛날로 거슬러 올라가서, 화학의 맨 처음을 한번 살펴보고자 한다.

사람이 먹고 사는 문제의 화학부터 이야기해 보자. 음식을 먹으면 그 음식의 성분이 몸속에서 화학 반응을 일으켜 분해되어 사람의 몸이 활용할 수 있는 영양분으로 바뀌고, 그것이 다시 화학 반응을 일으켜 사람의 몸을 이루는 성분으로 바뀌어 피와 살이 된다. 이 과정에서 다양한 효소들이 몸속에 나타나 촉매 반응이라고 하는 화학 반응을 일으킨다. 또한 몸에서는 그런 효소를 만들어 내기 위한 화학 반응도 일어난다.

이렇게 보면, 사람이 먹고 사는 일은 굉장히 다양한 화학 반응이 어지러울 정도로 복잡하게 얽혀 끊임없이 일어나는 현상이다. 어떤 사람이 커다란 꿀단지를 구해서 아주 많이 퍼먹는다고 상상해 보자. 달콤하고 맛있을 것 같다. 많이 먹어도 크게 질리지 않는 맛이다. 그래서 더 많이 먹게 된다. 그러다 보면 분명히 꿀을 먹는 사람은 살이 찔 것이다. 신비로운 일 아닌가? 꽃에 담긴, 식물의 일부였던 물질이 어떻게 사람의 살이라는 전혀 다른 물질로 바뀔 수 있는가? 꿀을 한 그릇 가져와서 1년, 10년을 가만히 바라본다고 해도 그 꿀이 저절로 사람 살로 바뀌는 일은 절대 일어나지 않는다. 그런데 사람 몸속에서는 그런 화학 반응이 별것 아닌 듯 쉽게 일어난다. 너무나도 쉽게 일어나서 대부분 사람은 당분을 먹다가 살이 너무 쉽게 생겨나 몸무게가 느는 것을 걱정할 정도다. 그만큼 사람 몸이 일으키는 화학 반응은 강력하다.

하지만 이런 화학 반응은 사람이 의식하고 일으키는 것이 아니다. 꿀을 먹고 나서 "이제 이 당분을 분해한 뒤에 재합성해서 지방으로 만드는 반응을 일으켜야 하니, 당분 분해 효소를 배 속에서 좀 더 내뿜어야 하겠네"라고 생각하는 사람은 아무도 없다.

만약 그런 것을 항상 의식하면서 직접 조절할 수 있다면, 지방이 늘어나는 반응이 일어나지 않도록 꾹 참고 넘어갈 수도 있을 것이다. 달콤한 상상이다. "지방 만드는 반응은 일으키지 말자"고 결심만 하면 누구나 쉽게 살이 찌지 않고 날씬해질 수 있다는 이야기다. 그러나 그렇게 할 수는 없다. 무슨 일이 몸속에서 일어나는지 우리는 모르고 산다. 과학이 발달한 현대의 전문가들조차, 사람 몸속에서 저절로 일어나는 화학 반응을 100퍼센트 이해하고 그것을 완벽하게 조절하는 기술 수준에 도달했다고 볼 수는 없다.

그렇다면 몸속에서 저절로 일어나는 화학 반응 말고, 사람이 의식적으로 이해하고 필요할 때마다 자유롭게 일으키며 활용하던 화학 반응에는 무엇이 있을까?

화학이라고 하면 가장 쉽게 떠올릴 수 있는, 특별한 약품을 만들어 내는 작업은 아무래도 어느 정도 기술이 발전한 뒤에야 가능했을 듯싶다. 그나마 어디가 아플 때는 무슨 약초를 먹으면 좀 낫더라, 하는 식의 발견은 진작에 있었을 것이다. 그러나 이것은 약초 속에 있던 화학 물질을 먹어서 활용하는 것일 뿐이지 사람 손으로 화학 반응을 일으켜 가공하거나 새로운 물질을 만드는 것이라고 보기는 어렵다.

나는 술을 만들어 내는 작업이 상당히 오래된 화학 기술의 예시가 될 수 있다고 생각한다. 술을 담그는 작업은 물과 당분을 재료로 해서 에틸알코올이라고 하는 새로운 물질을 만들어 내는 일이다. 이 화학 반응을 위해서는 주로 효모라고 하는 생물의 삶을 이용한다. 그러므로 그냥 화학 반응을 일으킨다고 말하기보다는 발효라고 하는 생물학

과정으로 부르는 경우가 더 많다.

혹시 술을 담그는 것보다 더 오래된 화학 반응이면서, 발효라든가 하는 말로 부를 필요도 없이 말 그대로 아주 화학 반응처럼 보이는 기술이 있을까?

나는 불을 사용하는 기술이 답일 가능성이 크다고 생각한다. 아마도 동의하는 학자가 많을 것이다. 불을 피우고 무엇인가를 태우는 작업은 공기 중의 산소 기체와 불에 탈연료가 빠르게 서로 달라붙는 화학 반응을 일으키며 연기와 재라는 물질을 만들어 내고, 그 과정에서 빛과 열을 내뿜는 화학 반응이다. 화학 반응을 구분하는 몇 가지 범주에 따라 불을 태우는 작업을 설명해 보면, 불은 산화 반응이고 발열 반응이며 대체로 반응 속도가 빠른 반응이다.

사람들이 불에 대해서 정확히 이해하게 된 것은 그리 오래되지 않았다. 과학 발전이 가장 격렬하게 이루어지던 시기에 가장 큰 공헌을 했던 학자 중 한 사람인 프랑스의 앙투안 라부아지에Antoine Lavoisier가 불이 타는 현상을 명확히 밝히기 전까지, 사람들은 불을 물의 반대쯤으로 생각했다.

불이 물의 반대라는 생각은 여러 문화권에 깊이 남아 있다. 예를 들어, 조선 시대까지 한국인들도 불과 물이 당연히 서로 극히 반대인 기운을 띤 것이라 여겼고 그것을 세상의 근본 원리 정도로 생각했다. 심지어 지금도 컴퓨터 게임을 하다 보면 불의 마법과 물의 마법, 불의 괴물과 물의 괴물 같은 것으로 서로 반대되는 특징이 나뉘는 모습을 종종 볼 수 있다.

그러나 불은 물과 비슷한 위치로 두고 볼 것이 전혀 아니다. 물은 손에 잡히는 구체적인 하나의 물질이지만, 불은 어떤 한 가지 물질을 일컫는 말이 아니다. 불은 물질이 아니라 물질이 일으키는 현상이다. 무슨 물질이 재료가 되든 공기 중의 산소와 만나서 열과 빛을 내는 반응을 일으키면, 그 변화하는 현상을 불이라고 부른다. 비유하자면, 물이 축구공이나 야구공에 해당하는 말이라면 불은 프리킥이라든가 공수 교대에 해당하는 말이다. 물을 뿌리면 대개 불이 잘 꺼져서 막연히 물과 불이 반대라는 느낌이 있는 것뿐이다.

요즘은 불이 났을 때 물을 뿌리면 오히려 불이 더 안 꺼질 수도 있다는 것을 초등학생들도 배운다. 또한 대체로 평범하게 구할 수 있는 연료를 태우면, 그 연기 속에 미세하게 수증기가 섞여서 뿜어져 나오는 경우가 매우 많다. 불과 물이 반대이기는커녕, 불 속에서 물이 나오는 것이 보통이라는 뜻이다. 불과 물은 결코 반대가 아니다.

원시 시대에 불 피우는 방법을 알아낸 옛사람은 불의 정확한 원리는 몰랐을 것이다. 그러나 그가 화학 반응을 처음으로 활용한 사람이라고 보기에는 무리가 없다. 분명히 그 사람은 자기 기술을 이용해서 의도를 갖고 불을 피웠을 것이다. 불 피우는 방법을 개발한 그는 어떤 조건에서 무엇을 재료로 작업하면 불이 잘 붙는지도 탐구했을 것이다. 그리고 필요할 때, 원하는 만큼 불을 피울 수 있도록 기술을 가다듬어 나갔을 것이다. 이 정도면 훌륭한 기술 발전이고 과학 연구다. 그 결과, 다른 동물과 달리 사람은 원할 때마다 불이라는 화학 반응을 일으킬 수 있는 재주를 갖게 되었다.

불을 원할 때 피울 수 있게 된 것이 사람이라는 생물이 지성을 갖고 문화를 만들게 되는 중요한 변화로 보는 시각은 널리 퍼져 있다. 그리스·로마 신화에서는 프로메테우스가 사람에게 불을 알려 주는 장면을 중요하게 묘사한다. 사람이 불을 갖는 순간을 두고, 여느 동물과는 다른 경지에 도달할 수 있는 엄청난 힘을 얻는 순간이자 지혜에 눈뜨게 되는 결정적인 발전의 시점으로 묘사하곤 한다.

과학 연구의 결과를 보더라도, 사람은 불을 이용해 음식을 익혀 먹으면서 더 많은 영양소를 더 안전하고 쉽게 섭취하여 더 편히 살 수 있게 되었다. 불이 있어서 추위를 이겨내며 적응하고, 다른 동물을 물리치기에 유리해졌다. 이만하면 사람이 사람답게 살게 된 것도 불이라는 화학 반응을 익혔기 때문이라고 할 수 있을지 모른다.

좀 더 상상해 보자면, 사람이 불을 중요하게 여기면서 불을 만든 기술자와 과학자를 우대하고 존경하며 그 방법을 배우기 위해 노력하게 되었고, 기술을 다른 사람에게 알려 주고 과학을 다음 세대에게 전해 주는 것을 중요하게 생각하기 시작했다. 소중한 모닥불 주변에 둘러앉아 그 불을 나누어 사용하면서 모여 사는 것이 더욱 유리하게 되었다고 볼 수도 있다. 불이라는 화학 반응을 익힌 덕분에, 사람은 사회를 이룰 수 있게 되었다. 그렇다면 최초로 사람을 사람다운 경지로 올려놓은 발견을 한 현실 세계의 프로메테우스는 사실 불이라는 화학 반응을 개발한 인류 최초의 화학자였다고 말해 볼 수도 있을 것이다. 인류는 화학자의 후손이다. ―

한국에서 사람이 가장 먼저 불을 피운 장소는 어디일까?

최초로 불을 피운 사람에 대해 무슨 올림픽 기록 협회 같은 곳에서 공식 기록을 남겼을 리는 없으니 정확히 어디인지는 알 수 없다. 다만 지금까지 불 피운 흔적이 발견된 남한 지역 중에서는 대전의 용호동 유적이 굉장히 오래된 축에 속한다. 대전 용호동의 구석기 시대 흔적은 길게는 10만 년 전으로 거슬러 올라간다고 보고 있다. 그렇다면 한국에서 사람의 무리가 불을 사용하는 힘을 얻게 되어 처음 사람다운 경지로 올라선 그 놀라운 순간을 기념할 만한 장소가 바로 대전 용호동일지도 모른다.

좀 과장하면 한국인이 처음 사람다운 삶을 살기 시작한 흔적이 있는 신비롭고 놀라운 장소가 대전의 용호동이라는 생각도 든다. 그러나 용호동의 발견 장소가 그렇게 거창하게 기념되고 있지는 않다. 지금까지 남아 있는 오래된 흔적이 발견된 곳이 하필 대전일 뿐이지, 사실 그보다 앞서서 전국 각지를 돌아다니던 사람들이 불을 피웠지만 그냥 묻혀 버렸을 가능성이 크기 때문이다.

설령 그렇다고 하더라도 대전의 선사 시대 유적은 귀한 흔적이 발견된 장소로 높은 가치를 지니고 있다. 용호동 유적 외에도 대전에는 다른 선사 시대 유적이 있으며, 이후 시기의 비파형 동검 등 청동기 시대 유물이 발견되기도 했다. 그만큼 오랜 옛날부터 사람들이 머물러 살던 곳이 대전인 것만은 분명하다.

용호동 유적에서는 떨어져 있으나 대전에는 선사 시대에 대한 작은 박물관도 건립되어 있다. 구석기 시대의 유물은 돌을 깨서 만든 도구일 뿐이기에 얼핏 그냥 굴러다니는 돌 조각과 별 다를 바 없어 보는 재미는 덜하다. 그러나 한편으로는 학자들은 어떻게 저런 평범한 돌멩이 같은 것이 몇 만 년 전 사람이 일부러 만든 도구인지 알아낸 것일까, 저 돌멩이 모양에서 대체 무엇을 연구하는 것일까, 하는 점을 생각해 보고 조사해 보면 그 이야기 속에 많은 재미가 있다.

조금 다른 시선으로 보자면, 용호동 유적에서 불을 피운 뒤에 무엇인가 음식을 요리해 먹었을 가능성이 클 테니, 이곳이 남한 지역에서 불을 이용한 요리다운 요리가 이루어진 가장 오래된 유적지라고 말해 볼 수도 있을 것이다. 한

국인이 한국에서 만들어 먹는 요리를 한식이라고 부른다
면, 대전 용호동 유적이야말로 가장 오래된 한식의 뿌리가
있는 곳이라고 말해 볼 수 있을지도 모른다. 정확한 말이라
고는 할 수 없지만, 조금 과장하자면 대전이 대한민국에서
한식이 시작된 위치일 수도 있다.

현대의 학자들은 용호동 유적을 오랫동안 사람이 정착
해서 살았던 흔적보다는, 오가던 사람들이 잠시 머물던 흔
적으로 추정한다. 예를 들어, 원시 시대 사람들이 사냥을
떠나기 전에 준비하거나 사냥을 마친 후에 사냥감을 다듬
고 나누기 위해 모인 자리가 용호동 유적일 가능성이 있다.
10만 년 전 구석기 시대에도 한국의 산에 멧돼지는 있었을
것이고, 용호동에서 원시 시대의 대전 사람들이 사냥감을
요리해 먹었다면 멧돼지 요리였을지도 모른다. 그렇다면 삼
겹살을 불에 구워 먹었을 가능성이 크다고 볼 수 있을 텐
데, 용호동 유적이 대전에서 시작된 최초의 한식이라는 말
에 적당히 어울린다는 생각도 든다.

현재의 용호동 유적은 대단한 구경거리가 있는 곳이라고
할 수는 없다. 그렇지만 대전은 인구가 충분한 대도시인 까
닭에 적당한 맛집들은 있다. 용호동 유적 인근이나 옛 유
물을 전시한 박물관을 구경하고 근처의 동네 맛집을 찾아
21세기의 한식을 맛본다면, 가벼운 여행으로는 괜찮은 일
정이라고 생각한다.

마침 용호동 유적이 있는 곳에서 그다지 멀지 않은 곳에 대청댐을 쌓아 만든 대청호가 있어서 인근 주민들이 나들이 삼아 자주 방문하기도 한다. 대청댐은 14억 9,000만 톤의 물을 저장하는 거대한 댐으로, 이 용량은 소양호·충주호에 이어 전국 3위에 해당한다. 이 많은 물을 가두기 위해 높이 72미터, 길이 495미터의 거대한 콘크리트 벽을 쌓아 두었다. 그 모습을 보면 10만 년 전 불을 피우는 기술을 개발한 이후로 이렇게까지 사람의 기술이 크게 발달했나, 하는 생각이 든다.

철도와 국수의 상관관계

현대의 음식으로 대전에서 유명한 것은 빵과 국수다. 둘다 밀가루 음식이라는 공통점이 있지만, 발달해 온 과정은 사뭇 다르다. 요즘은 유명한 한 빵집이 그 무엇보다도 대전의 뚜렷한 상징처럼 자리 잡은 느낌이다. 기차역에 자리한 이 빵집의 분점에 가 보면 "대전에 왔다 가는데, 그래도 이 빵은 기념으로 사 가야지" "유명한 대전의 맛이라고 하니 가족에게도 맛을 보여 주어야지"라면서 모여든 사람들이 언제나 줄을 서서 빵을 사고 있다.

내가 대전에서 살던 시절에도 빵이 유명하기는 했다. 특히 튀김소보로가 맛있다고 소문이 나 있다. 달콤한 빵이란 것이 원래 유럽에서 발달한 음식인데, 일본에서 발전한 소보로빵이라는 형태가 한국에 들어오고, 그것을 다시 튀겨서 튀김소보로로 만든 제품이 대전에서 성공한 것이다. 그렇게 보면 여러 지역에서 들어온 다양한 문화가 어울리는 가운데 새로운 상품이 탄생해 정착하는 신생 도시 대전의 특성을 나타내기에 어울리는 음식이라는 생각이 든다.

사실 2000년대 초 무렵만 해도 빵이 대전의 대표 음식이라고까지는 생각하지 못했다. 누가 대전에 왔을 때 일부러 튀김소보로빵을 맛보여 주어야 한다거나, 그 빵을 사서 가족들에게 맛보라고 준다는 생각도 그렇게 널리 퍼져 있지는 않았다. 오히려 그때는 대전 음식이라고 하면 가락국수, 칼국수 같은 다른 밀가루 음식이 더 친숙했다. 대전의 어떤 칼국수 집은 전국 어느 집 못지않게 잘한다거나 어떤 거리의 칼국수 집들은 어디를 가든 평균 이상은 된다는 생각으로, 칼국수를 대전의 자랑거리처럼 여겼던 기억이다. 빵이 워낙 유명해졌기에 조금 가려져서 그렇지, 지금도 대전에는 맛있는 칼국수 가게가 여러 군데 있고, 대전 시민들은 그 맛을 친근하게 생각한다.

대전의 국수가 발전한 것은 아무래도 철도 교통의 발달과 함께 살펴보아야 할 듯하다. 애초에 대전이라는 도시가 탄생한 이유부터가 철도 때문이다. 1970년대까지만 해도 대전역의 가락국수가 칼국수 이상으로 대전하면 바로 떠올릴 만한 음식의 위치를 차지하고 있었다.

대전은 원래 "한밭", 즉 넓은 밭이 있는 터라는 옛 지명을 한자어로 표현한 것이다. 다시 말해서 대전은 아무것도 없는 넓은 빈터라는 뜻에 가까운 이름이다. 그런데 20세기에 도시가 급성장하면서 엉뚱하게도 빈터라는 의미의 지역이 인근의 다른 어느 이름을 가진 동네보다도 많은 인구가 모여 살고 건물이 가장 가득 들어찬 곳으로 발전하게 되었다.

대전이 급격히 발전하게 된 계기는 1914년 호남선의 완공이다. 서울에서 호남 지방으로 갈 수 있는 호남선 철도는 애초에 대전에서 경부선과 갈라지도록 설계되어 있었다. 그래서 서울에서 남쪽으로 가는 사람이면 누구든 일단 대전까지 왔다가 대전에서 각각 호남이나 영남으로 나뉘어 갔다. 반대로 남부 지방에서 서울로 가는 사람들도 어디서 출발하건 항상 대전에 모여서 서울로 가게 되어 있었다. 그러므로 대전에서 기차를 갈아타는 사람도 많았다.

자동차도 별로 없었고 비행기도 운항하지 않던 20세기 초에는 육지에서 기차만 한 교통수단이 없었다. 곧 대전은 전국의 사람과 물자가 지나다니는 지역으로 변했다. 자연히 여러 가지 산업이 발달할 수 있는 바탕이 되었고, 무엇보다 철도와 기차를 관리하고 운영하는 인력이 모여들며 도시가 커졌다. 고속철도 시대인 지금도 한국철도공사가 대전역에 바로 인접해 있어서, 대전은 여전히 철도의 도시라고 할 수 있다고 본다.

현재 대전역 인근에는 소제동이라고 하는 20세기 초에 생긴 동네가 있는데, 이 동네가 있던 구역은 원래 소제호라고 하는 호수였다. 대전역 인근에 철도 관계 직업을 가진 사람들이 워낙 많이 모여들다 보니까, 호수 하나를 메워서 사람 사는 동네를 건설한 것이다. 지금도 이 지역은 "철도 관사촌"이라고 하여, 지은 지 100년 가까이 된 집들이 많이 남아 있는 곳으로 알려져 있다. 그냥 철도 일을 하던 사람들이 살던 동네라 화려하고 거대한 건물이 있는 곳은 아니며, 곧 재개발이 진행되면 상당 부분 사라지게 될 거라는 이야기도 들려온다. 전통 한옥도 아니고 요즘 짓는 집도 아닌, 옛 유행에 맞춰 지은 그 시대의 독특한 집들을 볼 수 있는 곳이다.

생각해 보면 대전만큼 철도와 밀접한 관련이 있는 대도시는 한국에 또 없는 것 같다. 대전역 인근에 누구나 길 가다 들를 수 있는 철도 역사 구역이나 철도 전시관 같은 곳이 하나쯤 커다란 규모로 갖추어져 있어도 재미있지 않을까? 옛날에 사용하던 증기 기관차부터 기술의 발전에 따라 도입되고 또 사라진 여러 디젤엔진 기관차, 전동차, 비둘기호, 통일호 같은 낡은 옛날 객차와 그 시대의 철도 식당칸, 침대칸 등이 가득 차례대로 늘어서 있어서 한참 돌아볼 수 있는 넓은 곳이 있다면 대전의 역사에 잘 어울릴 거라고 상상해 본다.

다양한 철도 신호기, 옛날 철도 레일, 노선 변경을 위한 장치, 옛날 철도 근처에 설치되었던 광고판, 표지판 등을 같이 세워 두어도 재미있을 것이다. 비슷한 박물관이 경기도 의왕시에 만들어져 있기는 한데, 규모도 크지 않은 편이고 찾아가기도 조금은 애매한 위치에 있다는 느낌을 받았다. 한국 철도의 본산이라고 할 수 있는 대전의 역 가까운 곳에 무엇인가 있으면 좋겠다는 생각을 나는 자주 한다.

지금은 호남선과 경부선이 분리되어 운영되는 노선이 많지만, 과거에는 대전역에서 호남선과 경부선을 갈아타거나 완행열차와 급행열차를 갈아타는 일이 굉장히 빈번했다. 이때 잠깐 역에서 기차를 기다리는 동안 간단히 먹을 수 있는 음식이 대전역 가락국수였다. 시간이 흐르면서 대전역 가락국수는 기차 여행의 재미처럼 자리 잡아서, 대전역에서 짬이 나면 가락국수 한 그릇은 꼭 먹어야 한다는 사람들이 생길 정도로 유명해졌다. 기차 여행 문화가 좀 더 빠르고 틈이 없게 바뀌면서 인기가 쇠락하기 전까지는, 기차 여행하면 가장 많은 사람이 떠올리던 별미 두 가지가 천안 호두과자와 대전 가락국수였다.

나는 대전역 가락국수가 대전 시내의 칼국수와 비슷한 계통의 음식이라고 생각한다. 가락국수는 일본식 우동의 영향을 강하게 받은 음식으로, 어떻게 보면 한국식 우동의 한 가지 형태라고 할 수도 있을 것이다. 그러나 해외에서 수입되어 전국 각지로 퍼져 나가던 밀가루를 확보하기 좋은 곳, 육수를 내기 위해 사용하는 멸치와 같은 해산물을 쉽게 확보할 수 있는 곳에서 값싸게 만들 수 있는 부담 없는 음식이라는 점에서 칼국수와 가락국수가 닮았다고 생각한다. 조금 더 넘겨짚자면 전국으로 유통되는 이런 식재료가 철도를 통해서 퍼져 나가는 가운데 철도의 중심지 대전에서 발전한 음식이 칼국수, 가락국수 같은 밀가루 국수 음식이라고 짐작해 볼 수도 있을 듯싶다.

대학 시절 나는 가끔 골목 구석에 있는 어느 평범한 대전의 칼국수 가게에서 칼국수를 사 먹었다. 맨 처음 먹을 때는 상당히 놀랐다. 일단 가격이 2,000원인가 밖에 되지 않아 당시로서는 무척 싼값이었는데, 나온 칼국수를 보니 별다른 고명이랄 것 없이 그냥 뽀얀 국물에 국수가 있고 깨가 조금 뿌려진 것이 전부였다. 이래서 값이 그렇게 쌌구나 싶었는데, 먹어 보니 막상 맛은 무척 훌륭했다. 무엇보다 양이 정말 많았다. 그렇게 값싼 음식이었는데도 다 먹고 나니 배가 빵빵해질 정도였다. 한번은 같이 칼국수를 먹으러 간 선배가 도저히 다 먹지를 못해 남겼던 기억도 난다. 이후로 돈이 없는 대학생, 대학원생 살림에 무엇인가 맛있는 것을 넉넉히 먹고 싶을 때 그 싼 칼국수 가게를 종종 찾아갔다.

칼국수나 가락국수 육수를 내기 위해 널리 사용되는 재료인 멸치 역시 철도와 비슷하게 20세기에 들어온 후 한국인들에게 널리 퍼진 식재료다. 현재 어류·생선 계통의 식재료 중에서 한국인들 사이에 가장 소비량이 많은 상품은 멸치인데, 정작 250년 전으로만 거슬러 올라가도 한국 사람들은 생각보다 멸치를 많이 먹지 않았다. 물론 어촌의 어민들 사이에는 멸치가 알려져 있었다. 그러나 멸치는 너무 작아서 잡기도 불편했고, 잡은 후에도 쉽게 썩어서 유통하기에 번거로웠다. 그 때문에 과거에는 멸치 비슷한 용도로 멸치보다는 밴댕이를 더 많이 사용하던 시대도 있었던 듯하다.

그러다 20세기 이후에 기술이 발달하여 멸치를 대량으로 잡을 수 있는 그물과 배, 멸치를 손쉽게 말려서 포장·유통할 수 있는 기계 설비들이 개발되었다. 그러면서 멸치는 불과 몇십 년 만에 한국인의 입맛 속에 도저히 지울 수 없는 중요한 식재료로 뚜렷이 자리 잡았다.

칼국수나 가락국수 육수를 우려낼 때 멸치를 사용하면 특히 맛있는 까닭은 멸치 몸속에 포함된 이노신산 계통의 물질 때문이라고 보는 사람이 많다. 이노신산은 묘한 맛을 끌어내 음식의 인기를 높이기에 좋은 물질이다. 그래서 시판 조미료 제품에도 이노신산을 반응시켜 가루 형태로 만든 물질들이 자주 투입된다.

멸치를 우려내기 전에 적당한 온도에서 열을 가하면, 멸치 몸속에 있는 단백질이 열에 의해 파괴되고, 파괴된 부분 부분이 이노신산과 반응하여 새로운 물질을 만들어 낼 것이다. 아마도 그 때문에 국물을 우려내기 전에 멸치를 볶거나 구워서 사용하면 더욱 다채롭고 깊은 맛과 향이 생기는 것이 아닐까 추측한다. 그렇다면 대전의 훌륭한 가락국수 가게, 칼국수 가게에서는 멸치의 이노신산이 일으키는 화학 반응을 절묘하게 조절해서 멋진 맛을 만들어 내는 것이라고 풀이해 볼 수도 있겠다. 내가 좋아하던, 고명 하나 없던 그 칼국수도 사실은 아무것도 없어 보이는 국물 속에 이노신산이 원료가 되어 여러 다른 단백질, 펩타이드, 아미노산, 탄수화물, 당분이 함께 반응해서 만들어진 다양한 물질이 제 역할을 하도록 딱 맞춰 녹아 있었기에 그렇게 맛있었던 거라고 짐작해 본다.

과학과 블루스의 도시

대전시 당국에서는 대전을 과학의 도시로 선전하고 싶어 한다. 1970년대 말부터 대전에는 각종 과학기술 연구소가 유독 많이 자리 잡았다. 그러므로 대전을 과학의 도시라고 하자는 생각은 자연스럽다. 또한 대전에는 기술에 관한 국가의 법령 중 가장 중요한 줄기가 되는 특허 제도를 관장하는 특허청도 있고, 국립중앙과학관도 있다. 무엇보다 1993년에 한국에서 열린 가장 큰 과학기술 행사였던 "93 대전 엑스포"라는 대규모 박람회가 대전에서 개최되면서, 한국인들에게 대전은 곧 과학이라는 인상을 강하게 남겼다.

돌아보면 대전 엑스포는 1988년 서울 올림픽이라는 국제 행사가 정부의 인기를 높이는 데 도움이 되었다는 것에서 착안한 정부 당국이 그와 비슷한 행사를 해 보려고 일을 벌이면서 시작된 것 같다. 그 때문인지 행사 전체의 계획이나 이후의 활용에 대해서는 부족한 점을 몇 가지 지적해 볼 수 있기는 하다.

그러나 1993년 당시로서는 분명 대단히 인상적인 대규모 과학 행사였다. 93 대전 엑스포는 처음으로 국제박람회기구의 공인을 받아 개최한 전시 행사로 무려 1,400만 명의 방문객이 다녀갔다. 한국 역사상 가장 많은 관람객이 방문한 과학 전시 행사였다.

나 역시 그때 엑스포를 구경하러 갔었고, 기나긴 줄을 서며 기다리는 것이 지루하고 힘들었던 기억이 난다. 처음으로 본 3차원 입체 영화가 꽤 신기했던 기억도 남아 있다. 배가 고픈데 먹을 것을 사는 곳에도 사람이 너무 많아서 아버지와 함께 이리저리 헤매다가 마침 터키 전시관에서 맛보라며 판매하는 음식에는 줄이 없어 터키식 피자라는 것을 사 먹었던 일도 있었다. 피자는 후추 같은 향신료 맛이 많이 나서 신기했는데, 그 역시 어느 전시물을 본 것 이상으로 재미난 기억으로 남아 있다.

세월이 30년 가까이 흘러 2022년에 나는 한 TV 프로그램에 출연했다가 강호동 선생님을 만나게 되었다. 이런저런 이야기를 하다가 강호동 선생님이 "내가 기네스북에 오른 기록을 갖고 있다"고 말씀하셨다. 가만 생각해 보니, 대전 엑스포 기념으로 악수 많이 하기 기록을 세우는 데 도전하던 것을 본 기억이 났다. 그래서 나는 "그거 혹시 악수 많이 하기 기록 아니었습니까?"라고 말하며 제대로 맞장구를 칠 수 있었다. 그만큼 당시 대전 엑스포에 다녀간 사람들이 전국 각지에서 많았다는 이야기다. 또한 강호동 선생님은 30년째 꾸준히 방송 활동을 활발히 하고 계시구나 싶어, 그것만으로도 참 굉장하다고 생각했다.

1993년 대전 엑스포에서는 미래로 나아가는 첨단 기술이라면서 휴대용 통신 장치, 화상 전화, 고성능 인공지능 프로그램을 수행할 수 있는 컴퓨터 등을 관람객에게 보여 주었다. 2022년인 지금은 대부분 일상생활에서 누구나 사용할 수 있는 장치로 쓰이고 있다. 이런 사실도 하나하나 짚어 보자면 재미있는 일이다. 반면에 행사가 끝난 후, 그 많은 전시물은 적절한 활용 방법을 찾지 못해서 별 흔적을 남기지 않고 점차 철거되고 말았다. 대전 엑스포 시설의 일부는 한동안 놀이공원처럼 활용되기도 했는데, 결국은 시설 대부분이 완전히 사라졌다. 지금은 그 부지에 IBS, 즉 기초과학연구원이라는 연구 시설이 들어섰다. 그래서 지금 일반인이 출입할 수 있는 공간은 거의 없다.

그나마 남아 있는 것은 엑스포를 상징하기 위해 건설되었던 한빛탑이라는 이름의 탑이다. 1993년을 나타내기 위해 93미터로 이루어졌다. 아랫부분은 한국의 전통을 나타내기 위해 첨성대와 비슷한 형태로 돌을 쌓은 모양으로 만들었고 윗부분은 현재 대한민국의 기술을 나타내기 위해 녹슬지 않는 철, 스테인리스강으로 제조되었다. 제철 산업이 발달한 한국은 스테인리스강을 잘 만드는 기술을 갖고 있기도 하고 스테인리스제 젓가락과 숟가락 같은 식기, 주방 용구를 즐겨 쓰는 문화가 있어서 그것을 잘 나타낸다고 생각한다. 한빛탑의 스테인리스강 재질은 수십 년의 비바람을 이겨 내고 주변 모든 것이 바뀐 옛터를 지금도 꿋꿋이 지키고 있다.

대전에 과학 연구소가 모여 있는 것은 흔히 대덕 특구라고 하는 대덕연구개발특구가 정부에 의해 조직적으로 개발되었기 때문이다. 참고로 대덕 특구라고 부르는 지역이지만, 실제로 대덕 특구의 많은 연구소는 현재 대전광역시의 행정 구역으로는 대덕구가 아니라 유성구에 소속된 곳이 많다. 대덕 특구 개발 사업은 1980년대 말이 되면서 튼실하게 틀을 갖추게 되었다. 그렇게 해서 대덕 특구, 과학 연구소, 대전이라는 연관 관계가 30년 넘게 한 세대 이상 유지될 수 있었다.

아닌 게 아니라 현재 대전 시민 중에는 각종 연구소에 소속된 연구원의 숫자가 무척 많다. 2018년 통계를 보면 연구원 숫자가 수도권에 이어 전국 2위 수준인데, 대전 인구가 수도권의 10분의 1보다도 작은 150만 명 정도라는 점을 생각하면 사실상 비율로는 대전 시민 중에 연구원이 가장 많다는 이야기다. 대략 비율을 따져 보면 100명 중 3명은 연구원이라고 하는데, 대덕 특구 연구소가 많은 유성구의 식당이나 마트에 가서 "박사님!" 하고 부르면 앞에 있는 사람들 절반쯤이 돌아본다는 말이 있을 정도다.

대덕 특구에서는 다양한 연구소에서 별별 연구 결과들이 계속해서 나온다. 얼마나 잘 진행되었느냐, 얼마나 진전되었느냐의 문제이지 상상할 수 있는 기술이면 대체로 무엇이든 대덕 특구의 누구인가는 연구한 적이 있다고 할 정도로 대전의 연구원들은 온갖 분야에서 애쓰고 있다.

예를 들어, 어린이용 만화에는 싸움하는 로봇이 자주 나온다. 언뜻 생각하면 그냥 어린이 만화 이야기 같지만, 대전의 연구소 중에는 실제로 진지하게 그런 기계를 만드는 곳이 있다. 2020년대 초에 대전의 국방과학연구소에서는 "ATE"라는 이름의 군사용 로봇을 개발해 시험하고 있다고 발표했다. "에이트"라고 읽어 봄 직한 이 로봇은 위험한 장소에 보내면 스스로 이곳저곳을 돌아다니면서 터널이나 굴 같은 곳에 들어가 곳곳을 살펴보는 기능을 갖추고 있다. 그래서 테러리스트나 범죄자들이 만들어 놓은 은신처나 비밀 통로를 에이트가 미리 수색하여, 사람이 위험을 무릅쓰기 전에 어디에 누가 숨어 있고 무슨 함정을 만들어 놓았는지 알아낼 수 있다.

그 외에도 대덕 특구에서 특이한 기술에 도전하는 사례는 다양하다. 한국에서 가장 특별한 기술을 가진 곳이 어디인지 찾아보면 답은 대덕 특구의 연구소일 때가 무척 많다.

한국에서 가장 뜨거운 곳은 어디일까? 포항의 제철소에서 철을 녹이는 용광로일까? 혹은 고흥의 로켓 발사장에서 불을 뿜는 로켓의 불꽃 속일까? 이 문제에 대해 내가 생각하는 답은 대전이다. 대덕 특구의 한국형 핵융합시험로라는 거대한 연구 설비에서는 태양이 빛을 내는 원리를 지상에서 실험하는 일에 도전하고 있는데, 이 설비로 실험 대상인 초고온 플라즈마의 온도를 섭씨 1억 도까지 올린다. 2021년에는 1억 도 온도를 30초간 유지하는, 세계에서도 드문 기록을 세우기도 해서 과학계의 주목을 받은 적이 있었다.

한국에서 가장 밝은 빛이 있는 곳은 어디일까? 서울 상암 경기장의 축구 경기용 불빛일까, 아니면 울릉도 앞바다에서 오징어잡이 배들이 밝힌 등불일까? 나는 이 문제의 답도 대전이 될 수 있다고 생각한다. 보통 전등의 밝기를 말할 때 60와트, 100와트 정도의 출력을 이야기하는데, 대전에 본원이 있는 기초과학연구원에서는 광주에 초강력 레이저과학 연구단을 두고 2020년대 초에 1센티 넓이에 1조 와트의 1,000억 배에 해당하는 막강한 레이저를 뿜어내는 장치를 가동하는 데 성공한 일이 있었다.

연구의 성과가 다양하고 많다는 것은 숫자로도 증명되고 있다. 대덕 특구를 대표하는 대형 연구소인 한국전자통신연구원은 기술 특허 기록으로 자주 언급되는 곳이다. 이곳에서 2020년 무렵까지 출원한 특허 건수는 통산 3만 건이 넘어서 그야말로 특허를 트럭으로 날라야 할 만큼 많이 쌓아 두고 있다. 새로 개발된 기술로 어찌나 특허를 많이 받았는지, 2013년에는 미국 IPIQ라는 곳에서 집계한 결과 미국 내 특허 종합 평가 순위에서 미국 기관인 MIT나 스탠퍼드 같은 곳을 제치고 한국전자통신연구원이 1위를 달성해 버린 희한한 일도 있었다.

여전히 연구원들에 대한 지원이 충분하지 않다거나, 연

구 사업이 꾸준히 효율적으로 이루어지지 않는다는 점은 자주 지적된다. 그러나 여러 분야의 연구원이 많아서, 이제는 특허의 권리를 인정받아 그 기술료로 꽤 높은 수익을 올린 사람도 종종 출현하고 있다. 2014년 한 일간지의 기사를 보면, 국내 공공 기관의 연구원 중에 기술료 수입으로 가장 많은 돈을 번 축에 속하는 사람 역시 대전에 있는 연구소 소속이다.

기사에 따르면 한국지질자원연구원의 정 연구원이라는 학자는 바닷물에서 배터리의 재료로 요긴하게 쓰이는 리튬을 추출해 내는 기술을 개발하는 데 큰 역할을 했다고 한다. 그리고 이 기술을 국내 대기업에 이전하여 기술료로 40억 원가량의 수익을 달성했고, 그중 14억 원가량을 정 연구원 본인 몫으로 받았다고 한다.

대덕 특구가 잘 자리 잡은 연구 단지로 많은 사람에게 알려져 있기 때문인지, 지금도 비슷한 방식으로 지방 곳곳을 발전시키겠다는 여러 가지 구상을 정치인들은 자주 발표한다. 그러나 나는 원래 다른 도시에 있던 연구 기관을 정부의 뜻에 따라 옮겨 보내면서 다른 지역을 발전시키는 것은 대덕 특구가 탄생했던 1970년대 말 방식이 아니었나, 하는 생각도 종종 한다.

1970년대 말로 거슬러 올라가 보면, 한국의 연구 기관 연구원들은 대다수가 남성이었다. 그리고 그 남성 한 사람이 자신이 속한 집안 생계를 책임지는 가장이었다. 그러므로 한 연구 기관을 다른 지역으로 옮기면 가장인 연구원을 따라 모든 가족이 지역을 옮겨 간다고 볼 수 있었다. 그래서 가정을 구성하는 인구가 통째로 새로운 지역으로 이전하여 그 지역이 발전해 나간다는 발상이 그럴듯했다.

그러나 이런 형태의 가정이 줄어든 지금은 사정이 다르다. 가장 한 명이 이끄는 가정이 더 이상 삶의 표준이 아니다. 부부가 각자의 직업을 가진 가정이 대단히 많다. 한 사람의 직장이 다른 도시로 옮겨 간다고 해서 다른 가족들이 자기 일을 포기하고 그냥 같이 따라가기가 어렵다는 이야기다. 이래서야 무작정 기관을 옮긴다고 해도 기관 구성원들이 지역 이전에 적응하기도 어렵고, 요즘은 기관 이전으로 인구와 공동체가 그대로 옮아가는 효과도 적다.

그래서 나는 이미 자리 잡은 연구원을 정부에서 강제로 옮기면서 원래 있던 한 도시의 기능을 빼앗아 새 도시에 갖다주는 방식으로 새로운 지역을 개발하기보다는, 애초에 새 도시의 개성에 맞는 기능을 새롭게 추가해 나가면서 그 지역을 발전시키는 것이 더 옳다고 생각한다. 현재의 대전을 예로 든다면, 다른 도시에 있는 기관을 이전시켜 대전을 키우기보다는 이미 대전의 특성으로 자리 잡은 대덕 특구의 연구 기관들에 어울리는 시설을 새로 만들고 그곳의 연구원들이 더 행복하고 즐겁게 살 수 있도록 도시를 키워 나가는 방향이 옳을 것이다.

　내가 대전에서 살던 시절을 돌이켜 보면, 가장 먼저 떠오르는 단어는 의외로 외로움이다. 나는 대전에 살면서 재미난 친구를 많이 만났고, 인생에 다시없을 만한 흥겨운 사건도 여럿 겪었다. 그전까지는 있는지도 몰랐던 과학의 여러 분야를 배울 수 있었던 것도 삶의 큰 변화였다. 이렇게만 말하면 정신없이 바쁘고 날마다 다채로운 일로 가득 찬 세월을 보냈던 것 같다. 그것도 틀린 말은 아니다. 그렇지만 이상하게 그 시절, 삶에는 외로움이 많았던 것 같다. 그때는 외롭다는 생각도 못 하고 뭔가 알 수 없는 이유로 사는 게 쉽지 않다는 정도의 느낌이었는데, 지금 돌아보니 외로움이었다.

　어른이 되어 처음 낯선 고장에서 혼자 살기 시작한 시기였으니 어느 정도 외로운 것도 당연한 일이었다. 거기에 열심히 하고 있지만 별로 잘 풀리는 일은 없는 것 같은 느낌이 들었고, 아무리 애를 쓰며 무엇인가 개선해 보려 해도 결국은 모든 것이 망하고 말 거라는 불안감도 항상 주변에 어른거렸다. 친구가 많아도 마음 터놓고 정말 편안하게 시간 보낼 사람은 없는 듯한 기분에 휩싸일 때도 있었다. 세상에 믿을 만한 사람은 아무도 없겠거니 하는 감정에 문득 휘말리곤 했다.

그 시절, 다른 지역에서 일정을 마치고 대전역으로 기차를 타고 돌아오면 큼직한 노래비가 나를 맞아 주었다. 대전역 광장에는 〈대전 블루스〉라는 옛 노래 가사를 새겨 놓은 커다란 바위로 만든 노래비가 있었다. 1956년에 나온 이 노래는 깊은 밤 0시 50분, 밤 기차를 타고 헤어져야 하는 연인을 소재로 삼았다. 작사를 맡았던 사람이 실제 어느 밤, 대전역에서 헤어지는 남녀를 보고 문득 온갖 생각이 머리에서 떠올라 만든 가사라는 이야기도 많이 퍼져 있다. 노래 제목에 대전이 들어가기도 해서 대전 시민들에게 꽤 알려진 노래이기도 한데, 나도 그 시절에는 어째 이 노래가 대전의 삶을 상징하는 것 같아서 역을 지나칠 때마다 한 번씩 눈여겨본 기억이 난다.

한국의 도시 이름과 음악 장르명이 연결된 노래 중에는 〈대전 블루스〉가 가장 잘 알려지지 않았나 싶다. 〈울릉도 트위스트〉가 그다음일까? 그래서 나는 대전에서 블루스 음악을 연주하는 행사를 열거나, 대전의 어느 번화가에 블루스 클럽 몇 곳을 세워 운영하면서 대전의 특색으로 가꾸어 보면 어떤가 하는 공상을 해 본 적도 있다.

원래 블루스 음악은 미국의 가난한 흑인 음악가들이 삶의 슬픔을 해학적으로 승화한 노래에 바탕을 두고 있다고 한다. 제목에도 우울하다는 뜻의 블루blue라는 말이 들어가 있다. 초기에는 기타나 하모니카를 들고 다니며 즉흥 연주로 노래하는 음악가들에 의해 연주되었는데, 시카고 등지의 대도시에 이런 음악가들이 유입되면서 상황이 바뀌기 시작했다. 그리고 1940년대 이후 기술 발전으로 앰프, 전기 악기들이 등장하고 음악을 여러 사람에게 큰 소리로 잘 들려줄 수 있게 되면서 블루스는 본격적으로 성장했다.

특히 음반 산업이 발달하고 즉흥 연주를 녹음해서 판매하는 것이 간편해지면서, 블루스는 더욱 번창해 지금과 같이 발전할 수 있었다. 그런 점을 함께 살펴보면, 과학기술의 도시 대전과 블루스는 더 어울리는 느낌이 든다. 지금 대전에서 음향, 녹음, 공연의 인터넷 전송에 관해 연구하는 연구소와 연구원도 여럿 찾아볼 수 있다. 개인 인터넷 방송과 SNS 공유의 시대가 되어 음악을 즐기는 방법이 바뀐 요즘, 대전의 블루스 축제나 대전의 블루스 클럽이 또 다른 모습을 보여 줄 수도 있을 듯싶다.

세월이 흘러 대전을 다시 찾아갔을 때, 예전에 항상 지나가며 봤던 대전역의 〈대전 블루스〉 노래비는 안전 문제로 철거되어 없어져 버렸다. 내가 대전에 돌아올 때마다 보며 힘을 내던 비석이었던 만큼, 많은 사람의 기억 속에 남은 비석이었을 거라는 생각에 아쉬움이 들었다. 2020년 『충청신문』 기사를 보면, 철거된 후에 어디로 갔는지 지금은 그 행방을 아는 사람조차 찾기 어렵다고 한다.

뛰어난 기술자들의 도시,
전주

견훤이 선물한 부채의 흔적

지금으로부터 1,100년 전, 후삼국 시대는 한반도 곳곳이 저마다 군사력을 갖춘 작은 나라들로 쪼개져 긴 세월 전쟁이 끊이지 않았던 시기다. 혼란스러운 시절이었으니 각자 스스로 전국을 통일할 영웅호걸이라고 주장하던 인물도 여럿 등장했다. 소위 그 영웅 중에서 자료가 풍부해 이야깃 거리가 많은 사람을 골라 보자면 태봉을 세운 궁예, 마지막으로 전국을 통일한 왕건, 그리고 후백제를 건국한 견훤, 세 명 정도다. 셋은 서로 돕기도 하고 다투기도 하고, 배신하기도 하고 은혜를 갚기도 하는 복잡한 관계였다.

불교 승려 출신이자 노비의 자손으로 취급되었던 궁예는 가장 혁명가에 가까운 인물이라고 할 수 있다. 궁예는 스스로 종교의 권위자라고 자부했던 적이 있는 만큼, 가장 혁신적인 사상을 내세운 사람이다. 세운 나라의 이름만 보아도 왕건이나 견훤은 삼국 시대의 나라 이름이었던 고구려·고려·백제를 다시 사용하는 안전한 방식을 택했는데, 궁예는 태봉·마진 등 완전히 새로운 나라 이름을 직접 지어내 사용했다. 반면 왕건은 가장 안정적인 인물이었다. 신라 말기 발달했던 무역과 항해로 힘을 얻은 가문의 귀공자 출신으로, 착실히 경력을 쌓고 많은 전투에서 동료와 부하들을 얻어 가며 힘을 기른 사람이다.

궁예와 왕건의 상대였던 견훤은 또 다른 배경을 갖고 있다. 그는 천재적인 군사적 재능으로 나라를 세우고 임금이 된 사람이다. 『삼국사기』에는 견훤이 젊은 시절 "창을 베고 잠을 잤다"라고 되어 있다. 그만큼 부하들과 함께 험한 전쟁터의 가장 위험한 곳을 직접 누볐다고 볼 수 있다. 밤에 잠을 자면서도 전투 생각을 했을 만큼 전투·전쟁에 관심이 많았던 사람이라고 생각해 볼 수도 있다. 굳이 저런 표현을 가져와 쓴 것을 보면, 혹시 창을 쓰는 실력이 굉장히 뛰어났는지도 모르겠다.

궁예는 강원도 지역의 절에서 승려로 지내며 성장했기에

결국 강원도와 신라의 북쪽 지역이 근거지였다. 왕건은 아예 고향인 개성을 근거로 삼았다. 그에 비해 견훤의 고향은 지금의 문경 지역인 경상북도 북부로 보는 것이 정설이다. 그랬던 그가 도적이 들끓던 시대에 군인으로 여러 지역을 돌며 전투를 벌이다가 마침내 자기 부대의 근거지로 삼은 곳은 신라 남서부, 지금의 호남 지역이었다. 그리고 도성으로 삼은 곳은 현재의 전라북도 전주였다.

다시 말하면 견훤은 고향과는 멀리 떨어진 곳에서 전투의 승리와 그에 열광하는 병사들, 인근 주민들의 호응만으로 임금이 되었다. 이야기를 가만 읽다 보면, 주민들을 구하기 위해 나타난 낯선 용사가 악당을 물리치고 환호받는 중세 유럽 무용담 속 기사단 단장과 견훤이 비슷하다는 느낌도 든다.

역사 기록에서 견훤은 한반도 남서부의 바다를 지키는 일을 했다고 되어 있다. 아마도 신라 말 극성을 부렸던 해적 떼와 많은 싸움을 벌였을 것이다. 나라를 세운 뒤 후백제는 바다 건너 중국 남부와 활발히 외교 관계를 맺었다. 이런 정황을 보면, 견훤의 나라는 항해술이 발달했고 항해에 뛰어난 사람이 많이 활동하던 나라였을 가능성이 크다고 볼 수도 있다.

『삼국사기』에는 견훤이 왕건에게 공작선이라는 부채와 지리산 대나무로 만든 화살을 선물로 보냈다는 사실이 기록되어 있다. 공작선에서 공작이란 아름다운 깃털로 유명한 그 새, 공작을 말한다. 그러니 공작선은 공작의 깃털로 만든 부채, 또는 공작 깃털 모양의 무늬로 치장한 부채라는 뜻일 것이다. 후백제 사람들의 항해술을 생각해 보면, 나는 견훤의 공작선이 실제 공작의 깃털을 수입해서 만든 부채일 가능성도 충분하다고 본다.

그럴 만한 정황도 있다. 『일본서기』의 기록을 보면, 견훤의 시대보다 한참 앞서는 삼국 통일 이전 시기에 김춘추가 일본을 방문했을 때 일본인의 환심을 사기 위해 공작 한 쌍을 선물로 주었다는 이야기가 나온다. 『삼국사기』에는 신라에서 진골 이하 신분의 여성들이 공작의 꼬리로 치장하는 것을 금지했다는 기록도 있다. 반대로 그런 규제가 생기기 전에는 공작 꼬리로 치장을 하는 사람들이 있었다는 이야기일 것이고, 규제에 적용받지 않는 궁중의 고위층 사이에서는 공작 꼬리가 장식용으로 쓰였다고 볼 수도 있다.

공작은 대단히 화려한 꼬리를 가졌지만 닭목 꿩과에 속하는 조류로, 닭이나 꿩처럼 기르기가 비교적 어렵지 않은 편에 속한다. 그래서 현대의 동물원에서 흔히 볼 수 있는 새이고, 공작을 기르는 농장이나 학교가 국내에도 몇 군데나 있다. 2019년에는 어디에서 나타났는지, 경기도 용인의 한 마을에서 공작 몇 마리가 적응해 살고 있다는 소식이 매체에 실린 일까지 있었다. 그렇다면 견훤의 시대에 공작이 사는 동남아시아 지역에서부터 공작을 배에 싣고 한반도 호남 지역까지 데려오는 일도 그다지 어렵지는 않을 듯싶다.

현대에 아름다운 깃털을 얻기 위해 기르는 공작은 대개 인도공작 또는 자바 공작이다. 요즘 한국 동물원에는 인도공작이 더 쉽게 눈에 뜨인다. 하지만 견훤이 전주에 건설한 궁전에서 공작을 길렀다면 아마 자바 공작일 가능성이 더 크지 않을까 하는 상상도 나는 한번 해 본다.

인도네시아의 자바섬을 비롯해 자바 공작이 사는 동남아시아 지역이 인도공작이 주로 사는 지역보다 한반도에 조금 더 가깝다. 그러니 들여오기가 더 편리했을 것이다. 견훤이 살던 시대보다는 한참 후의 일이지만, 1406년 8월 『조선왕조실록』 기록을 보면 조왜국이라는 먼 남쪽 나라의 사람들이 조선의 임금에게 선물을 주기 위해 오다가 해적을 만나 공작·앵무새 등을 잃어버렸다는 이야기가 실려 있다. 여기서 조왜국은 인도네시아 자바섬을 말한다고 보는 것이 보통이므로, 이 역시 옛 한국인들이 자바 공작을 들여왔을 거라는 생각을 하게 한다.

이야기가 나온 김에 조금만 더 공작에 대해 살펴보자면, 공작 깃털의 현란한 무늬에 관해서 말해 볼 만하다. 공작의 깃털 무늬는 터무니없을 정도로 복잡하고 화려하며 다채로운 동시에 오묘하다. 하나의 생물이 어떻게 저절로 이렇게 복잡하면서도 다채로운 색깔을 가질 수 있는지 괴상하다는 생각이 들 지경이다. 얼룩소·얼룩말이나 호랑이도 무늬가 있기는 하지만 고작 두 가지 색깔이 적당히 교차하는 수준으로, 공작의 현란한 무늬와 비할 바는 아니다.

후삼국 시대, 다른 지역에 살던 사람이 우연히 전주의 궁전에서 공작을 보았다면 "저것이 천상에 사는 봉황새인 것 같은데, 견훤은 무예가 뛰어나다더니 하늘 나라에서 봉황새도 잡아 왔구나"라며 감탄했을 거라는 상상을 해 본다.

현대의 과학자들은 공작이 현란한 색깔을 가진 이유를 어느 정도 밝혀내는 데 성공했다. 공작의 깃털 색깔은 여러 가지 다양한 색소와는 별 상관이 없다. 그렇게 많은 색깔을 내는 온갖 색소를 몸속에서 모두 만드는 것은 힘든 일이고, 그 색소들이 필요한 무늬를 이루도록 그때그때 저절로 생겨난다는 것도 생각하기 어려운 일이다.

공작의 깃털은 구조색(structual color)이라는 방식으로 색을 낸다. 구조색이란 같은 색깔을 띤 물질이라도 미세하게 가공해서 어떤 모양으로 깎아 놓느냐에 따라 멀리서 보면 다른 색으로 보이는 현상을 말한다. 아주 간단한 예를 들어 보자면, 물은 투명한 색이고 바닷물은 푸른색으로 보이지만 파도가 치며 물결이 부서질 때는 물방울과 거품이 흰색으로 보이는 것과도 통하는 현상이다. 미세한 물방울을 햇빛이 비치는 각도에 따라 잘 맞추어 뿌리면 무지개색이 나타나 보이는 일이 있는데, 이것도 구조색과 비슷한 원리의 현상이다.

만약 공작새 깃털을 뽑아서 색깔별로 자른 뒤에 아주아주 고운 가루로 빻으면, 원래 색깔이 무엇이든 간에 어느 부위나 흑백에 가깝게 보일 것이다. 즉 깃털을 이루는 물질 자체는 그냥 같은 색깔을 가진 성분이다. 같은 색 깃털이지만 미세하게 서로 조금씩 다른 결로 자라서 막상 공작새의 몸에서 빛을 받으면, 각기 빛을 반사하고 통과시키는 정도가 약간씩 차이 나기 때문에 서로 다른 색을 띤다. 이런 방식으로 공작새는 몸에서 다양한 색소를 만드는 능력이 없는데도 깃털에서 굉장히 현란한 색을 보여 줄 수 있다.

2021년 초 국립생태원에서는 공작 같은 새의 깃털이 색깔을 내는 원리를 응용하여 TV나 스마트폰 화면에서 색상을 재현하는 새로운 방식을 개발해 특허를 냈다고 발표한 일이 있었다. 과학자들은 공작새의 화려한 깃털을 보고 그저 감탄만 하는 것이 아니라, 그 현상을 이해하고 흉내 내고 활용할 수 있는 방법을 찾아 삶에 도움이 될 수 있는 길을 모색한다.

세계 곳곳으로 항해하는 상인들이 찾아오던 화려한 견훤의 궁전은 지금 전주에 남아 있지 않다. 견훤이 멸망하면서 전주의 궁궐은 잊혔고, 지금은 견훤 시대의 건물이 있었을 것으로 추정되는 터와 거기에서 발견된 주춧돌·기왓장 등등이 전부다. 그런데 마침 전주의 동고산성에서 발견된 기와 조각 중에는 창을 든 병사 두 사람이 새겨진 모양도 있고, 깃털이 많은 새 두 마리가 새겨진 모양도 보인다. 그 모습에서 창을 잘 쓰던 견훤과 궁전의 명물이었을지도 모를 공작을 잠시 떠올려 볼 만하지 않은가 싶다.

전주에서 공작의 흔적을 찾기는 어렵지만, 부채의 흔적을 찾기는 그보다 훨씬 쉽다. 견훤 시대 때처럼 공작의 깃털로 부채를 만든 것은 아니지만, 조선 시대에도 전주에서 좋은 부채가 생산되었기 때문이다.

조선 시대 전주에는 아예 선자청이라고 하는 관청이 있어서, 부채를 생산하는 일을 공공 기관에서 주관했다. 이곳에서는 가장 아름답고 잘 만들어진 정부 공식 지정 전주 부채를 생산하여 서울의 궁궐로 보냈다. 그러면 임금은 부채를 궁중 고위층과 나누어 갖거나 선물로 하사했다. 그 전통은 지금도 어느 정도는 이어지고 있어서, 전주에는 전주 고유의 공예품으로 부채를 만들어 파는 곳이 몇 군데 있다.

조선 시대 이후의 전주 부채는 대나무 살에 종이를 붙여 만든 것이다. 전주에 기술이 뛰어난 부채 장인이 많았던 이유는 아무래도 좋은 종이를 구하기 쉽고, 전주 남쪽 멀지 않은 곳에서 좋은 대나무가 많이 자라기 때문으로 추정할 수 있다. 전주는 특히 한국식 전통 종이, 즉 한지를 잘 만드는 곳이었다. 그 전통 역시 지금도 어느 정도 이어지고 있다.

종이는 나무를 염기성을 띤 물질에 녹여서 다른 잡다한 성분은 제거하고 살아남은 성분들만 넓게 펼친 뒤에 굳혀서 글씨를 쓰기 좋게 만든 것이다. 이때 남은 성분의 주류를 차지하는 것은 셀룰로스, 즉 섬유소와 리그닌이라고 하는 성분이다. 쉽게 말하자면 섬유소는 하늘거리는 풀에 많은 성분이고, 리그닌은 나무를 딱딱하게 하는 성분이라고 보면 된다. 종이를 만들 때는 섬유소와 리그닌의 비율이 잘 맞아야 한다. 섬유소만 많으면 힘없는 천처럼 되어 버리고, 리그닌만 많으면 너무 딱딱해질 것이다.

전통 방식의 종이는 뽕나무와 계통이 멀지 않은 닥나무로 만든다. 닥나무를 염기성 용액에서 가공하면 섬유소와 리그닌의 비율이 종이가 되기에 적당해진다. 중국이나 일본식 전통 종이는 닥나무를 맷돌 같은 기구로 갈아서 만드는 경우가 많다고 하는데, 한지는 그와는 또 다르게 갈지 않고 나무를 두들겨서 만드는 과정을 중시하는 경향이 있다고 한다. 제작 공정이 이처럼 차이가 나기 때문에 한지는 대체로 좀 더 튼튼하고 오래간다는 평가를 받는다. 마침 전주에는 종이 만들기에 좋은 닥나무가 많이 자라고 있어서 한지 제조 산업이 발달했고, 나아가 공작선 못지않은 좋은 종이부채도 만들 수 있었을 것이다.

나는 전주 부채를 좀 더 싸고 구하기 쉽게, 귀엽고 재미난 모양으로도 개발하여 많은 사람이 기념품 삼아 즐겨 사는 물건이 되면 좋겠다고 생각한다. 『열양세시기』나 『동국세시기』 같은 조선 시대 기록을 보면, 당시 사람들은 여름이 시작될 무렵인 단오가 되면 대개 윗사람이 아랫사람에게 부채를 선물로 주는 풍속이 있었다고 한다. 여름 더위를 부채로 쫓기를 기원하는 뜻이었을 거라고 생각한다.

크리스마스가 되면 카드를 보내는 풍속이 있는데, 여름이 되기 전에 부채를 서로 선물하는 풍습을 현대에 되살려 볼 수도 있지 않을까? 여러 문화 상품, 캐릭터 등을 소재로 한 다양한 모양의 전주 부채가 개발되어 여름마다 전국의 많은 사람이 재미있는 전주 부채를 고르고 선물하는 유행이 생기면 어떨까 상상해 본다.

전주에 가면 만날 수 있는 것

전주 이씨 가문에서는 최초로 전주 이씨 성을 가진 인물을 이한이라는 사람으로 본다. 이한이 활동했다고 하는 시대는 견훤의 전성기에서 조금 앞서는 시기다. 이한의 수명이 길었다면, 전주에서 견훤이 임금이 되는 것을 볼 수도 있었을까 싶다. 공교로운 우연이라고 생각할 수 있지만, 마침 견훤이 원래 사용하던 성씨도 이씨였다고 한다.

전주 이씨 가문은 먼 후손인 이성계가 조선이라는 나라의 임금이 되면서 매우 크게 세력을 키웠다. 이성계는 전주가 이씨 가문의 뿌리라고 해서 전주에 경기전이라는 건물을 짓고, 그곳에 조선을 세운 자기 모습을 그린 그림을 기념으로 보관하도록 했다. 대단히 화려하고 웅장한 건물이라고 할 수야 없지만, 꽤 그럴듯하고 깔끔하게 만들어진 장소다. 그렇기에 경기전은 지금도 전주의 중요한 관광지다.

임금의 얼굴을 그린 그림을 어진이라고 한다. 종종 인터넷에 도는 이야기를 보면 조선을 기록의 나라라고 부르는데, 그런 별명과는 달리 각종 그림 자료는 유럽 각국은 물론이고 이웃 중국이나 일본에 비해서도 무척 부족하다. 그나마 조정에서 예산을 들여 특별히 제작한 의궤라고 하는 책자에 실린 삽화들과 임금을 기념하기 위해 그린 어진이 착실하게 제작되어 남아 있다는 점에서 조선 조정도 그림 자료를 남기기 위해 노력했다는 생각은 해 볼 수 있을 것이다.

조선 시대 임금님들의 얼굴 그림은 20세기 중반까지도 여러 점이 잘 남아 있었다. 1950년대까지만 해도 46점 정도의 얼굴 그림이 남아 있었다는 것이 중론이다. 그런데 1954년 12월 26일 부산 용두동 대화재 때, 부산에 임시 보관하고 있던 어진이 대부분 불타서 없어져 버렸다. 지금 남아 있는 것은 태조 이성계, 영조, 철종 단 세 사람의 그림

뿐이다. 그 밖에 사진 기술이 개발된 이후의 임금인 고종, 순종의 얼굴을 확인할 수 있는 것이 조선 시대 임금들의 모습에 대한 자료의 전부다.

이런 것은 대단히 안타깝다. 애써 그린 그림을 수백 년 동안이나 귀하게 보존했는데, 어이없는 화재로 한순간에 다 날려 버렸다. 아마 아무도 손댈 수 없도록 귀하게 보존하는 데만 신경 쓰느라 그림들을 사진으로 찍어 두거나 복제해 둘 생각도 못했던 것 같다. 이웃 나라인 일본이나 중국의 경우, 장군이나 고위 관리들의 여러 얼굴 모습이 그 옷차림과 함께 각종 다양한 그림 속에 굉장히 풍부하게 남아 있다. 하지만 우리는 세종 임금같이 너무나 잘 알려진 인물의 얼굴 모습조차 전혀 알 수가 없다. 1만 원짜리 지폐에 그려진 세종 임금의 얼굴은 현대에 와서 그저 상상으로 만들어 낸 모습일 뿐이다.

그런데 가장 보관하기 힘들었을지도 모르는 가장 오래된 임금님의 얼굴, 조선을 세운 이성계의 얼굴은 깨끗하게 잘 보존되어 있다. 이성계의 얼굴 그림은 다른 그림들과 같이 보관되었던 것 이외에 전주 경기전에 간직된 것이 따로 있었다. 그래서 살아남기 쉬웠다. 600년 이상의 세월을 넘어 지금도 우리가 그 얼굴을 생생히 자세하게 살펴볼 수 있게 된 것이다.

어느 나라건 임금과 같은 높은 사람의 얼굴은 좀 더 깨끗하고 잘생겨 보이도록 고쳐 그리는 일이 흔하다. 하지만 현재 남아 있는 이성계의 얼굴은 실제 모습에 최대한 닮게 그린 것으로 보인다. 군인 출신으로, 의외로 단순하고 담백한 성격을 보일 때가 있었던 이성계의 성품 때문에 있는 그대로 그린 것 같다는 생각도 해 본다. 혹은 어차피 여러 사람에게 보여 주기 위한 그림은 아니었을 테니, 멋있게 보이는 것보다 있는 그대로 기록에 남기는 목적을 중요시했기 때문일지도 모른다.

지금도 경기전에 가면 누구든, 최소한 복제 그림이라 할지라도, 사진 보정도 없고 포토샵도 없는 이성계의 얼굴을 찬찬히 살펴볼 수 있다. 자세히 보면 오른쪽 눈썹 위쪽에 사마귀 모양 같은 것도 그대로 그려 놓았다. 이런 전형적인 사마귀 모양은 아마도 HPV, 즉 인간 유두종 바이러스의 감염 때문에 생긴 것으로 보인다.

여기서부터는 상상일 뿐이지만, 인간 유두종 바이러스는 보통 손에 있는 바이러스가 잘못 묻어나며 생기는 경우가 많다는 사실에서 추리를 해 보고 싶다. 혹시 이성계는 오른쪽 눈썹 위를 자꾸 만지는 버릇이 있었기에 손에서 바이러스가 옮아 그 자리에 사마귀가 생긴 것 아닐까? 임금이 되기 전 이성계는 전쟁터에서 군인으로 살면서 많은 전투에 참여했다. 전쟁터에서는 먼지를 뒤집어쓸 일도 많았을 것이고, 당연히 얼굴을 긁을 일도 있었을 것이다. 그러다 나중에 세력이 점점 강해진 뒤에는, 고민할 일이 많았을 것이다. 고려를 배신해야 하는지, 자신만의 새 나라를 만들어야 하는지, 옛 동료들을 처치해야 하는지, 무시무시한 생각이 머릿속에 계속 오갔을 것이다. 그때마다 골치 아픈 일들을 고민하며 오른쪽 눈썹 위를 긁적이는 그의 모습을 떠올려 본다.

한국을 대표하는 음식이라고 하면 많은 사람이 김치와 함께 비빔밥을 고른다. 고추장 양념을 이용해 비벼 만든 밥은 한국 음식답다는 느낌이 물씬 나고, 실제로 한국 사람들이 비빔밥을 즐겨 먹기도 한다. 신선로나 용봉탕 같은 궁중 요리를 독특한 한국 음식이라고 생각해 볼 수 있다 해도, 이런 음식에는 비빔밥처럼 친숙한 느낌은 없다. 그래서 1997년 한국 항공사에서 기내식으로 비빔밥을 내어놓기 시작한 것을 한국 항공 서비스의 중대한 기점으로 보는 사람이 있을 정도다. 긴 외국 생활에 지친 승객들이 한국으로 돌아오는 비행기 안에서 비빔밥을 보게 되면 벌써 한국에 반쯤 도착한 것 같은 기분이 든다는 이야기다.

비빔밥이 한국의 대표 음식이라면, 그 비빔밥의 대표인 전주가 한국 음식의 대표라고도 할 수 있겠다. 예전부터 전주에는 맛있는 음식점이 여럿 있어서 많은 여행자에게 긴 세월 좋은 평가를 받았다.

게다가 2000년대 이후 전주 한옥마을이 본격적으로 젊은이들을 대상으로 하는 관광지로 개발되면서 재미 삼아 먹는 군것질거리, 놀러 와서 먹는 과자와 후식 같은 음식이 대거 새롭게 등장했다. 이런 음식 중 상당수는 예로부터 전주에서 내려오는 음식이라고 할 수는 없지만, 관광객으로 가득한 거리에서 그만큼 치열한 경쟁을 거친다. 그러는 가운데 눈길을 끌기 위한 별별 희한한 음식이 나타나기도 하고, 조금만 경쟁에서 밀리면 몇 달을 못 버티고 금세 망하기도 하면서 자주 바뀌어 간다. 그 혹독한 시련 끝에 살아남은 몇몇 음식은 과연 살아남을 만한 훌륭한 맛을 지니고 있을 때가 많다.

반대로 예로부터 내려오는 전주의 군것질거리나 과자라고 하면 나는 백산자를 추천하겠다. 조선 중기의 작가로 예전에는 『홍길동전』을 지었을 가능성이 크다고 이야기되던 허균은 1611년 죄를 지어 귀양살이를 한 적이 있었다. 원래 허균은 강릉과 서울에서 대체로 부족함 없이 살았는데, 외딴곳에서 힘겹게 지내게 되자 먹고 싶은 것이 생각나면 글로 써서 기록했다. 이 글을 『도문대작』이라고 한다. 동기를 돌아보면 고향에서 쫓겨난 작가가 맛있는 게 그리워서 쓴 불쌍한 글이지만, 지금은 조선 중기의 음식 문화에 대한 중요한 자료로 취급되고 있다.

『도문대작』에서 허균은 여러 과자 종류를 언급하면서 백산자를 소개했다. 백산자는 엿에 튀긴 쌀을 묻힌 과자로 대개 납작하고 네모난 모양으로 만든다. 지금도 한과나 전통 과자를 파는 곳에서 어렵지 않게 구할 수 있는데, 허균이 살던 조선 중기 시절에도 이 과자는 인기가 있었나 보다. 허균은 잘살던 시절에 전국 각지에서 만든 백산자를 이것저것 꽤 맛보았던 모양인데, 그는 전주에서 만든 백산자가 맛있다고 주장했다.

백산자를 만드는 데 필요한 엿은 쌀을 이용해서 만든다. 쌀로 만든 밥을 꼭꼭 오래 씹으면 처음보다 단맛이 조금 더 많이 느껴지는데, 바로 그 원리를 이용해서 쌀을 달콤하게 바꾸는 것이 엿을 만드는 핵심 원리다. 그렇다고 엿을 만들기 위해 사람이 입으로 쌀을 씹는 것은 아니고, 쌀을 달콤하게 바꾸어 주는 효소를 구해서 넣는다. 펩신과 함께 학교에서 최초로 배우는 효소가 아밀레이스일 텐데, 과거에는 아밀라아제라고도 부르던 것으로 사람의 침 속에 섞여 있는 화학 물질이다. 이 물질은 쌀 전분에 화학 반응을 일으켜 분해 후 단맛이 나는 성분으로 바꾼다.

엿을 만들기 위해 넣는 물질을 엿기름이라고 한다. 엿기름이라고 해서 무슨 콩기름 같은 것은 아니고 대개 밀이나 보리를 재료로 한다. 사실 대부분 곡식은 그 식물의 씨앗이다. 곡식에 영양분이 잔뜩 들어 있는 이유는 땅에 뿌려져서 자랄 때 필요하기 때문이다. 밥을 먹으면 살이 찌는 것은 우리가 쌀 껍질을 까서 벼가 자기 씨앗 속에 저장해 놓았던 전분 덩어리로 밥을 해 먹어서 그렇다.

우리가 곡식의 껍질을 까서 먹지 않고 씨앗으로 땅에 뿌려 키운다면, 자라면서 씨앗 속에 저장된 전분을 분해하여 식물의 몸에 필요한 각종 물질로 활발히 활용하려고 할 것이다. 자라나는 식물은 전분을 분해해서 단맛이 나는 물질로 바꾸는 효소도 같이 만든다. 엿기름은 바로 씨앗에서 효소가 풍부하게 나오는 단계까지만 키운 보리·밀로 만든다. 이것을 쌀 옆에 조금 넣어 주면, 원래는 보리·밀이 땅에 뿌리를 내리고 자라기 위한 목적으로 뿜어내던 효소가 옆에 있는 쌀까지 분해해서 쌀의 성분도 차차 달콤한 물질로 바뀐다. 그 덕택에 온통 달콤한 물질이 가득해지면, 그것이 바로 엿이다.

그러므로 엿을 잘 만들기 위해서는 쌀을 알맞게 분해해서 좋은 맛이 나게 하는 효소를 뿜어내는 씨앗을 적절히 선택해야 한다. 그리고 그 씨앗이 효소를 가장 잘 뿜어낼 수 있을 때까지만 키워서 쌀 속에 넣어 준다. 이때 효소가 쌀을 분해해 달콤하게 만드는 반응이 적절히 일어날 수 있도록 온도, 수분 같은 조건을 잘 맞추어 주어야 한다. 이런 기술을 충분히 갖춘 사람들이 좋은 엿을 만들 수 있었을 것이다.

허균의 백산자 평으로 보건대, 조선 시대 전주에서는 바로 이런 기술에 뛰어난 사람들이 엿 제조 업체를 운영했을 듯하다. 전주는 인근의 평야 지대에서 생산되는 쌀과 곡식 중에서 특히 엿과 과자를 만들기에 좋은 곡식을 고르기에 도 유리했을 테니, 백산자를 만들기 좋은 재료도 쉽게 구할 수 있었을 것이다.

지금도 전주는 백산자를 비롯한 각종 전통 과자, 한과 산업이 다른 지역에 비해서는 발달한 편이다. 또한 한 번이 라도 눈길을 끌기 위해 오늘도 새로운 군것질거리가 개발 되고 있을지 모를 전주 관광지 거리도 어찌 보면, 조선 시 대 백산자의 명성을 잇는 거라고 말해 보고 싶다.

나는 전주의 백산자처럼 예전부터 전통을 갖고 내려오는 지역별 과자를 선물하기 좋게 적당한 가격으로 포장한 제 품을 개발해서, 기차역이나 버스 터미널 같은 곳에서 판매 하면 좋지 않을까 하는 생각을 자주 한다. 철도 회사나 버스 회사에서 투자하여 아예 조직적으로 생산해도 좋을 것 같다. 전국 여러 지역의 공장에 출장을 다니다 보면, 돌아오 는 길에 가족에게 "오늘은 전주에 다녀왔다"고 하면서 무엇 인가 맛볼 만한 것을 하나 사 오고 싶을 때가 있다. 대전역 에서 파는 빵이나 부산역에서 파는 어묵은 기차를 이용하 는 승객들에게 어마어마한 인기가 있다. 그런 것을 보면 전 주는 백산자, 논산은 딸기 정과라는 식으로 무엇인가 그 지 역의 전통을 대표할 만한 간식을 하나씩 만들어서 역시 그 지역을 나타내는 산뜻한 포장에 담아 팔면 괜찮지 않을까?

　전주가 최근 21세기에 관광지로 큰 인기를 얻은 것은 한옥마을이 옛 문화가 잘 보존된 거리로 주목받았기 때문이다. 새로 개발되는 군것질거리를 파는 사람들이 가장 많이 모이는 곳도 한옥마을의 거리와 골목이다.

　지금 전주의 한옥마을은 100년 전 무렵에 일본인들이 들어와 전주 주요 지역을 차지하면서 한국인들이 새로이 신도시로 개척한 곳이 많이 포함되어 있다. 전주 한옥마을의 한옥 중 상당수는 바로 이 무렵, 20세기 초에 건설된 것이 여럿이다. 그래서 전통적인 한옥의 기본 구조와 한옥에서 사는 옛 생활 방식에 어울리는 집을 지으면서도 시멘트, 콘크리트, 벽돌, 타일, 유리 같은 현대의 재료를 같이 활용해서 더 편리한 형태로 개량한 곳이 흔하다. 이런 특성은 서울에서 유명한 북촌 한옥마을에서도 어렵지 않게 찾아볼 수 있다.

　유리를 사용하는 방식도 좋은 예다. 근대식 유리는 모래의 주성분인 이산화규소 성분에 융제라고 부르는 가공용 물질을 섞은 뒤에 높은 열을 가해 녹인 다음 굳혀서 만든다. 그런데 조선 시대까지만 해도 한국에서는 이런 기술이 별로 발달하지 않아서, 옛 한옥에는 유리를 많이 사용할 수가 없었다.

그러던 것이 대한제국 시절인 1902년 국립유리제조소 건립 이후 점차 유리 생산 기술이 한국에도 뿌리내리기 시작했고, 그 결과 20세기 초 한옥에는 유리가 사용되는 사례가 늘어났다. 전주 한옥마을에서도 오래된 축에 속하는 인재고택의 경우 1908년에 지어진 집으로, 전체적인 구조는 전통 한옥이지만 근현대 기술이 어느 정도 섞여서 유리를 이용한 창살문을 볼 수 있다.

전주의 한옥마을에는 옛집들이 그냥 남아 있기만 한 것이 아니다. 그 이상의 독특한 의미가 있다. 전주의 한옥마을은 급격히 낯선 과학기술이 한국인들에게 들어오던 시대에, 전통을 계승하면서도 새로운 지식을 이용하여 더 편리하고 더 안전한 집을 창조해 내던 옛 전주 사람들의 정신이 잘 발휘된 장소다. 옛 문화와 새 기술이 섞여서 새로운 전통이 탄생한 것이다.

나는 전주 한옥마을의 거리 모습이 재미있고 보기 좋다고 생각한다. 몇 년 전, 나는 전주시에서 진행하는 책 읽기 행사에 다른 소설가들과 함께 초청받은 적이 있었다. 그래서 한옥마을 한쪽에 있는 행사장에 방문하게 되었다. 하천변에 있는 건물이었는데, 하천을 건너는 다리와 연결된 지역에 한옥마을 구역이 닿아 있었다. 크게 성공하지도 못한 작가인데 시에서 공들인 행사에 불러 준 것이 고마워서 잘해 보자, 잘해 보자, 반복해서 생각하며 열심히 준비했지만 뜻대로 되지는 않았다. 그래도 재미있게 읽었다며 책에 사인을 받으러 오는 독자님들이 있어서 힘을 내야겠다고 생각했다.

행사 후에는 시간을 내어 잠시 한옥마을을 걸어 다니며 구경했다. 구경하던 중에 인스타그램을 사용하는 사람이 한옥 기와지붕 위로 멋지게 구름이 펼쳐진 모습의 사진을 찍어 SNS에 올린다고 했다. 그런데 나는 같이 전주 한옥마을을 다녔으면서도 하필 "우리 개는 안 물어요. 주인이 벌금 물어요"라고 적힌 공익 광고 현수막을 촬영해서 트위터에 올리고 있었다. 이런 게 인스타그램 사용자와 트위터 사용자의 차이인가 싶어, 잠깐 웃었다.

폴리에스터와 탄소 섬유의 고장

옛 전주의 장인들이 닥나무에서 종이를 뽑아내는 기술을 자랑했다면, 지금 전주의 기술자들은 현대의 방법으로 옷감을 만들어 내는 기술을 자랑할 만하다. 한국인이 조선시대 이후로 가장 즐겨 사용하던 옷감은 목화솜으로 만들어 내는 면일 텐데, 요즘 세계에서는 목화라는 식물을 길러서 만드는 면보다는 인공적인 방법으로 생산한 인공 섬유가 더 많이 생산되는 추세다.

인공 섬유 중에서 특히 요긴한 것이 폴리에스테르라고도 부르던 폴리에스터다. 워낙에 옷감을 만드는 실로 자주 쓰이는 재료라 그냥 "폴리"라고만 해도 보통 폴리에스터를 말하는 것으로 볼 때가 많다. 사실 인공적으로 만든 질기고 튼튼한 재료 중에는 폴리라는 말이 들어가는 것이 매우 많다. 비닐봉지 재료로 쓰는 폴리에틸렌·폴리프로필렌부터 스티로폼을 만드는 폴리스타이렌, 비닐 장판이나 인조 가죽을 만드는 데 자주 쓰이는 폴리염화비닐 등등 폴리라는 말이 안 들어가는 것이 오히려 드문 편이다. 그런데도 옷감을 따질 때는 "폴리"라고 하면 그 많은 폴리가 들어가는 물질 중에서 바로 폴리에스터라는 뜻이 될 정도로, 폴리에스터는 인기 있는 물질이다.

폴리에스터로 만든 실로 천을 짜면 구김이 잘 가지 않고 튼튼하며 가격도 저렴한 편이라 다양한 옷을 만드는 데 활용하기 좋다. 그런데 이 폴리에스터를 대량 생산할 수 있는 거대한 공장이 바로 전주에 있다.

전주의 폴리에스터 공장에서는 2020년 무렵을 기준으로 매년 60만 톤 이상의 폴리에스터를 만들어 낼 수 있다. 이 정도면 대한민국의 5,000만 국민 모두에게 매년 10킬로가 넘는 옷감을 안겨 줄 수 있는 분량이다. 즉 한국인 모두가 1년간 족히 입을 옷을 모두 전주의 한 공장에서 만든 폴리에스터 실로 제작하는 일이 가능하다는 뜻이다.

옛사람들이 좋은 옷감을 얻기 위해 누에를 기르고 누에가 뿜어내는 실을 이용해서 비단을 만들었다면, 현대의 한국인들은 전주의 공장에서 거대한 강철 기계를 작동시키면서 막대한 양의 실을 1년 365일 24시간 계속해서 뽑아낸다. 『스파이더맨』 만화에서 주인공이 뉴욕의 실험실에 갔다가 거미의 거미줄 뿜는 능력을 갖게 되는 이야기가 나오는데, 한국에서 비슷한 초능력자가 나타난다면 전주의 폴리에스터 공장에서 그 거대한 기계로부터 튼튼하고 강한 실을 뽑는 능력을 얻는 이야기가 어울린다.

전주의 이 업체에서는 특히 폴리에스터 생산 능력을 바탕으로 새로운 기술을 개발해서 LMF라는 특이한 성질을 가진 물질을 만들기도 한다. LMF는 온도를 조금 높이면 녹아내리고, 그다음에 아주 튼튼하게 굳는다. 온도를 잘 조절해서 LMF를 사용하면 매우 강력한 접착제로 쓸 수 있다.

LMF는 자동차 부품을 붙이는 용도 등으로 사용될 수 있어서 상당히 가치 있게 판매되는 물질이다. LMF 생산 공장 역시 전주에 있으며, 전주 공장이 특히 규모가 커서 매년 30만 톤을 생산할 수 있다. 이것은 세계에서 가장 많은 양에 해당한다. 전통 전주 부채를 만들던 장인들은 튼튼한 부채를 위해 민어 부레를 녹여 만든 접착제를 쓰곤 했다는데, 세계 최대의 LMF 공장이 전주에 있어 전 세계에서 중요한 접착을 할 때 전주 LMF를 쓴다는 것도 무엇인가 맞아떨어지는 느낌이다.

　섬유는 보통 옷감을 만드는 실을 말한다. 그러나 전주에서 유명한 섬유라고 하면 탄소 섬유도 말해 둘 필요가 있다. 전주에는 탄소 섬유 공장도 자리 잡고 있기 때문이다.

　탄소 섬유는 숯덩이의 주성분인 탄소를 실 모양으로 가늘게 뽑아 놓은 것이다. 흑연을 대단히 가늘게 뽑아내어 실처럼 만들었다고 하면, 그 성분은 탄소 섬유와 비슷하다. 이렇게 탄소 덩어리를 실로 만들어 잘 엮어 놓으면 강철보다 10배 질기면서도 무게는 5분의 1밖에 되지 않는 재료가 된다. 그렇기에 21세기에는 무엇이든 좀 더 가벼우면서 더 튼튼해야 하는 물건이 필요할 때는 탄소 섬유라는 가느다란 실을 이리저리 엮고 붙이고 쌓아서 만들어 보려고 시도한다.

　탄소 섬유를 영어로는 카본 파이버carbon fiber라고 한다. 그래서 뭔가 새롭고 좋은 소재를 사용한 물건을 소개하면서 "카본으로 만들었다"고 하면 대개 탄소 섬유로 만들었다고 보면 된다. 요즘에는 탄소 섬유가 대단히 널리 쓰이고 있어서 스포츠용품 중에서도 자주 볼 수 있다. 신형 자전거 몸체를 탄소 섬유로 만들었다든가, 골프채나 테니스 라켓을 탄소 섬유로 만들어서 더 가벼우면서도 더 튼튼하다는 광고는 흔하다. 2021년에 개최된 도쿄 올림픽 때는 한국의 양궁팀 선수들이 한국 회사에서 개발한 탄소 섬유로 만든 활을 사용해서 좋은 성적을 거두었다는 기사도 여러 곳에 실렸다.

그렇다 보니 낚싯대에서부터 자동차 부품, 비행기 부품까지 갈수록 많은 기계에서 탄소 섬유가 재료로 활용되고 있다. 대한민국 공군이 보유한 전투기 중에 가장 강력한 성능을 가진 것으로 유명한 F-35 전투기에도 겉면에 탄소 섬유가 사용되었다고 한다.

이런 탄소 섬유를 재료로 하는 물건은 가느다란 실을 이리저리 엮고 꼬아서 넓적한 판 모양도 만들고 굵직한 덩어리 모양도 만드는 방식으로 제작된다. 어찌 보면 옛사람들이 가느다란 지푸라기를 이리저리 엮여서 굵은 새끼줄도 만들고, 멍석이나 짚신을 만들기도 했던 것과 비슷한 방식이라고 볼 수 있겠다. 옛날 전주 사람들은 논에서 구한 볏짚으로 짚신을 만들었을 텐데, 현대의 전주에서는 탄소 섬유를 엮어 초음속 전투기를 만드는 데 필요한 재료를 생산하고 있다.

앞으로 탄소 섬유가 사용되는 분야는 점점 더 늘어날 것이다. 그러면서 더 성능이 좋은 탄소 섬유도 다채롭게 개발될 것이다. 전주의 탄소 섬유 공장이 더욱더 발전하면 지금보다 훨씬 좋은 제품을 많이 생산할 수도 있다. 이미 전주의 탄소 섬유 공장에서는 1년에 2,000톤에 달하는 제품을 생산할 수 있으며, 2021년 봄에는 한국탄소산업진흥원이 전주에서 운영을 시작하기도 했다. 이곳에서는 탄소 섬유와 탄소를 원료로 만드는 특수 재료에 관한 기술과 정책을 지원할 거라고 한다. 지금 우리가 전주를 부채·한지·백산자를 만드는 기술로 기억하고 있는 것처럼, 수백 년 후의 세계 사람들은 그 못지않게 전주를 탄소 섬유를 만드는 기술이 발달한 곳으로 기억하게 된다면 좋겠다.

전주는 예로부터 농사가 잘되어 풍요로운 곳이었고, 현대에는 관광지로 사람들이 여유롭게 찾는 곳이기도 하니 평화로운 도시라고 할 수 있다. 그러나 안타깝게도 전주는 한국에서 가장 슬픈 천연기념물이 사는 곳이기도 하다.

전주에는 곰솔이라고도 하는 해송 한 그루가 천연기념물 355호로 지정되어 있다. 해송은 그냥 바다 근처에서 자라나는 소나무를 말하는 것이 아니라, 일반 소나무와는 비슷하지만 다른 종에 속한다. 물론 해송과 일반 소나무 모두 더 넓은 범위의 분류인 소나무속으로 구분되는, 아주 가까운 관계의 비슷한 식물이기는 하다. 우리가 보통 잣나무라고 부르는 나무도 일반 소나무는 아니지만 소나무속에 속하므로, 일반 소나무와 해송과 잣나무는 서로서로 비슷한 관계다. 그러니 일상생활에서는 일반 소나무, 해송, 잣나무 등등을 모두 통틀어서 소나무라고 불러도 틀린 말이라고 할 수는 없을 것이다.

참고로 일반 소나무와 해송은 바늘 모양의 소나무 잎 두 개가 한 묶음으로 붙어 있어서 잎이 2개인 소나무라는 뜻으로 이엽송이라고 부를 수 있고, 잣나무는 잎 다섯 개가 한 묶음으로 붙어 있어서 잎이 5개인 소나무라는 뜻으로 오엽송이라고 부를 수 있다. 현신규 박사가 미국에서 들여와 연구하여 한국 각지에 보급한 리기테다소나무는 잎 세 개가 한 묶음으로 붙어 있어 삼엽송이라 할 수 있다.

해송은 바닷바람에 잘 견디는 특징이 있으므로 대개 바다 근처에서 많이 발견된다. 그런데 전주 삼천동 곰솔은 해송인데도 육지 한복판에 있어 특이한 경우다. 그 때문에 천연기념물로 지정되어 보호받으며 연구 대상이 되었다.

이렇게 특이하게 자라는 소나무를 자세히 관찰하다 보면, 일반 소나무와 해송이 어떤 차이를 가졌는지 좀 더 철저히 밝힐 수 있을 것이다. 그런 연구를 하다 보면, 원래는 같은 소나무였을 식물이 어떻게 서로 다른 종류로 나뉘고 다양한 모습으로 진화하는지에 대한 지식을 쌓아 나가는 데도 도움이 될 것이다.

그런데 2001년 어떤 사람이 이 나무에 열 군데 정도의 구멍을 뚫고 독약을 주입해 버렸다. 삼천동 해송은 족히 250년 동안 그 자리를 지키며 우람한 모습을 자랑했는데, 이 사건으로 나무는 죽어 가기 시작했다. 시간이 흐르는 사이에 나무의 중심 줄기는 거의 다 파괴되어 버렸고 지금은 아예 대부분이 잘려 나간 상태다. 밑둥치에 시멘트를 발라 가까스로 모양만 유지한 처참한 모습으로 남아 있다. 자료를 보면 가지 한쪽이 그나마 아직 살아 있는 상태로 보인다고 한다.

도대체 누가, 왜 이런 짓을 했을까? 경찰은 범인을 찾기 위해 수사를 벌였지만, 내가 아는 한 지금까지 나무에 독약을 주입한 사람은 체포되거나 처벌되지 않았고 누구인지 밝혀지지도 않았다. 그러므로 대체 무슨 이유로 이런 짓을 했는지 정확히 알려진 바는 없다.

문화재청의 자료를 보면 사건이 있기 전에 근처의 택지가 개발되는 바람에 나무가 고립되었다는 이야기가 있다. 그래서인지 2004년 『중앙일보』 기사에 따르면, 부동산 개발 이익을 위해 누군가 나무를 처치하려 했다는 이야기가 소개되었다. 천연기념물로 보호되는 나무만 없어지면 그 근처를 모두 밀고 새 건물을 지을 수 있을 거라고 노린 사람들이 있었다는 짐작인데, 이 역시 도는 소문일 뿐으로 확실한 것은 아니다.

속초, 우리가 알지 못하는
세계의 궤적

청동 도끼로 알아보는 3,000년 전의 세상

처음으로 한국에서 문명이 시작된 시기는 언제일까? 세계 곳곳에서 청동기 시대가 시작되면서부터 문명도 같이 시작된다는 이야기는 세계사 책에서 자주 볼 수 있다. 한국에서도 대체로 고조선이라는 나라가 청동기 시대와 겹치는 시기에 출현한 것으로 보인다는 의견이 흔하다. 그렇다면 역시 청동기 시대 한반도에 질서와 제도, 문화와 역사를 가진 문명이 등장했을 것으로 추측된다.

한국에서 처음 사람들이 등장해 문명을 이룬 청동기 시

대의 흔적을 찾아볼 수 있는 지역은 전국 곳곳에 이리저리 흩어져 있다. 그중에서도 20세기 말부터 21세기까지 청동기 시대를 연구하던 고고학자들의 가장 많은 관심을 받은 지역을 골라 보라면 아마도 충청남도 부여가 아닐까 싶다. 부여의 송국리 일대에서 발견된 청동기 시대 집터와 여러 유물은 당시 한반도 남한 지역에서 살던 사람들의 삶을 유추해 보기에 좋은 자료였다. 한국 청동기 시대를 상징하는 교과서적 유물인 비파형 동검이라고 하는 칼도 발견되었다.

그런데 강원도 지역 곳곳에서는 이런 전형적인 한반도의 청동기 시대 유물들과 비슷하면서도 조금 달라 보이는 물건이 종종 발견된다. 그중에 강원도 속초시의 조양동에서 발견된 청동기 시대 유적은 상당히 알려진 편에 속한다.

조양동 유적은 지금 속초 시민들이 사는 동네 한복판에 있다. 〈미이라〉나 〈인디아나 존스〉 시리즈 같은 영화를 보면 고대 유적을 찾아다닐 때 모래바람이 몰아치는 황무지나 외딴곳에 있는 잊힌 사원 같은 곳에서 발굴 작업을 벌인다. 그렇지만 속초에는 그냥 21세기의 사람들이 사는 곳 사이에 수천 년 전 청동기 시대 사람들의 유적이 있다. 지금은 그 시대 사람들이 살았던 초가집 모양이 만들어져 동네 사이에서 자리를 지킨다. 신기하다면 신기하고 재미있다면 재미있는 모습인데, 보기에 따라서는 속초의 살기 좋은 곳에는 수천 년 전부터 터가 좋다고 사람들이 자리를 잡고 긴 세월 끊임없이 살아왔구나 싶기도 하다.

속초 조양동 유적에는 고인돌이 만들어졌던 흔적이 있고, 그곳에서 유물이 발견되었다. 대개 고인돌은 먼 옛날의 실력자나 세력가가 자신의 위세를 드높이기 위해 세워 둔 기념비 같은 것으로 생각한다. 그렇다면 그곳에 묻혔다가 발견된 유물도 그만큼 위세를 드높이는 데 어울릴 만한 물건이었을 것이다. 귀중한 보석이나 보석으로 장식한 모자, 높은 사람만 달 수 있는 귀금속 장신구 같은 것을 둘 만하다. 요즘 같으면 나라에서 준 훈장이나 국제 대회에서 받은 메달 등의 물건을 두는 것이 어울렸겠다고 생각한다.

그런데 조양동 유적에서는 청동 도끼가 발견되었다.

딱히 대단한 모습은 아니다. 그냥 누구나 생각할 수 있는 도끼날 모양의 유물이고 크기도 웬만한 사람 손바닥보다 작다. 그러나 청동기 시대의 유적이므로, 아마도 그 시대에 만들 수 있는 도끼 중에 가장 성능이 좋고 훌륭하고 값비싼 도끼라고 생각해 볼 수 있다. 나무꾼과 산신령 이야기에는 금도끼·은도끼·쇠도끼가 나오고 쇠도끼가 가장 가치 없는 물건 취급을 받는데, 청동기 시대에는 그런 철로 만든 도끼를 만들 수 있는 기술조차 갖추어져 있지 않았다. 그런데 청동으로 만든 도끼가 묻혀 있다니, 이곳의 도끼는 나무꾼이 나무하기 위해서 쓰던 도구가 아니라, 세력이 강하여 지위가 높은 사람이나 주변 사람들 사이에서 존경받는 사람이 자신의 위세를 과시하기 위해 자랑하던 권위를 가진 물건이라고 봐야 한다.

중세 유럽을 배경으로 한 영화나 소설을 보다 보면, 용감한 기사가 자신의 상징으로 멋진 칼을 자랑스럽게 내보이는 장면이 자주 나온다. 무슨 왕국의 정통 후계자만이 물려받는 보검이 있다거나, 마법이 깃들어 굉장한 일을 해낼 수 있는 성스러운 검이 있다는 이야기도 자주 볼 수 있다. 칼을 특이하게 쳐드는 동작을 취하며 예의를 표하거나, 칼을 내리며 어떤 자격을 주는 의식을 하는 장면도 본 적이 있다. 예를 들어, 기사가 후배에게 예전에 물려받았던 칼을 주면서 "이제는 네가 최고의 기사니까, 최고의 기사를 상징하는 이 칼을 너에게 물려주겠다"는 이야기를 하는 등의 장면은 친숙한 느낌이다.

칼을 중시하는 풍습은 중세 유럽뿐만 아니라 여러 나라 곳곳에 퍼져 있었다. 그러므로 한국 청동기 시대를 상징하는 유물인 비파형 동검도 이처럼 높은 권위를 상징하는 물건으로 사용되었을 가능성이 크다.

그런데 특이하게도 속초의 조양동 유적에서는 칼이 아니라 도끼가 나왔다. 어쩌면 이 지역에는 칼 대신에 성스러운 도끼 내지는 마법 도끼를 중요한 상징으로 하는 약간 독특한 풍습을 가진 사람들이 살았던 것이라고 봐야 할까? 충청남도 부여의 송국리 유적에서도 도끼를 만들기 위한 틀로 보이는 거푸집이 발견된 적이 있다. 그래서 한반도에서 청동 도끼가 발견된다는 것이 아주 이상한 일은 아니다. 그렇다고 하더라도 곱게 묻힌 청동기 시대의 청동 도끼 유물이 남한 지역에서 실제로 발견된 일이 흔하지는 않다. 속초 조양동의 청동 도끼는 남한 지역에서 최초로 발견된 사례였다.

과거 북한의 함경도 지역에서 청동기 시대 청동 도끼가 발견된 적은 있었다. 지금은 휴전선이 가로막혀서 강원도 속초 지역과 북한의 함경도 지역은 완전히 다른 문화권이다. 하지만 휴전선이 없을 때는 강원도 동해안과 함경도 동해안은 동해 바닷가로 서로 통하는 지역이었다. 그렇다면 청동기 시대에 동해안에는 청동 도끼를 자랑스러운 상징으로 내세우는 전사의 무리가 지배하는 지역이 있지 않았을까? 만약 그랬다면, 그 시대는 언제쯤일까?

고대의 청동 도끼 전사들이 활약하던 시대를 알아내는 기술에 관해 설명한다면, 나는 좀 먼 곳에서부터 이야기해 보고 싶다. 지구로부터 약 2만 광년, 그러니까 20경 킬로라는 아주아주 먼 거리에 있는 별의 잔해부터 말해 보고 싶다.

지금으로부터 약 2만 년 전, 우주 공간의 저 머나먼 한편에서 커다란 별이 거대한 폭발을 일으켰다. 그냥 단순히 폭발한 것이 아니라 초신성이라고 하는 특별한 현상을 일으키며 폭발했는데, 별이 초신성으로 변하면서 폭발하면 그 폭발의 규모가 너무나 막강해서 별의 원래 밝기보다 몇억 배 혹은 몇십억 배 이상 밝게 빛날 수도 있다. 그래서 아주 먼 곳의 별이었지만 지구에서도 무척 밝게 보일 정도로 빛을 내뿜게 되었다. 이것은 SN1604라고 하는 초신성의 사례다.

이렇게 우주 저편에서 갑자기 별이 대폭발을 일으키면 그 잔해는 맹렬한 속도로 사방으로 튕겨 나간다. 굵직굵직한 조각이야 먼 우주에서 보면 양도 얼마 되지 않고 순조롭게 멀리까지 날아오기도 힘들다. 하지만 미세하고 가벼운 조각일수록 굉장히 멀리 튕겨 나올 수 있다. 특히 우주의 보통 물질 중에 가장 가벼운 물질이라고 할 수 있는 수소 원자는 놀라운 속도로 우주 저편으로 튕겨 나가는 수가 있다. 이때는 대개 수소 원자가 +전기를 띤 상태가 된다. 그리고 빛의 속도와 맞먹을 만큼 빠른 속도가 되어 머나먼 곳으로 튕겨 날아간다.

이런 것이 요행으로 지구에까지 도착하면, 우주에서 떨어지는 이상한 광선 같다고 해서 우주선(cosmic ray)이라 한다. 넓디넓은 우주에서 하필 지구로 떨어지는 것이 얼마나 될까 싶지만, 우주 이곳저곳에는 폭발하거나 괴상한 현상을 일으키는 별이 많기도 많다. 그래서 이런 현상은 꾸준히 일어난다. 게다가 우주선 중에는 이것 말고 다른 종류들도 있어서, 지구의 하늘에는 언제나 이렇게 아주 가볍지만 아주 빠르게 튕겨 나온 우주선들이 쏟아지고 있다.

지구 안으로 들어온 우주선은 공기를 이루는 물질들과 충돌하거나 다른 반응을 일으키면서, 원래 있던 물질들을 변질시킨다. 그러면 평소에 없던 전혀 다른 물질이 생기기도 하고, 우주선과 비슷한 또 다른 물질이 탄생하기도 한다. 이렇게 생긴 물질들이 다시 공기와 반응하고, 이런 일이 계속 반복해서 일어난다. 우주 저편 머나먼 곳에서 날아온 입자들의 영향으로 공기의 성분은 아주 미약하게 방사능을 띤다. 방사능이라고 하면 무시무시한 성질 같지만, 우주선의 영향으로 지금도 우리 주변의 모든 공기에서 이런 현상이 발생한다.

공기 중의 이산화탄소를 흡수해서 광합성을 하며 자라는 식물들도 결국 아주 미약한 방사능을 띤다. 또한 그 식물을 먹고 사는 동물들 역시 미약한 방사능을 띠게 된다. 아주 조금이지만 우주에서 계속 우주선이 쏟아지기 때문에 이런 현상은 끊이지 않고 일어난다. 평범한 사람의 몸도 마찬가지다. 계속 미약한 방사능이 몸에 들어온다.

그런데 만약 누가 어떤 물체를 땅속에 묻어서 더 이상 외부 공기와 섞이지 않게 하고 우주선도 닿지 않게 해 버리면 어떻게 될까? 우주에서 방사능이 들어오지 않으니 물체

속의 방사능은 점점 약해지기만 할 것이다. 그 때문에 땅속에 오래 묻혔던 물체를 꺼내서 방사능을 측정하면 얼마나 세월이 지났는지를 추산할 수 있다. 실제 계산 방법은 조금 더 복잡하지만 기본 원리는 크게 다르지 않다. 고고학 유물은 공기 중의 이산화탄소를 먹고 자란 나무나 생명체의 흔적을 중시해서 보통 이산화탄소의 탄소를 측정하는데, 이런 방법을 방사성 탄소 동위원소 연대측정법이라고 부른다.

이 연대측정법으로 조사한 속초 조양동 유적의 연대는 대략 기원전 9세기 이전이라고 한다. 그렇다면 지금으로부터 약 3,000년 전 사람들이 남긴 흔적이 조양동에서 발견된 청동 도끼라고 말해 볼 수 있겠다.

지금의 조양동 유적은 나무숲 사이, 어린이 놀이터 정도되는 규모의 잔디밭 위에 짚으로 만든 작은 집 네다섯 채가량이 있는 조용한 모습이다. 그런 작은 공원을 둘러보면서 3,000년 전 배를 타고 동해 이곳저곳을 휘젓고 다니며 강원도, 함경도 지역에서 이름을 떨쳤던 도끼 전사단을 상상해 보는 것도 흥미진진한 일이라고 생각한다. 재미있게도 현대 대한민국의 속초에서는 함경도 지역에서 건너온 사람들로부터 시작된 순대가 맛있다고 알려져 있다. 3,000년 전 청동 도끼로 이어졌던 함경도와 속초의 관계가 21세기에는 순대에서 발견된다는 느낌이다.

설악산에서 일어난 일

속초의 더욱 먼 옛날 모습을 생각해 보는 이야기라면 설악산의 울산바위 전설도 전국에 꽤 널리 알려졌다고 생각한다.

울산바위는 설악산 중에서도 속초의 북쪽 지역에 있는 크고 멋진 바위다. 울산바위 전설은 먼 옛날에 금강산이 처음 탄생한 시절이 배경이다. 동화에 가까운 막연한 전설이기 때문에 이야기의 시작은 구체적이라기보다는 환상적이다. 금강산이 세계 최고의 산으로 만들어질 예정이었기에 온 세상의 아름다운 바위들 모두 금강산으로 총집합하기로 했다. 울산 지역에 살던 크고 멋진 바위 하나도 금강산의 일부가 되기 위해 북쪽으로, 북쪽으로 열심히 걸어가기 시작했다. 마침 울산, 속초, 금강산 모두 동해안 지역에 있어서 방향은 잘 맞았다. 그러나 울산에서 온 바위는 너무 늦게 출발했는지 아니면 무슨 방해꾼을 만났는지, 그만 금강산이 완성될 때까지 목적지에 도착하는 데 실패하고 말았다.

이 비슷하게 먼 옛날에 산이 스스로 움직였다거나, 거대한 바위가 걸어갔다는 전설은 다른 지역에도 꽤 있다. 예를 들어, 조선 시대 기록인 『동국여지승람』에는 공주산이 먼 옛날 스스로 움직여 간 산이라는 전설이 남아 있다. 이런 전설 중에는 산이 아무도 안 보고 있을 때는 잘 걸어가는 데, 사람이 쳐다보거나 "어, 산이 걸어가네!"라고 말을 하면 그대로 멈춰 더 이상 움직이지 못하게 된다는 것도 있다. 어찌 보면 관찰자와 관찰 대상에 관한 양자역학 이론을 연상케 하는 멋진 이야기라는 생각도 해 본다. 그렇다면 울산에서 출발한 바위가 열심히 금강산으로 가는 동안 쳐다보는 사람이 너무 많았기에 무사히 갈 수가 없었던 것인지도 모른다.

금강산에 가지 못해 실망한 울산바위는 금강산만큼은 아니지만 금강산 못지않게 아름다운 설악산에 정착하기로 결심하고 눌러앉는다. 그 때문에 설악산에 있는 바위의 이름이 울산바위가 되었다는 것이 전설의 결말이다.

이 전설에 근거는 있을까? 일단 울산에서 속초의 설악산까지 바위가 움직인 특별한 흔적은 없다. 울산 지역에서만 관찰되는 특별한 물질이 속초의 울산바위에서 발견되었다는 식의 증거가 있다는 기록도 나는 본 적이 없다.

대신 울산과는 별 상관없이, 울산바위가 탄생한 훨씬 그럴듯한 설명이 있다.

울산바위는 화강암이라는 재질로 되어 있다. 설악산의 다른 봉우리 중에도 화강암으로 이루어진 곳이 많다. 설악산의 아름다운 풍경 가운데 공룡능선이 유명한 편인데, 이 역시 비슷한 화강암 재질이다. 설악산 공룡능선에 삐죽삐

죽하게 솟은 거대하고 넓적한 바위들의 모습이 스테고사우루스의 등 위에 솟아오른 넓적한 뼈와 닮았다고 해서 공룡능선이라는 이름이 붙은 것으로 보인다. 참고로 스테고사우루스의 가장 큰 특징인 이 삐죽하게 솟은 뼈들이 도대체 무슨 역할을 하는 것인가 하는 문제는 아직도 학자들 사이에서는 완전히 풀리지 않은 수수께끼다.

스테고사우루스는 한국이나 아시아에서 살았던 공룡도 아니므로, 그냥 모습이 살짝 닮았다는 것 외에 설악산 공룡능선과 공룡과의 관계는 별로 없다고 할 수도 있다. 그렇지만 파헤쳐 보자면, 또 간접적인 관계가 전혀 없지는 않다.

공룡 시대 중에 가장 유명한 시기라면 역시 〈쥬라기 공원〉 영화 시리즈의 제목에 등장해서 널리 알려진 중생대의 쥬라기라는 시대일 것이다. 유럽의 프랑스·스위스 국경 지역에 쥐라산맥이라는 산맥이 있는데, 이 산맥에서 쥐라기 시대에 만들어진 지형이 보인다고 해서 붙은 이름이다. 마침 스테고사우루스는 바로 이 쥐라기 시대에 살던 공룡이다.

한반도의 쥐라기 시대에 스테고사우루스는 없었다. 하지만 매우 큰 변화가 있었다. 뜨겁고 거대한 마그마 줄기가 한반도 땅속 곳곳에 마구 치고 들어오는 커다란 사건이 발생한 것이다.

하루아침에 갑자기 땅이 뒤집히듯이 이런 현상이 일어났다기보다는 몇십만 년, 몇천만 년을 두고 일어난 현상일 수도 있다. 아주 긴 세월 동안 한반도는 심심하면 마그마가 들어오는, 땅이 굉장히 활발하게 움직이는 지대였다. 그 덕택에 생겨난 산이 많다고 해서 이 사건을 대보조산운동이라고 한다. 대보라는 이름은 이 시대의 지층이 평안남도의 대보 탄광에서 발견되어 붙은 이름이다. 대보조산운동은 학자들이 한반도에서 밝혀낸 여러 활동 중에서도 대단히 격렬한 축에 속한다.

긴 세월 한반도가 뒤틀린 대보조산운동 시기 동안 곳곳에 들어온 마그마는 식은 뒤 굳어 화강암이 되었다. 이 화강암들을 대보화강암이라고 부르기도 한다. 이렇게 보면, 설악산 공룡능선의 공룡 모양은 마침 공룡 시대인 쥐라기에 생긴 돌이라고 말해 볼 수도 있다.

한국의 멋진 산봉우리 중에는 이때 생긴 대보화강암이 노출되어 생긴 것이 많다. 땅속에 묻혀 있던 화강암이 어떻게 높다란 산꼭대기의 봉우리가 될 수 있을까 싶지만, 긴 세월이 흐르는 동안 무른 흙이 깎여 나가거나 땅 자체가 조금씩 올라오면 그만한 변화는 충분히 일어날 수 있다. 쥐라기에서 지금까지는 1억 년이 훌쩍 넘는 시간이 있다. 매년 0.1밀리씩만 땅이 깎여 나가서 바위가 튀어나온다고 해도 100년이면 1센티, 1만 년이면 1미터, 100만 년이면 100미터가 된다. 이론상으로는 매년 0.1밀리씩만 튀어나와도 1억 년이면 1만 미터가 되어 에베레스트산보다도 훌쩍 높아진다.

지금 우리가 설악산 공룡능선의 풍경을 보는 높은 산꼭대기 바로 그 장소에서, 정작 공룡 시대에 살던 진짜 한반도의 공룡들은 산이 아닌 평지를 걸어 다녔을지도 모를 일이다. 대신 그 공룡들은 땅속으로 먼 훗날 설악산의 봉우리가 될 마그마가 들어오는 것 때문에 세상이 흔들리는 느낌을 받았을 가능성이 있다고 나는 상상해 본다. 학자들은 설악산은 물론이고 서울의 북한산, 도봉산 등 한국 곳곳의 커다란 바위 봉우리 중 여럿을 비슷한 시기에 탄생한 화강암으로 추정한다. 말하자면 설악산, 북한산, 도봉산은 같은 시대에 땅속에서 태어난 형제자매 산이라고도 할 수 있을 것이다.

화강암이 땅속에 있다가 높은 산꼭대기로 모습을 드러내면, 주위에서 누르는 땅이 없어지므로 점차 부서져 내릴 수도 있다. 만약 화강암이 결대로 잘 쪼개지면 묘한 모습을 이루면서 아름다운 풍경이 되기도 한다. 설악산의 많은 바위와 봉우리가 바로 그런 식으로 탄생했을 것이다. 울산바위역시 화강암이 튀어나온 후에, 세월이 흐르면서 결대로 갈라지다가 멋진 모양을 이룬 결과라고 볼 수 있을 듯싶다.

결정적으로 조선 시대 기록에 따르면, 울산바위를 울타리라는 뜻의 한자를 써서 이산籬山이라고 쓴 것 같다고 한다. 그렇다면 울산바위의 옛 이름은 울타리산 내지는 울타리산 바위였을 것이다. 가만 보면 울산바위는 비죽비죽하게 튀어나와 늘어선 모양이 울타리나 벽 같기도 하다. 울타리산 바위라는 뜻을 짧게 말해 울산바위라고 불렀을 수 있다. 그러다가 나중에 누군가 그 말을 듣고 혹시 남부 지방의 울산과 관련이 있나 싶어 생긴 이야기가 지금의 울산바위 전설이 된 것 아닐까? 울산에서 온 농담 좋아하는 사람이나 옛날이야기를 좋아하는 어린이가 설악산 구경을 하다 재미 삼아 지어낸 이야기가 차차 퍼지며 지금의 전설로 자리 잡았을지도 모른다.

등산을 좋아하는 사람이 워낙 많은 나라가 한국이고, 한국인이라면 설령 등산을 좋아하지는 않는다고 해도 그럭저럭 산에 친숙한 경우가 많다. 다양한 등산복이 사실상 나들이옷으로 널리 팔려 나가는 문화도 있고, 등산복이 일상복으로 사용되거나, 등산용으로 개발된 방한복이 어찌어찌하다 보니 학생들 사이에 갑자기 유행하는 일도 일어나는 곳이 한국이다. 그 정도로 전국 곳곳의 산을 찾는 일에 친숙한 한국인에게 남한에서 가장 아름다운 산이 어디인지 물어본다면, 아마 제일 많은 표를 받을 산은 설악산이 아닐까 싶다. 국립공원공단에서 선정한 "국립공원 100경"이라는 자료를 보아도 제1경으로 가장 먼저 나오는 것이 다름 아닌 설악산 공룡능선이다.

설악산은 이름처럼 겨울철의 눈 내린 경치도 아름답고, 야외 활동을 하기 좋은 봄여름에도 찾기 좋은 산이다. 그렇지만 역시 설악산이라면 가을철 단풍 경치를 최고로 보아야 한다는 게 내 의견이다.

한국의 가을철 단풍놀이라고 하면 가장 먼저 생각나는 산 두 곳이 내장산과 설악산일 것이고, 하나를 더 꼽아서 3대 단풍을 골라 보라면 주왕산 정도를 더하는 것이 중론이 아닐까 싶다. 요즘이야 도심의 공원이나 하천을 따라 가꾸어 놓은 산책로의 단풍도 아름다운 곳이 많아서 한국 3대 단풍 같은 것에 큰 의미는 없겠지만, 그래도 단풍을 말하면서 설악산 이야기를 하지 않아도 서운하고 설악산을 말하면서 단풍 이야기를 하지 않아도 서운하다.

생각해 볼수록 단풍은 이상한 현상이다. 갑자기 왜 나뭇잎의 색깔이 문득 변하는가? 무엇 때문에 변하고, 어떻게 변할 수 있는가? 그것도 다 같이 초록색이었던 나뭇잎이, 어떤 것은 그냥 갈색으로 변해 낙엽이 될 뿐인데, 왜 어떤 것은 노랗게 변하고 어떤 것은 붉게 변하는가?

대략의 화학적인 현상은 밝혀져 있다. 일단 간단하게 설명할 수 있는 것은 노란빛으로 물드는 단풍이다. 식물의 잎은 여러 가지 색소를 지녔다. 잔토필이나 카로티노이드 계통의 색소를 가진 잎은 노란색을 낼 수가 있다.

그런데 보통은 이런 색소보다 훨씬 더 강한 색깔을 내는 엽록소가 잎에 더 많이 퍼져 있다. 엽록소는 이름처럼 초록 빛을 낸다. 엽록소는 엽록체라는 부위에 들어 있는데, 이 부위는 광합성이라는 화학 반응을 일으켜 햇빛의 힘으로 몸속에 영양분을 만들어 낸다. 사람이 만든 태양광 발전 장치와 비슷한 일을 한다고 말할 수 있다. 사람이 만든 태양광 발전 장치는 보통 거무튀튀한 빛을 띠는 것이 많은데, 식물의 엽록체는 엽록소 때문에 초록색이다.

여름철은 햇빛이 강하고 날이 길며, 여러 화학 반응을 쉽게 일으킬 수 있는 따뜻한 온도가 유지되어 광합성을 하기에 유리하다. 한국은 여름철에 비가 많이 내려서 화학 반응의 원료인 물도 풍부하다. 그러므로 여름에는 광합성을 넉넉히 할 수 있도록 엽록체가 활발히 활동하고 엽록소도 많은 편이 좋다. 하지만 겨울철이 되면 좋은 환경은 사라지고, 엽록체가 활발히 활동할 수 없다. 엽록체도 이것저것 물질을 소모한다. 그러니 광합성 하는 재주가 한참 떨어져 쓸모도 별로 없는 겨울철 엽록체를 잔뜩 가진 채로 유지하려 들면 오히려 나무 전체가 살아남는 데 부담이 될지도 모른다.

그래서 가을이 되면 나뭇잎에서 엽록소가 파괴되어 사라지기 시작한다. 엽록소가 사라지면 엽록소에 가려졌던 다른 색소가 드러난다. 이것이 노랑 단풍이다. 대체로 일교차가 큰 날씨가 빨리 닥쳐오면 이런 현상이 잘 일어나서 단풍 색깔이 짙어지고 고와진다고 한다. 그러니까 사실 노랑 단풍은 노랗게 물드는 것이 아니라, 엽록소의 초록 물이 가을을 맞아 빠지면서 원래 있던 노란색이 드러나는 현상이다. 동요 중에 "빨갛게 빨갛게 물들었네, 노랗게 노랗게 물들었네"라고 단풍을 묘사하는 노래가 있는데, 정확하게 말하자면 "노랗게 노랗게 물 빠졌네"라고 해야 한다.

빨강 단풍은 이보다 좀 더 복잡하다. 단순하게 설명하기는 어렵고, 내용이 다양하다. 단풍의 붉은색은 보통 안토사이아닌(안토시아닌) 계통의 붉은빛을 띠는 색소 물질이 생길 때 나타난다. 즉, 무슨 이유에서인지 엽록소가 물이 빠질 때쯤 식물의 몸속에서 붉은 색소를 추가로 만들어 내는 화학 반응을 일으킨다는 이야기다.

도대체 왜 이런 일이 일어나는지에 대해서는 몇 가지 설명이 있다. 더 중요한 이야기도 있겠지만, 여기에서는 내가 최근에 재미있게 읽은 2008년 영국 임페리얼대 연구진의 시험 결과에 바탕을 둔 이야기 한 가지만을 언급하고자 한다.

안토사이아닌 성분이 식물을 괴롭히는 해충을 쫓아내는 역할을 할 가능성이 있다고 한다. 이런 이론에 따르면, 단풍나무는 겨울철을 앞두고 몸이 약해질 때를 대비해서 해충을 막기 위해 붉은 약인 안토사이아닌을 가득 뿜어내는 작전을 펼친다고 할 수 있다. 그렇다면 가을 설악산을 온통 물들이는 붉은 단풍나무의 빛깔은 마치 사람들이 여름철에 모기떼를 쫓기 위해 집집이 모기향을 피우며 불을 밝히는 것과 비슷한 모습이라고 볼 수도 있겠다. 안토사이아닌의 붉은색은 당분이 많을수록 진해진다. 마치 비가 덜 내릴 때 수박이 달아지듯, 비가 적은 날씨에서는 식물의 신진대사가 활발하지 못해 당분이 소모되지 않고 남기 때문에 단풍색이 더 고와진다고 한다.

안토사이아닌 계열 물질에는 이런저런 특별한 성질이 있다. 학자들은 그것을 이용해서 사람의 몸에 사용할 수 있는 약품을 만들 계획을 세우기도 한다. 항암제를 개발하기 위해 안토사이아닌계 물질을 활용해 보겠다는 논문도 나와 있다. 한편으로는 가을철 설악산 일대의 기온, 햇빛이 드는 양, 비가 내리는 양 등을 살펴보고 언제 단풍이 가장 아름다울지 예측하는 기술을 개발해 볼 수도 있을 것이다. 요즘 한국의 기상청에서는 가을철이 되면 단풍 소식을 꼬박꼬박 전하고 있다.

설악산의 식물이 단풍나무라면, 설악산을 생각하며 많은 사람이 떠올리는 동물은 오랜 세월 반달곰이 아니었나 싶다. 지금도 설악산의 등산로 입구에는 반달곰 모양을 만들어 둔 곳이 있는데, 여전히 이곳에서 설악산에 왔다는 증표로 사진을 찍는 사람이 많다.

설악산 반달곰이 유명한 것은 설악산에 반달곰이 득실

득실하기 때문은 아니다. 반대로 설악산에서 반달곰이 안타깝게 사라졌기 때문이다. 그러니까 설악산은 반달곰이 없어서 반달곰으로 유명해졌다.

1960~1970년대만 하더라도 한국의 깊은 산에는 곰 사냥을 하는 사람들이 꽤 있었다. 한창 한국에서 반달곰 밀렵이 유행할 때는 밀렵꾼들이 감자폭탄이라는 것을 만들어서 쓴 일이 신문 등을 통해 알려지며 화제가 되기도 했다. 감자폭탄이란 화약을 밀랍 따위로 뭉쳐 감자 비슷한 모양으로 만들어서 꿀을 발라 둔 것인데, 꿀을 먹으려고 그것을 건드리면 터지도록 해서 곰을 잡는 물건이다. 말하자면 밀렵을 위해 만든 위험한 함정 내지는 지뢰라고 할 수 있겠다.

이후 한반도에서 대형 야생동물이 급감하며 밀렵도 과거보다는 사그라들었는데, 1983년 5월 22일 설악산에서 반달곰 한 마리가 밀렵꾼의 총에 맞은 채로 발견된 일이 있었다. 반달곰은 한동안 괴로워하다가 결국 회복하지 못하고 사망했다. 이 반달곰이 사실상 설악산의 마지막 반달곰이다. 현재 설악산에 반달곰이 생존해 있을 거라고 추정하는 학자들은 많지 않다. 설악산 등산로의 반달곰 모양도 따지고 보면 1983년의 마지막 반달곰을 그리워하면서 세운 것이라고 봐도 큰 과장은 아니다.

설악산의 자연 보호가 잘 이루어지면서 최근에야 비무장 지대를 통해 반달곰이 건너올 수 있다거나, 지리산에서 복원한 반달곰이 이동하면 설악산에 다시 반달곰이 사는 시대가 올 수도 있지 않겠냐는 이야기가 조심스럽게 나오고 있는 듯싶다.

2020년대의 설악산에서 실제로 살고 있는 동물 중에 대표로 언급되는 종은 반달곰보다는 산양이다. 산양은 양과 비슷한 야생동물인데, 200만 년 전 사람이 세상에 등장한 것보다 앞서서 세상에 나타났다. 이후 긴 세월 동안 별다른 변화 없이 비슷한 모습을 유지하며 살아가고 있는 동물이다. 살아 있는 화석이라는 별명이 산양에게도 어울린다고 보는 글도 읽은 적 있다.

산양은 겁이 많아서 작은 소리에도 잘 도망가며 대체로 살던 곳만 오가는 습성이 있다고 한다. 그런데 발 구조가 특이해서 사람이 보기에는 굉장히 아슬아슬해 보이는 낭떠러지 같은 곳도 태연히 돌아다닌다. 가끔 발견될 때면 "어떻게 저런 곳에 올라가 서 있을까?" 싶은 곳에 무뚝뚝한 모습으로 자리 잡은 것이 눈에 뜨이기도 한다.

다행히 산양은 사라진 반달곰에 비해서는 비교적 잘 보존되고 있다. 전국적으로도 아직 1,000마리 정도가 남아 있는 것으로 보고 있고, 설악산에도 100마리 단위의 숫자만큼은 살고 있는 것으로 추정된다. 개체 수가 늘어나는 추세인지, 2021년 3월에는 어디서 나타났는지 모르지만 뜬금없이 서울의 종로구에서 목격된 일도 있었다.

한국인에게는 명태가 있었다

속초는 아름다운 동해와 설악산을 동시에 품고 있기에 관광객이 많이 모여드는 도시다. 그러니 관광객의 입맛을 이끌 수 있는 이런저런 음식으로 유명하기도 하다. 순대나 오징어로 만든 음식도 잘 팔리는 편이고, 21세기에 들어서는 호떡이나 닭강정이 명물이 되어 주목받기도 했다.

나는 조금 더 뿌리가 깊은 속초 음식으로 명태 요리를 꼽고 싶다. 명태를 반쯤 말린 것을 코다리라고 하는데, 속초 코다리찜이나 속초 코다리 냉면은 전국적으로도 꽤 알려진 음식이라고 생각한다. 예전의 속초는 어선들이 명태를 잡은 채 몰려드는 항구로 톡톡히 제 몫을 했고, 지금도 속초에는 명태 가공 공장이 여럿 있다. 그래서 나는 명태를 충분히 속초 음식이라고 부를 수 있다고 본다.

한국인은 해산물을 좋아한다. 아주 특별히 해산물을 좋아한다고 말해도 적절하다. 왜냐하면 한국인들은 해산물을 세계에서 가장 많이 먹기 때문이다. 2020년 2월 UN 식량농업기구 발표에 따르면, 한국인의 해산물 소비량은 1인당 연간 58킬로로 세계에서 가장 많다. 이 수치는 전통적으로 해산물을 즐겨 먹는다는 일본이나 노르웨이보다도 많은 것이다.

그렇다면 한국인이 가장 좋아하는 생선은 무엇일까? 대

부분 조사를 하면 거의 항상 1위로 등장하는 생선은 멸치다. 멸치는 멸치볶음으로 밑반찬을 만들어 두면 생선을 잘 먹지 않는다는 사람도 먹게 된다. 한국인이라면 매우 자주 먹는 반찬이다. 게다가 직접 먹지 않더라도 각종 국물을 만드는 재료로 멸치를 소비한다. 생선을 안 먹는 사람도 알게 모르게 소비하는 생선이 멸치다. 이런 멸치를 제외하고 조금 더 생선다워 보이는, 크기가 큰 생선 중에서 가장 소비량이 많은 어종이 바로 명태다.

명태는 조선 시대 서적에서도 여러 번 언급될 정도로 예전부터 즐겨 먹던 생선이고, 지금도 여전히 사랑받는 생선이다. 그냥 먹기도 하고, 말려서 만든 북어포가 소비되기도 한다. 그런가 하면 명태의 알이 요리 재료로 널리 쓰이기도 하고, 명태를 재료로 만든 젓갈은 한식의 젓갈류를 대표한다고 할 수 있을 만한 음식이다.

나만 해도 북엇국을 꽤 자주 끓여 먹는다. 어릴 때는 북엇국에 맛난 고기가 듬뿍 든 것도 아니고 강한 맛도 나지 않아서 맛없는 음식이라고 생각했다. 그런데 어른이 되고 보니 몸에 좀 힘이 없는 것 같고 어쩐지 건강도 좋지 않은 것 같을 때, 혹은 무엇인가 뜨끈한 국물을 충전하여 내부에서부터 몸을 데우고 싶을 때 북엇국만큼 좋은 음식도 없는 듯하다.

북엇국은 맛이 강하지 않으니 부담 없이 떠먹기 좋고, 건져 먹을 재료가 많지 않아서 양도 적당하다. 그러면서 생선 맛·고기 맛은 부족함이 없고, 동시에 어렵게 발라내거나 헤집어 먹을 필요도 없이 그냥 숟가락으로 떠먹기만 하면 되는 음식이라서 기운 없을 때 먹기에도 간편하다. 파와 달걀이 북어나 황태와 어울려서 깊은 국물 맛이 나면 혀와 입에서만 느껴지는 게 아니라, 몸속으로 들어가면서 마치 위에서까지 맛을 느끼는 기분이 나서 이런 게 바로 세계 제일의 해장 음식이라는 감동이 들 정도다. 황태를 만드는 곳을 덕장이라고 하는데, 속초의 덕장에서 만든 황태를 시장에서 보면 저걸로 국을 끓이면 좋겠다는 상상이 저절로 머릿속에 가득 찬다.

명태가 싸게 많이 들어올 때는 생선살을 재료로 만드는 각종 가공식품에 명태 살코기가 널리 쓰인다. 보통 게맛살이라고 하는 제품 대부분은 실제 게의 살은 전혀 들어 있지 않거나 아주 조금만 들어 있고, 대개 다른 생선의 살을 가공한 것이다. 거기에 적당한 맛과 향을 조미료로 집어넣고 색을 입혀 게의 살을 흉내 낸다. 오히려 진짜 게살만을 사용해서 게맛살 같은 형태의 제품을 만들면 질감이 더 떨어질 것으로 예상된다는 이야기가 있을 정도다.

그것 말고 낱개로 비닐 포장되어 까먹는 작은 간식 소시지 중에서도 약간 노랗거나 살구색을 띠는 것이 있다. 이런 것을 소시지라고는 부르는데, 사실 그런 소시지 제품도 가만 보면 돼지고기가 아니라 생선살이 주성분인 경우가 많다. 시중에서 어린이 간식으로 흔히 팔리는 소시지의 포장을 살펴보면 아예 생선 고기로 만든 제품이라고 하여 "어육 소시지"라고 표기된 것도 흔하다. 이런 제품을 만들 때, 바로 명태나 명태와 비슷한 생선이 재료로 자주 활용된다.

쓰임새가 많고 먹는 사람이 많다 보니, 한국에는 명태를 일컫는 여러 가지 별명도 많다. 얼린 것을 동태, 말린 것을 북어, 추운 곳에서 바닷바람을 맞아 가며 특정한 방식에 따라 말린 것을 황태라고 하거니와, 갓 잡은 것을 선태, 얼리지 않은 것을 생태, 반 정도 말린 것을 코다리, 소금에 절이면 간태, 배를 갈라 말리면 짝태, 날씨가 따뜻해 물러지면 찐태, 하얗게 마르면 백태, 검게 마르면 먹태, 한 번에 마르면 깡태, 새끼는 노가리, 끝물 막판에 잡으면 막물태 등의 이름으로 부른다. 그 밖에도 우두태, 파태, 낙태, 애태, 대태, 춘태, 추태, 일태, 이태, 서태, 오태, 망태, 조태 등 별별 다양한 호칭이 있다.

한때 북아메리카에서 북극에 가까운 추운 지역 원주민의 언어 중에는 눈을 구분하는 말이 굉장히 다양하다는, 알 수 없는 이야기가 유행한 적이 있다. 그런데 한국인이 명태를 구분하는 말이야말로 놀라울 정도로 다양하다. 한국어에서 하나의 동물을 두고 이만큼 세세하게 이름을 구분해서 부르는 경우가 또 있을까 싶다. 북아메리카 원주민에게 눈이 있다면, 한국인에게는 명태가 있다고 말할 수도 있겠다.

명태 문화가 발달할 만큼 한국에서 명태가 많이 잡힌 시기도 있었다. 명태는 대체로 차가운 물, 깊은 물을 좋아하는 편이기에 동해의 추운 지역이 잘 어울리는 동물이다. 명태잡이가 한창 잘되던 1981년에는 한국에서 한 해에만 16만 톤의 명태가 잡힌 적도 있었다. 그러던 것이 점점 양이 줄어서 2007년에는 1톤 이내의 물량으로 적어져 버렸다. 26년의 세월이 지나는 동안 명태가 잡히는 양이 무려 16만분의 1로 줄어든 것이다. 그나마 이후에는 아예 잡히지 않는 해가 흔할 정도로 한국의 동해에서 명태가 사라져 버렸다.

도대체 왜 동해에서 명태가 사라졌을까? 현재 한국에는 명태가 너무 없어 수입 명태, 러시아산 명태를 많이 들여오는 편이다. 한국 명태가 사라진 이유에 대한 의견은 분분하다. 가장 쉽게 떠올릴 수 있는 이유는 역시 기후변화다. 전 세계에서 기후변화가 진행되는 동안 한반도 인근의 바다 온도도 상승했다. 그렇다 보니 차가운 바다에서 주로 사는 명태가 한반도를 떠나게 되었다는 것이다. 명태는 대체로 섭씨 2~7도의 겨울 날씨 같은 차가운 온도에서 지내는 물고기로, 사람은 견디기 어려울 정도로 추운 바다를 익숙하게 여기는 동물이다. 한반도의 기후변화는 여름이 길어지는 방향으로 일어나는 경향이 있으므로 기후변화와 사라진 명태 이야기는 어울려 보이기도 한다.

그러나 명태를 연구하는 학자들은 기후변화보다는 다른 이유가 더 중요하다고 보기도 한다. 예를 들어, 명태를 지나치게 많이 잡아들인 것이 문제라고 보는 의견도 있다. 그 때문에 동해에 한국산 명태를 다시 살게 하겠다는 계획도 꾸준히 추진되고 있었고, 명태를 양식하는 기술을 개발하겠다는 계획에도 어느 정도는 투자가 이루어졌다.

국립수산과학원 동해수산연구소에서는 그중에서도 새끼 명태를 인공적으로 키워서 바다에 내보내, 명태 무리를 살게 하는 사업을 추진했다. 그러다 보니 2017년에는 한국산 어미 명태를 산 채로 잡아 오는 사람들에게 돈을 주겠다고 명태에 현상금을 건 일도 있었다. 이런 사업은 지속적으로 이어져서 2021년 5월에는 20만 마리나 되는 명태 새끼를 동해에 풀어 주었다.

하지만 여전히 명태가 왜 사라졌으며 어떻게 하면 돌아오게 할 수 있는지, 무엇이 문제이고 어떻게 해결할 수 있는지 알아내야 할 일이 많다. 한국인이 오랜 세월 그렇게 좋아한 대표 생선이면서도 그 삶에 대해 우리가 아는 것은 너무나 부족하다.

명태는 일상생활을 할 때도 120미터 깊이의 물속에서

살아간다. 사람이 맨몸으로 잠수해 봐야 대개 10미터 이내를 오가고 직업적으로 단련된 해녀분들도 20미터 정도를 잠수하는 것이 한계인 점을 생각해 보면, 100미터가 넘는 깊이의 물속에서 이루어지는 명태의 삶을 우리가 살펴보는 일은 그만큼 어렵다. 대한민국 해군의 장보고함 같은 잠수함이 적으로부터 몸을 숨기고 움직일 때 250미터 정도까지 들어간다고 하는데, 어쩌면 그런 잠수함이 몰래 물속에 숨어 있을 때 그 옆을 명태 떼가 유유히 지나쳐 갈 거라는 상상도 해 본다.

앞으로 명태로 만든 탕이나 코다리·북어로 만든 음식을 먹을 때는, 그 명태가 한때는 어떤 사람도 보지 못했을 깊고 차가운 바닷속의 전혀 다른 세상을 보고 여기까지 온 동물이라는 생각을 해 보자. 아주 친숙한 생선인 명태로부터 새로운 느낌을 받을지도 모르겠다. 혹은 연락이 갑자기 오래 끊기는 친구를 보고 "잠수 탄다"는 말을 쓸 때가 있는데, 자주 잠수 타는 친구에게 명태라는 별명을 붙여 준다면 깊은 바다에서 사는 명태의 습성과 어울릴 거라는 생각도 잠깐 해 본다.

경주에서 신라 시대의 흥망성쇠를 엿보다

꽃가루가 전하는 경고

봄에 도시의 거리나 공원에서 눈처럼 하얀 덩어리가 진 것이 날리는 것을 보고 "꽃가루가 날린다"고 하는 사람이 많은데, 사실 그것은 대체로 꽃가루가 아니다. 눈에 잘 뜨이게 솜털처럼 날아다니는 것은 버드나무를 비롯한 포플러 계통의 씨앗에 달린 털이다. 포플러 계통의 나무는 빠르게 잘 자라는 습성이 있어서 1970년대 무렵부터 나무숲을 가꾸기 위해 한국인들이 이곳저곳에 많이 심었다. 그 때문에 도시에서 하얀 털이 날리는 것을 보기가 쉬워졌다. 물론 그

털이 불편하고 귀찮은 사람들이 있겠지만, 그래도 그것을 꽃가루라고 부르면 틀린 말이다. 그것은 이미 꽃가루가 서로 만나고 섞여서 씨앗이 된 후에야 생기는 물질이다.

꽃가루는 씨앗이 생기기 전 단계의 물질이다. 꽃가루를 만드는 식물은 서로 다른 두 식물의 꽃가루를 섞어서 씨앗을 만들어 낼 수 있다는 장점이 있다. 그렇게 더 다양한 특성을 가진 씨앗들이 생겨난다. 만약 꽃가루가 섞이는 과정 없이 그냥 한 식물이 혼자서 자기만의 씨앗을 만들어 낸다면, 그 씨앗에서 자란 식물은 원래 식물을 그냥 그대로 닮은 모양일 것이다. 그런 식으로 식물이 자손을 퍼뜨려 자라나면, 산에 온통 똑같은 습성을 가진 식물만 가득하게 된다. 이때 만약 위험한 병이 돈다거나 갑작스럽게 추운 날씨가 몰아닥치면 그 식물은 전멸한다. 대가 끊겨 사라질 것이다.

그러나 서로 꽃가루를 나누어 씨앗을 만들어 낸다면, 조금씩 다른 부모의 유전자가 섞여서 다양한 특징을 가진 씨앗이 생긴다. 세균이 일으키는 병에는 약하지만 해충의 공격에는 강하다는 식으로 다채로운 습성을 가진 식물들이 자라난다. 추위에 좀 더 강한 습성을 가진 식물이 자라나기도 하고, 더위에 더 강한 습성을 가진 식물이 자라나기도 한다. 이렇게 다양한 성질을 가진 식물들이 자라나 숲을 이루면 설령 어떤 병이 돌건, 혹독한 날씨가 몰아닥친다고 해도 힘든 환경을 견딜 수 있는 몇몇은 살아남는다. 그러면 전멸을 피하고 대를 이어 갈 수 있다. 그러므로 결국 진화에서 살아남는 것은 이렇게 꽃가루를 나누면서 다양해지는 쪽이다.

물론 꽃가루를 나누는 과정이나 씨앗을 만드는 과정 없이 그냥 퍼져 나가는 식물도 없지는 않다. 한국 남부 지방에서 흔히 볼 수 있는 대나무도 대체로 씨앗을 만들지 않고 새끼를 치는 식물에 속한다. 대나무가 퍼져 나갈 때는 땅속에서 더듬더듬 뿌리를 뻗어 옆자리로 이어져 가고, 그곳에서 다시 새로운 줄기가 자라나는 방식으로 새 대나무가 생긴다. 식물이 이런 식으로 자라는 것을 영양번식 또는 영양생식이라고 부른다. 씨앗이 아니라 몸의 영양을 담당하는 부분이 퍼지는 방식으로 새끼를 치고 숫자를 불린다는 뜻이다.

이렇게 뿌리가 뻗어 나간 옆자리에서 새로 자라기 시작한 어린 대나무를 죽순이라고 하는데, 죽순을 깐 속 부분은 야들야들한 것이 먹기가 좋아 요리 재료로도 자주 쓰인다. 나도 죽순 먹기를 좋아하는 편이다. 대나무는 영양번식에 대단히 뛰어나다. 죽순이 한번 자라면 굉장히 빠른 속도로 키가 커진다. 하루에 몇십 센티쯤 커지는 것을 보는 일은 어렵지 않고, 잘 자라나는 종류는 단 하루 만에 1미터가 커지기도 한다. 대나무가 이렇게도 잘 자라는 모습을 보고 있으면, 꽃가루가 섞이지 않는 대신에 영양번식을 굉장히 빠르게 하는 재주가 발달한 것 아닌가 하는 생각이 든다. 대나무의 영양번식은 어찌나 왕성한지 방치해 놓으면 계속해서 옆으로 죽순을 만들며 점점 퍼져 나가기 때문에, 집에서 기를 때는 대나무가 옆집을 침범하여 남의 집에서 쑥 돋아나는 것을 유의해야 한다. 대나무가 퍼져 나가는 것 때문에 해를 입는 지역은 의외로 꽤 있다.

그렇다고 대나무가 꽃을 전혀 피우지 않는 것은 아니다. 대나무는 아주 가끔 꽃을 피운다. 대나무는 60년에 한 번 꽃을 피운다는 말도 있고, 10년에 한 번 꽃을 피운다는 말도 있으며, 종류에 따라서는 그보다 훨씬 더 짧은 기간 만에 꽃을 피우는 것도 있다. 속설로는 대나무 숲이 100년에 한 번 꽃을 피운다는 식의 막연한 이야기도 많이 퍼져 있다. 그만큼 아주 오래간만에 한 번씩, 어느 날 갑자기 대나무는 꽃을 피운다. 그렇게 대나무 꽃이 한번 피면, 온 숲의 여러 대나무가 한꺼번에 전부 꽃을 피운다. 그리고 꽃이 지면, 대나무들이 한꺼번에 모두 다 죽어 버리는 괴상한 습성을 갖고 있다.

대나무의 이런 특성은 기이하다. 그래서 지역에 따라서는 대나무 꽃이 피면 큰 경사가 난다거나 아니면 반대로 난리가 날 징조라거나 하는 전설이 있기도 하다. 현대에는 애초에 대나무 꽃의 이런 습성이 밝혀져 있으므로, 전국 각지에 펼쳐진 대나무 숲이 저마다 돌아가며 한 번씩 아주 가끔 온통 대나무 꽃을 피운 뒤 전멸한다는 것을 파악하고 있다. 2017년에는 경상남도 창원에서 대나무 꽃이 발견된 적이 있고, 2019년에는 전라북도 정읍에서 대나무 꽃이 발견되었다. 2021년에는 울산에서 대나무 꽃이 발견되었으며, 2022년 5월에서는 서울 강남 압구정동의 한 가게에 심어 놓은 대나무에서 꽃이 펴 신문에 실린 일도 있었다. 그래도 대한민국 사람들은 그걸 보고 난리가 날 징조라고 놀라지는 않는다.

옛 시에서 대나무는 추운 날씨에도 푸른빛을 잃지 않고 항상 꼿꼿하다고 하여 칭송받았다. 그러나 사실 대나무는 너무 추운 날씨에서는 살 수가 없어서, 한반도에서는 주로 남부 지방에서 많이 자란다. 전라남도 담양이나 울산 같은 곳의 대나무 숲은 구경할 만한 경치로 이름이 나 있기도 하다. 하지만 아무래도 나는 한국인들에게 가장 널리 알려진 대나무 숲이라고 하면, 신라 시대 경주에 있었던 바로 그 대나무 숲 전설 속의 대숲이라고 생각한다.

한국인이라면 다들 아는 임금님 귀는 당나귀 귀 이야기의 가장 재미난 부분에 대나무 숲이 등장한다. 비밀을 말하지 못해 속이 답답해서 견딜 수 없었던 주인공이 대나무 숲속에 들어가 "임금님 귀는 당나귀 귀!"라고 소리치는 장면은 우스우면서도 누구에게나 어느 정도의 공감을 주는 순간이다. 동시에 죄책감과 후련함이 엉킨 복잡한 감정이 휘몰아치는 장면이다. 나는 소설을 쓰면서 바로 이런 장면을 써야 한다고 생각하곤 했다.

임금님 귀는 당나귀 귀 이야기는 원래 한반도에서 멀리 떨어진 지역인 그리스·로마 신화 계통의 이야기로 고대 그리스를 배경으로 한다. 귀가 길어진 임금님과 그 비밀을 말하지 못해 답답해하는 사람이 있다는 이야기의 뼈대와 진행 방식이 경주의 당나귀 귀 이야기와 똑같다. 그리스 이야기에서는 미다스 왕이 주인공이고, 신라 이야기에서는 경문왕이 주인공이라는 점이 차이다. 그리스의 이야기가 기록되어 퍼진 것이 훨씬 앞선 시대이기 때문에, 아마도 어떤 경로로 그리스의 그 이야기가 흘러 흘러서 신라까지 전해진 후 조금씩 바뀌다 보니 주인공도 신라의 임금으로 바뀐 것으로 보인다.

재미난 것은 신라를 배경으로 한 이 이야기가 한국에서는 고려 시대의 『삼국유사』에 기록되어 있을 정도로 긴 세월 무척 널리 퍼졌는데도, 정작 이웃 중국이나 일본에는 그 정도로 퍼져 있지 않다는 점이다. 그리스에서 시작된 이야기가 한반도까지 퍼져 오려면 점점 동쪽으로 이야기가 전달되고 또 전달되었을 테니, 그 와중에 중국을 거칠 만도 한데 이 이야기는 그렇지가 않다.

이 수수께끼를 설명하기 위해 자주 나오는 설명이 경문

왕 시절 신라와 아라비아 또는 중앙아시아가 교류하는 가운데 이야기가 신라로 바로 건너오게 되지 않았겠느냐는 추측이다. 신라의 전설에서 전염병을 쫓는 능력으로 유명한 처용이 사실은 중앙아시아, 페르시아, 아라비아 계통의 뿌리가 있는 인물이 아니냐는 설은 거의 정설에 가까울 정도로 자주 언급되고 있다. 처용이 활동하던 때는 헌강왕 시대인데, 헌강왕은 경문왕의 아들이므로 시기적으로는 가까운 편이다. 그렇다면 임금님 귀는 당나귀 귀 이야기의 배경이 되는 시대에도 이런 먼 나라들과 신라 간에 교류가 활발했을 가능성은 있다.

경문왕 시대에 신라에서 출발해 아라비아나 페르시아까지 다녀온 어느 모험가가 고향에 돌아와서, 모험 중에 들은 재미난 이야기라면서 미다스 왕을 주인공으로 하는 고대 그리스 배경의 임금님 귀는 당나귀 귀 이야기를 주변 사람들에게 들려주었다고 상상해 보자. 아라비아나 페르시아는 옛 로마 제국과 영토가 겹치는 곳이 많았던 지역이다. 그러므로 그리스·로마 신화 계통의 이야기가 이것저것 퍼져 있었을 것이다. 신라의 모험가가 그런 이야기들을 들었을지 모른다. 그 이야기가 신라에 퍼져 나가면서 "임금님 귀는 당나귀 귀" 줄거리에서 임금님이 그 당시 신라의 임금인 경문왕이라고 생각한 사람들이 생기면, 신라판 임금님 귀는 당나귀 귀 이야기가 탄생할 수 있다.

나는 신라의 임금님 귀는 당나귀 귀 이야기에 원판을 능가하는 장점이 한 가지 있다고 생각한다. 절정인 대나무 숲에서 비밀을 말하는 장면이 훨씬 더 강렬하게 연출되었다는 점이다. 원래 고대 그리스판 이야기에서는 주인공이 비밀을 우물 속을 향해 말하는데, 이렇게 해서는 아무래도 절정 장면이 좀 밋밋하다.

그에 비해 신라판 이야기는 절정 장면이 훨씬 멋지다. 다른 사람들의 시선을 가리는 높다랗게 자란 대나무 숲으로 주인공이 걸어 들어가는 장면의 으슥함과 조마조마함, 초록색으로 넘실거리는 대나무 숲이 바람에 흔들리는 모습, 그 속에서 울부짖듯이 비밀을 소리치는 광경에는 문학의 힘이 넘친다. 대나무의 초록색이라는 시각과 임금님 귀는 당나귀 귀라고 외치는 사람의 목소리라는 청각이 함께 휘몰아치며, 쉽게 설명하기 힘든 강한 감정을 끌어낼 수 있다.

그 때문인지 대나무 숲과 당나귀 귀 이야기는 경문왕의 시대로부터 1,200년 가까운 세월이 지난 지금도 여전히 생생한 생명력을 갖고 살아 있다. SNS와 인터넷의 시대가 된 요즘도 한국에서는 익명으로 자신이 속한 업계나 조직에 대해 토로하고 싶은 말을 늘어놓는 곳을 흔히 "대나무숲"이라고 부르곤 한다. "문학계 대나무숲"이라고 하면, 무슨 말인지 한국 사람들은 대체로 이해한다. 좋은 문학 소재를 떠올리기 위해 산책하라고 조성해 놓은 대나무 숲이라는 뜻이 아니다. 문학계에 종사하는 사람들이, 요즘 문학계에 이런 문제점이 많다고 신분을 밝히지 않으며 털어놓기 위해 글을 올리는 인터넷 게시판이라는 뜻이다.

나는 경주시에 바로 그 임금님 귀는 당나귀 귀 이야기의 원본 대나무 숲이라고 할 수 있는 대숲을 만들어서 현대의 사람들이 실제로 찾아갈 수 있도록 가꾸어 두면 어떤가 하는 생각을 해 본 적이 있다.

쉬운 일만은 아니다. 『삼국유사』에는 그 대나무 숲이 도림사라는 절 근처라고 되어 있지만, 지금은 도림사로 어렴풋이 추측되는 지역이 있을 뿐 정확히 그곳이 어디인지 알 수가 없다. 추정 위치 근처에 딱히 알려진 대나무 숲도 없다.

경주의 어느 좋은 위치에 대나무 숲을 울창하게 키워, 속이 답답하고 괴로운 일이 많은 사람들이 그 숲에 가서 뭐든 후련하게 소리치며 털어 낼 수 있는 곳으로 만들어 보면 어떨까? 그게 어렵다면 사람들에게 익명으로 사연을 신청받아 온종일 한쪽에서 도란도란 들을 수 있을 만한 목소리로 아나운서나 성우가 그 비밀 사연을 읽어 주는 대나무 숲 혹은 산책길이 있어도 재미있지 않을까 생각해 본다.

대나무는 주로 영양번식으로 자란다고 하지만, 그렇지 않은 풀과 나무들은 어떻게든 꽃가루가 섞여야 한다. 꽃가루가 섞일 수 있는 방법은 크게 보면 두 가지 계통이 있다. 벌과 나비가 꽃을 보고 꿀을 먹기 위해 날아들어 움직이는 가운데 꽃가루를 묻혀서 돌아다니다가 섞이는 방식이 있고, 다른 계통으로는 그냥 바람에 꽃가루를 날리게 해서 운이 좋으면 짝에게 닿을 거라고 기대하는 방식이 있다. 한자어로는 곤충이 꽃가루를 섞는 방식의 꽃을 충매화라고 하고, 바람에 꽃가루를 날리는 방식의 꽃을 풍매화라고 한다.

생각해 보면 알레르기를 일으킬 만큼 꽃가루가 많이 날아다니는 시기에 문제가 될 만한 꽃가루는 바람에 뿌려지는 종류다. 벌과 나비가 꽃가루를 섞어 주는, 눈에 띄는 꽃이 있는 식물은 굳이 그렇게 온통 꽃가루를 뿌려 댈 필요가 없다. 반대로 꽃가루가 바람에 많이 날리는 식물일수록 곤충을 이끄는 꽃이나 꿀이 없을 가능성이 크다. 즉, 말로는 다 꽃가루라고 하지만 바람에 날려 알레르기를 일으킬 만한 꽃가루는 사실 정말 눈에 뜨이는 꽃에서 나온 것은 아닐 수 있다. 골치 아픈 꽃가루는 정작 꽃다운 꽃에서 나오는 가루가 아니라는 뜻이다. 바람에 날리는 꽃가루 중에서 한국인에게 가장 익숙한 것은 송홧가루라고도 부르는 소나무 꽃가루일 텐데, 소나무 꽃 역시 꽃잎과 꿀이 있는 전형적인 꽃 모양과는 거리가 멀다.

이렇게 꽃가루는 서로 다른 방식으로 활용되기 때문에 모양도 서로 다르다. 따져 보면 놀라울 정도로 꽃가루의 모습은 다양하다. 너무 작아서 맨눈으로 보기에는 가루 같을 뿐이지만, 꽃가루가 그냥 점 모양은 아니다. 현미경으로 살펴보면 저마다 특징을 띈 다양한 모습을 하고 있다.

소나무 꽃가루는 넓적한 호떡 같은 모양 위에 둥그런 찐빵처럼 생긴 것이 둘 얹혀 있는 듯한 모양이고, 참나무 꽃가루는 삼각형 모양의 비행접시가 세 개의 동그란 착륙용 다리를 달고 있는 것처럼 생겼다. 그 외에도 뾰족뾰족한 가시 같은 것이 가득한 모양, 길쭉한 모양, 오각형의 무늬가 있는 꽃가루 등등 어느 식물에서 나온 꽃가루인지에 따라 놀라울 정도로 형태는 다양하다.

꽃가루를 현미경으로 살펴보면, 역으로 그게 어느 식물에서 온 꽃가루인지도 추적할 수 있다.

추리 소설의 한 장면을 상상해 보자. 집에 있던 피해자를 공격한 범인이 피해자의 집 근처에도 간 적이 없다고 딱 잡아뗀다. 그럴 때 탐정은 범인의 몸을 털어서 나온 꽃가루를 현미경으로 살펴본다. 그랬더니 피해자가 집에서 키우던 붓꽃 화분의 꽃가루가 보인다. 그렇다면 범인이 거짓말을 했다고 추리해 볼 수 있다.

고고학에서는 꽃가루를 훨씬 더 방대한 규모로 활용하기도 한다. 매년 봄마다 나무들이 뿌려 대는 꽃가루 중 상당수는 흙바닥에 그냥 떨어진다. 수십 년, 수백 년의 세월이 지나면 그 꽃가루들이 흙 위에 차곡차곡 쌓인다. 특히 호수나 연못 바닥 같은 곳에는 진흙, 모래 따위가 밀려와 쌓이는 것에 섞여서 상당히 규칙적으로 긴 세월의 꽃가루가 차례대로 남게 된다. 그런 곳의 흙을 그대로 파내서 들어 올리면 맨 밑바닥 흙에 포함된 꽃가루가 가장 오래된 시대에 묻힌 것이고, 가장 윗부분 흙에 포함된 꽃가루가 가장 최근 시기의 것이라고 추측해 볼 수 있다. 꽃가루의 겉면은 단단한 재질로 된 것이 많으므로, 이렇게 흙에 묻혀 보존되면 긴 세월이 지난 후에도 형태는 그대로 남는다.

이 꽃가루들을 현미경으로 보고 도대체 어느 식물에서 날아온 것인지 밝히면, 그 시대에는 주변에 어떤 식물들이 살고 있었는지를 짐작해 볼 수 있다. 보통 수산화포타슘, 플루오린화수소 등을 이용해 흙에서 뽑은 물질들을 녹이고 아세톨리시스acetolysis 같은 화학 반응을 일으키면 거추장스러운 것들이 사라져서 꽃가루를 살펴보기가 좀 더 편하다. 수천 년간 쌓인 흙을 한 층씩 펼쳐서 그 속의 꽃가루가 어느 식물에서 왔는지를 따지고, 어떤 식물의 꽃가루가 많은지를 살펴보는 것은 지겹고 힘든 작업이다. 그렇지만 정확하게 완수하면 지금과는 사뭇 달랐을 수백 년 전, 수천 년 전의 풍경을 추리해 낼 수 있다. 이런 연구를 꽃가루, 즉 화분花粉을 따진다고 해서 화분 분석·화분학·화분 고고학이라고 부른다.

국립경주문화재연구소의 안소현 선생 등이 발표한 연구 자료를 보면, 경주 일대의 화분 고고학 연구로 신라 시대에 어떤 식물이 살았는지 어느 정도 파악할 수 있었다고 한다. 자료에 따르면 신라 말기에는 민가 근처나 어느 정도 변화를 겪으며 척박해진 숲에서 흔히 보이는 소나무 계통의 꽃가루가 많았다고 하며, 그보다 앞선 시기에는 소나무보다 더 원시적이고 울창한 숲을 이루는 나무의 꽃가루들이 상대적으로 많이 보였다고 한다.

　　여기에 근거를 두고 조금 상상을 키워 보자면 원래 경주 주변에는 울창한 나무숲이 산마다 많았는데, 세월이 흐르며 신라가 발전하고 경주라는 도시가 커지면서 사람들의 활동으로 숲이 점차 파괴되었다고 추측해 볼 수도 있다.

　　『삼국유사』에서는 신라의 화려한 도시 문화를 이야기하면서 신라 임금이 서기 880년에 월상루라는 높은 건물에 올라가 경주 시가지의 경치를 보았다고 한다. 그리고 많은 집 사이에 노래와 풍악 소리가 그치지 않는 가운데, 민가에도 초가집 없이 기와집만 있으며 밥을 지을 때도 나무를 쓰지 않고 숯으로 요리한다는 대화를 나눈다. 마침 이때의 임금이 당나귀 귀 임금의 아들인 헌강왕이다. 그러면서 『삼국유사』에서는 신라의 전성기에 경주에는 믿을 수 없을 정도로 많은 인구가 살았으며 집의 숫자도 매우 많았다는 말을 덧붙이고 있다.

『삼국유사』에 기록된 경주의 인구는 정확하지 않다고 보는 것이 통설이다. 그러나 그 숫자만큼은 아니라고 해도 막대한 규모의 인구가 사는 도시가 있었고, 그 도시에서 숯처럼 나무를 태워서 가공해야 하는 물자를 널리 유통하며 소비했다면, 근처의 산에서 그만큼 많은 나무를 베어 내야 했을 것이다. 그렇다면 나무가 줄어들고 숲의 파괴가 심하게 일어날 수밖에 없다. 지나치게 빠르게 숲이 파괴되면 결국 사람에게도 그 피해가 돌아온다.

　나무가 갑자기 줄어들면 홍수나 산사태의 피해가 커지는 것은 당연한 일이다. 현대의 기준으로는 크지 않은 문제라도 재난에 대비할 방법이 많지 않았던 신라 시대에는 여러 사람의 생명을 위협하는 큰 난리였을 수 있다. 또 나무로 모든 것을 만들고 집을 짓던 옛 시대에는 쓸 만한 나무가 부족해지면 도구를 만들고 집을 보수하는 일이 더욱 힘들어진다. 그러면 살림살이 하나하나가 고달파지며 사람들의 불만은 점점 커질 것이다. 게다가 숲이 파괴되고 숲속의 식물이 바뀌어 버리면, 거기에 깃들어 사는 온갖 곤충·벌레·새들도 갑자기 달라진다. 그 때문에 사람들이 해충의 피해를 보거나 심지어 달라진 동물이 옮기는 새로운 전염병에 시달릴 확률도 더 높아지리라고 추측해 볼 수 있다.

　헌강왕 시절 부유한 경주에 관한 이야기는 화려했다. 하지만 동시에 바로 그 시기를 넘긴 후로 신라는 급격히 쇠약해졌다. 헌강왕이 세상을 떠난 지 채 20년이 지나지 않아, 견훤이 후백제를 세우며 후삼국 시대가 시작되었고 점차 멸망으로 접어들게 될 정도였다.

그렇다면 혹시 경주의 나무들이 파괴되어 가는 경향과 신라의 멸망은 무슨 상관이 있는 것 아닐까? 2013년 황상일 교수와 윤순옥 교수도 「자연재해와 인위적 환경변화가 통일신라 붕괴에 미친 영향」이라는 제목의 논문에서, 꽃가루 분석 등의 자료를 인용하며 숲의 파괴가 신라 사회에 악영향을 끼쳤을 거라는 의견을 제안한 적이 있다. 어쩌면 현미경 속에서 1,200년 만에 모습을 드러내는 그 작은 꽃가루는 우리에게 경고하는 것 같다는 느낌이다. 숲과 산과 환경을 잘 가꾸지 못하면, 그 화려했던 신라 같은 나라도 망한다.

신라 시대의 수세식 화장실

경주는 긴 세월 역사를 이어 간 신라의 수도였다. 그 때문에 고대의 유적과 유물이 많이 남아 있고, 거기에 얽힌 이야깃거리도 많은 도시다. 고대의 과학과 관련된 물건이라든가, 신라 시대의 기술 수준에 관한 기록과 연관 지을 이야기도 꽤 많이 남아 있다. 석굴암은 절묘하게 가로, 세로, 높이, 깊이, 거리의 비율을 맞추어 설계하고 내부를 배치하여 균형 잡힌 느낌과 안정감이 뛰어나다고 하는데 거기에서 비율과 수학에 관한 이야기를 해 볼 수 있을 것이다. 첨성대는 별을 관측하는 건물로 추측되고 있는데, 만약 그 추측이 맞는다면 현재 형태가 남은 천문대 중에서는 대단히 오래된 것으로 평가할 수 있으니, 옛사람들의 우주와 별에 대한 관점을 이야기해 볼 수 있다.

그 외에도 묘한 빛을 드러내는 유리잔을 비롯해 진귀한 신라 유물들을 어떤 기술로 만들었을지 살펴볼 수 있고, 중국과 일본을 오가고 나중에는 인도와 중앙아시아까지 다녔던 신라 사람들이 어떤 측량술·항해술을 사용했는지 이런저런 자료들을 찾아볼 수도 있다. 『삼국사기』에는 대단히 먼 거리까지 화살을 쏘아 보내는 특수한 화살 발사 장치를 개발한 무기 개발자 구진천의 기록이 실려 있고, 『삼국유사』에는 만불산이라고 해서 조그마한 인형들을 자동 장치로 움직이게 만들어 산속에서 사람과 동물이 움직이는 모습을 표현한 기계에 대한 기록도 실려 있다. 이런 장비·기계들을 만든 기술과 기술자에 대해 상상해 보는 것도 빠져들만한 이야기라고 생각한다. 나는 대학 시절에 어느 강의에서 경주의 포석정에 술잔을 띄워 물의 흐름에 따라 떠가게 하면 하필 교묘하게 와류 현상을 일으켜 술잔의 움직임이 재미있게 되는데, 이것도 신라 사람들이 시행착오 끝에 개발한 기술 아니겠느냐는 이야기를 들어 본 적도 있다.

충분히 오랜 세월이 지난 흔적이라면 과학, 기술과 관련 지을 만한 신기한 이야기는 가득하다. 경주의 박물관에 잔뜩 쌓여 있는 갖가지 신라 유물을 보며 "좋은 장비도 없고 현대 과학도 없던 그 옛날에 도대체 저런 것을 어떻게 만들었을까?" "저런 것을 만드는 기술은 그 옛날에 누가 어쩌다가 알게 되었을까?" "어디서 배워 온 것일까, 신라 사람들이 스스로 깨달았을까?" "요즘 비슷한 물건과 재질이나 성능을 비교해 보면 어떤 차이가 날까?" 같은 것들을 궁금해하기 시작하면 알고 싶은 이야기, 들어 보고 물어보고 싶은 이야기는 끝없이 많아진다.

경주의 불국사에 가면 십 원짜리에 새겨져 있는 다보탑을 실제로 볼 수 있다. 작은 십 원짜리 동전 속 모습만 보다가 실제 다보탑을 보면, 제법 커 보인다는 느낌을 받게 된다. 실제로 그 높이는 10미터를 넘어서 대략 3층 건물과 비슷한 정도는 된다.

이런 커다란 물체를 그냥 한 명의 예술가가 대충 손에 잡히는 대로 만들어 보는 방식으로 완성하기는 어렵다. 계획에 따라 여러 사람이 힘을 합쳐 차근차근 만들었을 것이다. 그렇다면 1,000년 전 신라 사람들은 저런 건물을 만들 때 도면을 어떻게 그렸을까? 요즘처럼 종이에 정면도, 측면도, 평면도를 그렸을까? 치수나 각도는 어떤 식으로 표시

했을까? 다보탑을 이루는 각 부위의 조립되는 부분은 설계도에 어떤 식으로 그렸을까? 중국이나 인도에서 탑을 만들 때 사용하던 방식을 그대로 사용했을까, 아니면 신라만의 독특한 설계도 만드는 방식이 있었을까? 정확한 답을 알아내기 어려운 문제이기에 상상하는 재미가 있다. 그에 대한 사소한 설명을 듣거나 조그마한 사실을 추측해 놓은 연구 결과를 읽어도 아주 신기하다는 느낌이다.

그런 식으로 생각해 보면, 2017년에 발표된 경주 동궁의 화장실 유적도 옛 신라 사람들의 문화와 그 문화를 이룩한 기술에 대해서 많은 생각을 하게 만드는 재미난 흔적이다.

경주의 동궁 유적은 과거에 흔히 안압지라고도 했다. 동궁은 앞으로 임금이 될 후계자인 태자가 살던 궁전을 말한다. 이곳을 발굴 조사하던 중에 지금으로부터 약 1,300년 전에 사용되던 것으로 보이는 화장실 유적이 나왔다. 유적의 구조를 보면, 그냥 수세식 화장실처럼 보이는 모양이다. 학자들도 수세식 화장실 형태라고 추정했다. 현대의 수세식 화장실 변기는 도자기·사기 재질로 만드는 것이 많다. 그런데 1,300년 전 신라 동궁 유적의 변기는 돌을 깎고 갈아서 만든 형태였다.

자세한 내용을 살펴보면, 하수도관을 경사지게 만들고 길게 연결해서 중력의 힘을 받아 물이 내려가도록 하는 장치로 꾸며서 썼을 거라는 추정이다. 추정대로라면 정말 요즘 수세식 화장실과 비슷한 느낌이 나는 장소였을 것 같다. 그러나 요즘 화장실처럼 단추 모양만 누르면 저절로 물이 내려가는 방식의 장치까지는 만들지 못한 것으로 보고 있다. 신라 때는 아마도 근처에 물을 담아 놓은 큰 항아리가 있어서 그것으로 변기 물을 내렸을 것 같다고 학자들은 이야기했다. 화장실을 사용하다가 휴지가 떨어지면 난처할 때가 있는데, 1,300년 전 신라 사람들은 화장실 항아리 속의 물이 다 떨어지면 굉장히 귀찮아했을지도 모르겠다는 생각이 든다.

수세식 화장실이 있었다는 것은 하수도를 설치해서 운영했었다는 뜻이고, 또 물을 많이 써야 하니 사람이 사용할 물도 쉽게 구할 수 있었을 거라고 짐작해 본다. 그렇다면 물을 대 주는 상수도도 꽤 잘 꾸며져 있었을 듯싶다. 상수도와 하수도를 설계하고, 물의 압력과 흐르는 속도와 흘러가는 물길을 잘 알고, 물 흘러가는 관에서 새는 것이 있는지 고치는 기술을 담당하는 사람도 있었을 것이다. 어떤 사람들이 그런 기술을 개발했으며 그 수준은 어느 정도였을까? 나아가 이런 수세식 화장실은 얼마나 많은 사람에게 보급되어 있었을까?

나는 화장실이 무척 중요하다고 본다. 편리하고 깨끗한 화장실이 있다는 사실은 사람의 마음을 참 든든하게 해 주며, 또한 여유롭게 해 준다고 생각한다. 나중에 신라가 멸망할 무렵이 되어 모두가 살기 어려워졌을 즈음 누구인가는 신라 전성시대의 아늑한 수세식 화장실을 사용할 수 있는 기술이 운용되던 시절을, 평화롭고 풍요로운 시대의 상징이라고 그리워하지 않았을까?

나는 대학원 시절 처음 경주에 가 보았다. 경주에서 열리는 국제 학회가 있어서 그곳에 참석했다가 이런저런 친목·교류 행사에서 언덕길을 오르내리며 불국사, 석굴암을 구경하게 되었다.

대단한 학자들이 모인 행사였기에 이것저것 물어보고 싶은 것이나 알고 싶은 것도 많았는데, 그냥 평범한 대학원생이었으니 괜히 말 붙일 기회도 없었고 딱히 누군가와 교류하기도 어려웠다. 한창 하고 있던 연구를 설명해 봐야 관심갖고 들어 줄 사람이 있는 것 같지도 않았고, 그렇다고 갑자기 무슨 굉장히 재미난 일이 벌어져 새로운 친구를 사귀게 될 기회가 있는 것도 아니었다. 그런저런 행사에서 같이다니는 사이에 좀 덜 서먹하게 친해졌으면 좋겠다 싶은 사람들과는 별로 가까워질 기회가 없었고, 반대로 어지간하면 마주치고 싶지 않다고 생각한 사람과는 이상하게 자주맞닥뜨렸다.

쓸쓸하다고 말하면 좀 심하지만, 그렇다고 대단히 즐겁고 아름다웠다고 할 수는 없는 것이 첫 경주 방문의 추억이다. 그 와중에 친목 행사에서 불국사, 석굴암 인근을 단체로 구경하다가 마침 화장실 부품으로 보이는 옛 돌덩어리가 발견되어 땅에 놓여 있었던 것을 보았다. 그게 뭐라는 설명도 쓰여 있지 않았고, 지나다니면서 거기에 관심을 둔 사람도 별로 없었는데, 문득 눈에 뜨였다. 그 자체가 인상적이었다기보다 교류 행사·친목 행사라고는 하지만 별다른 교류도, 친목도 없는 쓸쓸한 와중에 혹시 저 돌덩어리를 두고 이런저런 이야기를 하다 보면 뭔가 재미있어질 수도 있지 않을까 하는 생각을 혼자 잠깐 했던 기억이 난다. 그게 첫 경주 방문에서 마음에 남은 순간이다.

그 많은 황금은 어디에서 났을까?

신라를 상징하는 물건을 이야기해 보라면 많은 사람이 금관을 언급할 것이다. 누가 봐도 값비싸 보이는 황금으로 만들어진 왕관이기도 하고, 그 세부 모습도 정교하고 아름다워 보인다. 단, 현대의 연구 결과로는 일상생활에서 쓰고 다니기에는 너무 허약한 재질에 불편한 형태여서 무덤에만 넣어 주는 물건이 아니냐는 의견도 설득력이 있는 편이다. 아예 머리에 쓰는 왕관이 아니라, 얼굴이나 이마를 덮어 주듯이 배치해 두는 물건이라는 의견도 있다.

황금으로 된 왕관이 다른 나라에서 그다지 흔한 것도 아닌데, 다른 나라의 왕관과 비교해 보면 신라 금관은 그 모양도 개성이 있다. 금관은 유물 숫자도 꽤 많은 편이라서, 강한 인상을 남길 만했다. 좀 이상한 예시이기는 하지만, 과거 경제 성장이 잘 이뤄지지 않은 시절에는 "신라 금관까지 내다 팔아도, 한국의 국민 소득은 얼마 이상 될 수 없다"는 식의 저주 같은 말이 일침이나 독설처럼 쓰이기도 했던 것을 읽은 기억이 있다. 그만큼 금관은 예로부터 내려오는, 한국의 잘 알려진 귀한 보물이었다는 느낌이다.

그런 덕분에 금관에 관해서는 색다른 연구도 많이 나와 있는 편이다. 중앙아시아나 아시아 대륙 북부 먼 곳에서 활동한 문화의 영향을 받은 것 아니냐는 식의 이야기는 꽤 자주 인용된다. 신라 금관의 모양이 시베리아 전통문화에서 보이는, 나뭇가지나 사슴뿔 모양으로 머리를 장식하는 풍습과 통한다는 학설을 주장하는 논문도 쉽게 찾아볼 수 있다.

그런데 내가 예전부터 궁금했던 것은 금관의 재료인 황금, 그 자체다. 신라 사람들은 도대체 어디에서 황금이 났길래 그걸 듬뿍 써서 금관을 만들었을까? 혹시 지금 그 황금이 남아 있는 곳을 찾을 수는 없을까? 만약 성공한다면 신라의 숨겨진 황금 동굴을 찾아낼 수 있지 않을까?

2014년, 박홍국 선생은 이에 대해 아주 흥미진신한 연구 결과를 발표했다. 신라의 황금은 산이 아니라 물에서 나왔을 수도 있다는 이야기였다. 즉, 신라 사람들은 사금으로 금을 채취했다는 말이다.

사금은 모래 속에서 금을 찾는 것을 말한다. 강가의 모래밭은 주변의 돌이 긴 세월을 두고 물에 깎여서 곱게 부서져 쌓인 것이다. 다시 말해, 강가의 모래는 수만 년에서 수십만 년간 강물의 침식·퇴적 작용과 시간 그 자체의 기나긴 힘으로 주변의 바위들을 가루로 만들어 섞어 놓은 결과물이다. 만약 주변의 바위 속에 금이 어렴풋하게 섞인 부위가 있었다면, 금도 같이 갈려서 금가루로 변해 있을 것이다.

금은 화학 반응을 거의 일으키지 않는 물질이라는 특징이 있다. 철이 녹스는 것은 물·산소와 화학 반응을 일으켜 변질되기 때문인데, 금은 화학 반응을 일으키지 않으므로 시간이 흘러도 변하지 않는다. 그래서 빛깔이 곱고 사람들이 좋아한다.

따라서 금은 바위 속에 조금 섞인 상태로 있어도 다른 물질로 변질되기보다는 그냥 금으로, 그대로 섞여 있을 것이다. 그것이 금가루로 변해서 모래와 함께 강변에 널려 있으면, 그 금가루 상태로 천년이 지나고 만년이 지나도 그냥 변함없이 섞여 있게 된다.

사금을 채취하는 사람은 모래 속에 섞인 미세한 금가루를 골라내어 모으는 방식으로 금을 얻는다. 금가루를 골라

내는 데 널리 쓰이는 방법은 밀도의 차이를 이용하는 것이다. 금 1밀리리터의 무게는 19.3그램 정도다. 흔한 물질인 철 1밀리리터의 무게가 7.9그램인 것에 비하면, 금이 거의 두 배가량 무겁다. 이 무게 차이를 이용해 물속에서 모래를 이루는 다양한 물질을 잘 휘저어 움직이게 하면, 그중에 무거운 금가루를 한쪽으로 가라앉힐 수 있다. 눈썰미를 발휘해서 그때 금가루만 골라내면 된다.

나는 옛날 서부 영화에서, 금광을 찾아 캘리포니아로 몰려들었던 서부 시대 미국인들이 강에서 조그마한 금이라도 얻으려고 작은 접시 같은 것에 물과 모래를 넣고 열심히 흔들어 대던 모습을 보았다. 그래서 사금을 채취하는 일은 이국적인 것이라고만 생각했다. 그러나 한국에서도 사금이 불가능하지는 않다. 만약 경주 근처 어느 지역에 금이 꽤 많은 바위가 있었고, 그 바위를 휘감아 돌며 흐른 강물이 강변에 모래를 많이 쌓아 둔 곳이 있다고 해 보자. 거기에서 사금을 채취하는 것은 이론상 가능하다. 심지어 박홍국 선생은 직접 경상북도 지역에서 사금을 채취해 보여 주기까지 했다.

과연 신라에는 강가에 모여 금을 구하는 일을 직업으로 삼은 사람이 많았을까? 사금으로 금을 얻는 일은 쉽지 않아서 긴 시간 작업해도 운이 없으면 한 톨 정도의 금을 구하는 것이 고작인 때도 많다. 여러 사람이 오랫동안 작업하며 금을 차곡차곡 모은다고는 하지만, 그 정도의 금으로 금관과 온갖 황금 보물들을 다 만들어 내기에 충분했을까 하는 점은 역시 궁금하다. 학자들 사이에는 산에 있는 금광에서도 황금을 얻었으리라고 추정하는 의견도 있는 것 같다.

여러 신라 금관 중에 사연이 많은 것으로는 서봉총 금관이 있다. 봉황 모양의 장식이 있는 금관인데, 여성이 사용한 금관으로 추측되는 물건이다. 이 금관이 나온 무덤을 서봉총이라고 하는 것도, 금관에 봉황 모양이 보여서 "봉"이라는 글자를 썼기 때문이다.

서봉총에서 "서" 자는 스웨덴을 뜻하는 한자 표기 "서전"에서 앞 글자를 따온 것이다. 다시 말해, 서봉총 금관이란 스웨덴과 봉황의 무덤에서 나온 금관이라는 뜻이다. 왜 신라의 금관에 북유럽의 나라 이름이 붙어 있느냐 하는 점은 어느 정도 알려진 이야깃거리다. 그 이유는 구스타프 6세 아돌프 국왕이 고고학에 관심이 많았던 인물이었기에, 그가 왕자였던 1926년 경주를 방문해서 서봉총 무덤 발굴 작업에 참여했기 때문이다. 이 스웨덴 왕자를 기념하느라 무덤 이름과 금관 이름에 스웨덴을 뜻하는 글자인 "서" 자가 남게 되었다.

참고로 구스타프 6세 아돌프 국왕의 손자가 현재 스웨

덴의 왕인 칼 16세 구스타프인데, 칼 16세 구스타프는 여수 엑스포와 평창 동계올림픽 참석 등으로 한국에 여러 차례 방문했고 한국 대통령도 여러 번 만난 적이 있다.

서봉총을 언급하면서 구스타프 6세 아돌프의 인생에 관한 이야기를 할 수도 있을 것이고, 이 무덤과 무덤에서 나온 금관을 비롯한 유물에 얽힌 기구한 이야기들을 해 볼수도 있을 것이다. 여기서는 여러 이야깃거리 중에서도 2016년에 조사 결과 나온, 서봉총과 신라 사람들의 음식에 관한 이야기를 소개해 보고 싶다.

무덤 주변에 있던 한 항아리에서 음식물 쓰레기로 보이는 흔적이 나왔다. 실제로 음식물 쓰레기를 버리는 쓰레기통 역할을 한 항아리로 확인되었는데, 단순히 먹다 남은 음식물 쓰레기를 버리는 통이라기보다는 제사에 사용한 음식 중 먹을 수 없는 것을 따로 넣어 두는 곳이어서 어느 정도는 신성한 의미도 있는 물건이었던 것 같다.

음식물 쓰레기통에는 1,000년이 넘는 세월 동안 썩지 않고 남은 여러 동물 뼈가 있었다. 학자들은 뼈를 모두 늘어놓고, 동물의 뼈에 대해 현대 과학자들이 알고 있는 지식을 종합해서 그 뼈가 어떤 동물의 것인지 역으로 추적했다.

항아리 속 뼈의 종류는 대단히 다양했다. 일단은 생선류와 조개류가 많았다. 현대의 한국인들도 자주 먹는 소라, 백합, 홍합, 방어, 민어, 넙치, 농어, 고등어 등의 뼈가 발견되었는데 뼈를 발라낸 흔적이 있어서 제사 음식으로는 살코기만을 사용했을 것으로 보기도 한다. 제사 지내는 중에 즉석에서 그 살코기로 어묵이나 젓갈 같은 음식을 만들기는 어려웠을 테니, 생선포를 뜬 형태의 구이나 삶은 음식을 만들어 쓰지 않았을까 하는 상상을 해 본다. 어쩌면 신라 사람들은 게맛살 비슷한 느낌의 음식을 제사 음식으로 애용했는지도 모른다.

한편으로는 상어 뼈, 복어 뼈가 나와서 상당히 진귀한 음식도 구해 먹었다고 추측해 볼 만하다. 복어는 독이 있어서 전문적으로 손질하지 않으면 먹기가 어려우니, 복어 전문 요리사가 있었을 정도의 요리 문화를 갖추었다고 추측할 수도 있다. 심지어 항아리 속에는 돌고래 뼈와 함께 거북과 비슷한 파충류인 남생이 뼈도 나왔다고 한다. 이런 재료로는 도대체 무슨 음식을 만들어 먹었을지 상상하기도 쉽지 않다.

내가 두 번째, 세 번째, 경주에 갔을 때는 첫 번째 때보다는 훨씬 재미있었다. 그런데 매번 우연히도 맛있는 음식을 먹었던 일이 특히 기억에 남는다. 현대에 돌고래나 남생이로 만든 음식을 만들어 팔 수야 없을 것이다. 하지만 경주 서봉총 근처의 식당에서 소라, 백합, 홍합, 방어, 민어, 넙치, 농어 같은 해산물을 조금씩 맛볼 수 있는 요리를 개발해서 봉황 금관 세트라든가 하면서 판다면 어떨까 하는 생각을 해 본다. 똑같이 재현하는 일은 불가능하겠지만, 이 것이 행사·제례·의식을 치르고 난 뒤에 신라 임금님이 먹던 음식 맛에 가깝다고 생각해 보는 재미는 있을 것이다. 미래 의 경주행에서 봉황 금관 세트를 만난다면 한 번 먹어 보 고 싶다.

현대 경주에서 기념품으로도 자주 팔리는 음식으로는 황남빵과 함께 찰보리빵이 있다. 둘 다 비교적 최근에 개발 되어 자리 잡은 제품이다. 나는 구수한 맛과 부드러운 촉감 때문에 찰보리빵을 조금 더 좋아한다.

그런데 우리가 찰보리라는 품종의 보리를 먹을 수 있게 된 것은 가깝게 보면 1984년 이후의 일이다.

1970년대까지만 해도 한국에는 쌀이 너무 부족해서 굶 주리는 사람이 많았다. 정부는 사람들이 쌀 대신에 보리를 좀 더 많이 먹었으면 좋겠다는 바람을 갖고 있었다. 그런데 그게 생각처럼 쉽지는 않았다. 보리는 쌀에 비해 인기가 없 었기 때문이다. 건강에는 도움이 된다는 인식이 있었는데 도, 말랑함이 떨어지고 질감이 억세어 덜 팔리는 식재료였 다. 보리가 쌀보다 못하다는 생각은 한국인들에게 왜인지 상식처럼 남아 있다. 하다못해 쌀·보리 게임이라고 해서 어 린이들이 하는 주먹을 들이밀면 잡는 놀이에서도 쌀은 진 짜 기회, 보리는 가짜 기회라는 뜻이다.

보리의 맛이 떨어졌던 이유는 호화온도의 문제라고도 볼 수 있다. 곡식처럼 전분 성분이 많은 물질은 물이 있는 곳에서 열을 가하면 전분이 파괴되고 재조립되면서 끈끈한 풀처럼 변하는 현상을 일으킨다. 이 현상을 호화반응이라고 한다. 딱딱하고 매끄러운 쌀알이 밥을 하면 밥풀이 되어 끈적하게 달라붙는 형태로 변하는 것도 바로 이 호화반응의 결과다. 호화반응에서 "호"라는 글자가 다름 아닌 끈끈한 풀이라는 뜻이다. 누가 말을 엉뚱한 뜻으로 뒤집어서 사용하면 "그런 식으로 좋은 이야기를 호도하지 말라"고 하는데, 이때 "호도"의 "호" 역시 풀로 붙인다는 뜻이다. 그래서 "호도한다"는 말은 거꾸로 갖다 붙인다는 이야기다.

호화온도는 전분이 호화반응을 일으키면서 성질이 변하게 되는 온도. 호화온도가 높다면, 그만큼 높은 온도까지 힘들게 열을 주어야만 호화반응이 일어난다는 뜻이다. 바로 보리가 여기에 해당한다. 호화온도가 높기에 어지간히 열을 가해서는 충분히 익어 밥풀처럼 변하게 만들기가 어렵다. 즉 보통 쌀과는 질감이 달라진다.

1970~1980년대 한국 과학자들은 밥을 지었을 때 촉감이 좋은, 호화온도가 조금이라도 더 낮은 보리 품종을 개발하기 위해 애썼다. 전국의 보리 품종들을 살펴보고, 일본 보리 품종들도 조사했다고 한다. 그러던 끝에 일본인들이 한반도의 경상남도 마산 지역에서 수집하여 보관하고

있던 마산과맥이라고 하는 품종을 찾아냈다고 하는데, 그 마산과맥과 전국적으로 잘 자라는 보리 품종인 강보리의 잡종을 만든 연구원이 있었다.

이후 그 잡종에서 자라난 보리 중에 가장 맛이 좋은 보리만 추려서 다시 심어 기르고, 그렇게 자라난 보리 중에 가장 맛이 좋은 보리만 추려서 또다시 심어 기르는 작업을 반복했다. 다시 말해, 진화론의 방법을 이용해서 가장 맛이 좋은 보리만 살아남아 대를 잇도록 한 것이다. 사람의 개입이 없었다면 아마 그 많은 보리 중에 생존과 번식을 가장 잘하는 품종이 제일 왕성하게 퍼졌을 것이고, 그랬다면 보리는 잘 살아남는 성질로 진화했을 것이다. 그런데 사람이 맛 좋은 보리를 골라서 그것만 키워 주었기에, 맛 좋은 보리가 자연선택이 되는 효과를 얻었다. 그래서 보리는 맛이 좋게 진화했다. 이것은 품종을 개량해 나가는 기본 방법이다.

이런 작업을 다섯 번에 걸쳐서 반복한 끝에 1984년 대량 보급할 수 있는 맛있는 보리 품종이 개발되었고, 그 이름을 "찰보리"라고 붙였다. 덕택에 더 쫄깃하고 먹기 좋은 찰보리가 전국에 퍼질 수 있었다.

아마 그때 학자들이 품종을 개량하는 데 실패했다면 찰보리빵이라는 이름도 없었을 것이고, 경주의 보리빵이 지금처럼 맛이 있지도 못했을 것이다. 그랬다면 현재 인기 있는 제품으로 자리 잡기도 어려웠을 것이다. 보리, 보리밭이라고 하면 옛날부터 내려오던 토속적 음식이라고만 여기기 십상이다. 하지만 찰보리를 개발한 이야기처럼, 옛 문화 속에도 조금이나마 잘살아 보기 위해 어떻게든 더 나은 것을 만들려고 기술을 개발해 가며 여러 방법으로 애쓴 사람들의 흔적은 남아 있다.

경주 근처에서 파랗게 펼쳐진 보리밭을 보거나 찰보리빵을 맛볼 때, 1,000년 전 신라 사람들도 키우던 작물인 보리에 긴긴 세월 여러 사람의 노력과 과학도 같이 들어 있다고 생각해 보면 좀 더 입맛이 좋아진다.

과학의 힘으로 가장 먼저
미래에 도달한 울산

학을 타고 날아다닌 영웅의 고장

울산의 옛 이름은 학성이다. 아마 울산에 사람이 많이
모여들어 꽤 큰 동네가 되면서부터 학성이라는 이름은 있
었던 것 같다. 지금도 울산에는 학성이라는 말이 들어가
는 지명이 있고, 학교·건물·가게의 이름에도 학성이 들어
가는 것이 꽤 많다. 학성이라는 말은 학, 즉 두루미의 성이
라는 뜻이다. 한국 사람들은 울산이라고 하면 1년 365일
24시간 언제나 쉬지 않고 거대한 기계가 돌아가며 쉴 새
없이 일하는 세계적인 공업 중심 도시를 떠올린다. 이런 바

쁜 도시에 예로부터 고고한 새로 이름이 높은 학의 성이라는 말이 붙었다는 점은 재미있다.

학성이라는 이름에는 꽤 오랜 옛날부터 내려오는 전설이 있다. 조선 시대 기록인 『신증동국여지승람』에 보면, 먼 옛날 계변천신이라고 하는 신이 하늘에서 학을 타고 울산에 내려왔기 때문에 이곳을 학성이라고 부르게 되었다는 짤막한 이야기가 있다. 그리고 이 이야기를 기록해 둔 인물로 고려 전기의 사람인 김극기를 언급하고 있다. 그러니 고려 전기에 이미 오래전부터 전해 내려오는 옛이야기로 계변천신의 신화가 있었다고 추정할 수 있다. 이 기록에는 계변천신이 사람의 수명과 돈·재물 버는 것을 다스렸다고 되어 있다. 말하자면 계변천신은 사람의 복, 운명을 다스리는 신이었다는 이야기다.

고려 시대까지 거슬러 갈 수 있는 비교적 오랜 기록으로 남은 한국 전설 중에서 이렇게 어떤 한 지역의 옛 신 이름이 명확하게 나와 있는 사례가 많지는 않다. 그것도 단순히 "남산 산신"이라든가 "서해 용왕"이라는 식의 흔한 칭호가 아니라 계변천신이라고 하는 독특한 이름이 붙어 있는 경우는 더 드물다. 그래서 나는 이 이야기를 처음 보았을 때부터 관심을 갖고 이런저런 생각을 해 보았다.

천신은 하늘의 신이라는 뜻이다. 계변이라는 말에서 계는 '경계한다' '지켜본다'라는 뜻이고, 변은 '변경' '가장자리'라는 뜻이다. 국경이나 성벽 같은 곳에서 누가 공격해 오지 않는지 안전하게 지켜본다는 의미라고 보아야 할 것이다. 그렇다면 계변천신이라는 말은 울산 주위를 다른 적들의 공격으로부터 지켜 주는 수호신이라는 뜻이다. 옛날 옛날에는 학을 타고 날아다닐 수 있는 울산만의 특별한 신이 외부로부터 울산을 지켜 준다고 믿었던 시대가 있었다는 뜻이라고 보아도 좋을 것이다.

마침 울산은 인구당 범죄 발생률이 상당히 낮은 축에 속한다. 대도시라면 아무래도 범죄율이 높기 마련인데, 통계청의 인구 1,000당 범죄발생건수 자료를 보면 2017년 이후 최근까지 울산은 범죄 발생률이 모든 광역시 중에 가장 낮아 거의 농촌의 도 지역과 비슷한 수준이라, 전국에서 가장 범죄가 없는 광역시로 나타났다. 21세기에 계변천신이 아직도 울산을 지켜 주고 있다고 믿기야 어렵겠지만, 그만큼 울산이 살기 좋은 곳이라는 한 가지 근거는 된다고 본다.

도대체 이런 전설이 왜 생겼을까? 관심이 있는 전설이기에 나는 나름대로 한 가지 상상을 해 본 적이 있다. 주위로부터 지역을 지켜 준다며 칭송받는 대상이라면, 아무래도 옛날 그 지역을 다스리던 지배자나 성주와 연관 짓기 쉬운 이야기 아닌가 싶다. 즉 자기 군사를 거느리면서 요새와 성벽을 건설하고, 도적 떼를 잡아들이기 위해 노력하고, 적이 쳐들어오면 병력을 배치해서 싸우는 일에 책임을 졌던 울산의 지배자 중에 특히 사람들로부터 존경받고 사랑받은 인물이 수호신이 되었다는 이야기가 생긴 것 아닐까?

상상하는 김에 나는 좀 더 이야깃거리가 될 만한 생각을 해 보기도 했다. 지금도 그렇지만 울산은 예전부터 배가 드나들며 외부와 교류하는 항구가 있었던 곳이다. 그러므로 아마 여러 지역의 다양한 문화와 기술의 교류가 이루어지기 좋았을 것이다.

그 와중에 특히 명망 높은 한 고대의 영웅이 특별히 신기한 기술에 관심이 많았다고 생각해 보면 어떨까? 그래서 더 튼튼한 성벽과 더 튼튼한 무기를 만드는 데 자신의 재주를 사용해서 좋은 성과를 이루었고, 나아가 행글라이더처럼 하늘을 나는 장치도 한번 시험해 보았다고 생각해 보자. 고대 울산의 지배자가 당시로서는 놀라운 최첨단 기술이라고 할 수 있는 행글라이더를 타고 산 위를 잠시 날아다니는 모습을 보고, 그 시대 사람들은 "우리의 영웅이 학처럼 생긴 기계를 타고 하늘을 날아다니는 경지에 이르렀다"고 감탄했다고 이야기를 만들어 볼 만하다.

나는 이런 상상이 공업과 기술의 힘으로 하루가 다르게 성장하고 있는 현대의 울산과 어울려서 더 재미있다고 생각한다. 학성과 계변천신 전설이 내려오는 울산의 공원이나 언덕배기에 도착했을 때 과학, 기술, 발명에 뛰어나서 존경받은 고대 영웅이 자신의 장치로 하늘을 날던 모습을 상상해 보면 그것도 나름대로 흥미진진하다.

이런 상상 말고, 좀 더 현실적으로 짐작해 본 사연도 울산에서는 종종 언급된다. 예를 들어, 전국 각지에 수많은 소위 영웅호걸이라고 하는 인물들이 저마다 세력을 이루며 등장했던 후삼국 시대에 계변천신 전설이 생기지 않았겠느냐 하는 이야기도 있다. 후삼국 시대에 궁예는 철원, 왕건은 개성, 견훤은 전주에 근거를 두고 있었던 것처럼, 울산에 근거를 두고 있던 영웅도 누구인가 있었을 것이다. 박윤웅 같은 실존 인물은 역사 기록에 울산 지역의 실력자로 기록되어 있기도 하다.

만약 그런 세력가가 자기 부하들을 데리고 도적 떼가 들끓고 반란과 전쟁이 끝없이 이어지던 그 시대에 울산을 보호하는 데 공을 세웠다면, 사람들이 그를 계변천신으로 높여 생각했을 수도 있다. 혹시나 난세에 울산을 보호했던 그가 자신의 문장이나 깃발로 학 모양을 사용하기라도 했다면, 더더욱 학을 타고 날아다닌 영웅이 울산의 수호신이라는 전설이 자리 잡기 좋았을 것이다.

계변천신이라는 이름처럼 먼 옛날의 울산은 경계 지역 또는 외부로부터 사람들을 지켜야 하는 땅의 끝자락, 바다와 맞닿아 더 이상 갈 수 없는 곳이라는 인상이 있었을 것으로 생각한다. 그러나 문명이 발달하면서 외부에 노출된 지역은 오히려 문화의 중심지로 발전할 기회를 얻게 되었다.

울산은 신라의 중심지였던 경주에서 멀지 않았던 까닭에 신라의 국력이 강해지면서 항구 도시로 발전했다. 신라의 전성기 시절, 병을 옮기는 악령을 물리쳐 주는 신통한 인물로는 처용이 유명했다. 최근에는 처용이 대외 교류가 활발할 때 항구를 통해 신라에 찾아온 중앙아시아 또는 중동계 인물, 내지는 그 후손일 수 있다는 설이 유명하다. 처용은 신라뿐만 아니라 고려, 조선 시대에도 악령을 물리쳐 주는 인물로 전국에 긴 시간 널리 알려졌기에 지금도 울산에는 처용을 소재로 처용문화제라는 행사를 주최하고 있기도 하다.

처용의 시대보다 한참 앞선 시대에는 바다로 떠났다가 가족을 그리워하는 인물의 대표로 치술신모가 여러 사람에게 알려진 편이었다. 치술신모는 박제상의 부인으로 남편이 동쪽 바다로 떠났다가 돌아오지 못하자, 남편을 그리워하며 망부석이 되었다는 설화의 주인공이다. 치술신모라는 칭호에서 알 수 있듯이 신라 사람들은 나중에 이 사람이 신령이 되었다고 생각하여 높이 모신다.

지금도 울산에는 박제상과 치술신모를 기리는 사당 등의 유적지가 있다. 그 외에도 치술신모가 새로 변신하여 날아갔다고 하는 전설이 서린 바위 같은 것도 남아 있다. 그렇다면 치술신모는 먼 옛날부터 바다로 떠난 사람들을 보호해 주는 항해의 여신으로 섬김을 받기도 했을 것이다.

현대의 울산항은 전 세계와 교류하는 항구로 발전했다. 1,000년의 세월이 흐르는 동안 바뀐 점도 있어서 21세기의 울산은 사람이 드나드는 항구보다는 화물, 공업 생산품이 대량으로 거래되는 무역항이자 산업항으로 자리 잡았다. 고대 울산의 영웅이었던 처용이 중동계라는 학설과 어울리게, 현대의 울산에서는 막대한 양의 석유가 중동에서 수입되고 있다. 이런 것도 말하자면 전통을 잘 이어 가고 있다는 느낌이다. 울산항만공사에서 2021년 4월 발표한 자료 등을 보면 울산항의 액체 화물 처리 실적은 매달 1,000만 톤이 넘는 막대한 규모인데, 이것은 한국 산업에 소요되는 석유를 대량으로 들여오고 또 석유를 가공한 화학 제품을 대량으로 수출하기 때문이다.

가족이 무사히 바다에서 돌아오도록 지켜 주던 치술신모가 21세기 한국에서는 화물선이 좋은 소식을 갖고 오도록 보호해 주는 수출의 여신이라고 해야 할지도 모르겠다.

강철의 산과 기계의 정글

내가 울산에 가 본 경험은 대체로 이런저런 공장들에 출장을 다녀갔을 때의 일이다. 나는 화학, 환경 분야의 기술에 대해 좀 아는 것이 있어서 그걸로 여러 공장에 생긴 골칫거리를 해결하겠다고 이곳저곳을 들락거렸다. 한때는 다른 공장에 제품을 판매하는 영업 담당자를 따라다니면서 전문 기술을 지원해 주는 업무를 맡아 영업 일을 하러 다닌 적도 있었다.

아침 일찍 울산에 와서 저녁 늦게까지 이 공장 저 공장을 돌아다녀 보면, 생긴 모습이 비슷비슷한 공장들이라도 그 분위기는 저마다 다르다는 느낌을 받는다. 어떤 곳에서는 담당자가 직장 생활에서 쌓인 분노를 자기 회사를 갑으로 모시는 을 회사 사람들에게 풀겠다는 생각으로 별 이유도 없이 화를 내거나, 자신을 한껏 떠받드는 말을 해 주기를 기다리는 모습을 보게 될 때도 있다. 한편으로는 또 다른 회사를 찾아갔을 때, 정반대로 이 분야에서 최고의 전문가들이 찾아오셨다고 따뜻하게 대해 주는 바람에 갑자기 그동안 박대받았던 것과 비교되어 이분들에게는 정말 잘해 드리겠다고 결심하기도 한다.

한번은 알코올을 생산하는 한 공장에 들렀다가, 그 공장에서 일하시는 담당 주임님을 만났다. 주임님은 잠깐 공장 바깥에서 산책하는 동안 근처의 다른 공장들을 소개해 주셨다. 공장에는 굴뚝이 높이 서 있기 마련이라, 그렇게 공장 뒤뜰에 있으면 옆 공장의 굴뚝들이 보인다.

"저 굴뚝 저거 보이십니까? 저게 ○○ 만드는 공장인데, 저 공장 저거 하나에서 매출이 1년에 1조 2,000억 원입니다. 그리고 저 옆쪽에 저 굴뚝 보이십니까? 저거는 ○○○ 하는 공장인데 저것도 굴뚝 있는 저 공장 하나에서 매출이 1년에 8,000억 원이라고 합니다.”

그렇게 주위 공장들을 설명해 주시더니, 그 자리에서 한 눈에 보이는 굴뚝들에 해당하는 공장에서만 합계 매년 4조 원 치의 물건을 판다는 말씀을 했다. 그러면서 슬쩍 웃었다. 그 주임님이나 나나 결국은 비슷비슷한 월급을 받으면서 일하는데, 그런 사람들을 고용한 회사는 저렇게나 어마어마한 돈을 벌어들이는 일을 하는구나 싶어 같이 웃을 수밖에 없었다.

일이 좀 많았던 날에는 하룻밤 울산에서 묵어가면서 일했던 기억도 있다.

울산 시내의 전망 좋은 호텔 고층에 가면 창밖으로 공업 단지가 이루어 놓은 경치가 보인다. 해운대의 호텔에서 푸른 바다의 수평선이 보이고, 속초의 호텔에서 설악산의 산세가 보인다면, 울산의 호텔에서는 강철로 만든 기계들이 산처럼 높은 크기로 여러 겹 겹쳐 있고 수많은 파이프와 전선이 끝없는 공장을 연결하며 정글처럼 펼쳐진 모습이 보인다. 실제로 울산의 공장들을 대표하는 굴뚝 중에는 150미터를 넘는 것이 있어서, 그 크기가 50층 건물에 가깝다. 2009년에는 그런 굴뚝 중 하나에 커다란 그림을 그린다는 소식이 실리기도 했는데, 모르기는 해도 그만큼 높고 거대한 그림은 전국에서도 드물 것이다.

그런 막대한 규모의 다양한 공장들이 울산에서는 서로 연결되어 있어서 각각 다른 물건을 만들고, 그 물건을 쉴 새 없이 주고받으며 1년 365일 하루 24시간 계속 돌아간다.

울산의 공장 풍경을 위성사진으로 촬영해 놓은 것을 보면, 서로 다른 여러 공장의 장비들이 규칙적인 도로망과 연결관으로 이어져 있어서 무슨 복잡한 전자 제품의 부품과 회로 같은 느낌이 든다. 그렇게 보면, 울산의 공장 지대는 기계로 가득 찬 거대한 숲이다. 그 강철의 산과 기계의 정글을 부지런히 돌아다니며 일하는 사람들이 울산이라는 세계를 끊임없이 움직인다. 이를테면 울산을 대표하는 산업인 자동차 산업의 경우, 울산에서는 하루 평균 6,000대의 자동차를 생산해 낼 수 있다고 알려져 있다. 하루 6,000대라면, 약 16초에 한 대씩 새 자동차가 나온다는 뜻이다.

좀 과장해 보자면, 우리가 지구상의 공장에서 만들 수 있다고 생각하는 거의 모든 물건을 울산에서 만들어 낼 수 있다고 해도 별로 지나치지 않다. 예를 들어 울산에서는 사람들이 마시는 술의 주성분인 알코올을 만들어서 판매하는 공장이 있는가 하면, 어마어마하게 거대한 배를 만드는 공장도 있다. 2014년에는 당시 세계에서 가장 거대한 규모였던 컨테이너 화물선을 울산에서 만들어 바다에 띄운 일이 있었는데, 이 배는 길이 400미터 폭 58.6미터로 한 번에 컨테이너 1만 9,000개를 실을 수 있는 크기였다.

심지어 울산에는 공장 그 자체를 만들어 내는 공장도 있다. 다른 공장을 건설하고 운영하는 데 필요한 재료와 설비를 만들어서 팔기도 하고, 아예 공장을 통째로 만들어서 파는 곳도 있다. 과장이 아니라 바다 위에 띄워서 작업용으로 사용하는 거대한 설비들이 여기에 해당한다. 바다에 띄워 놓은 공장이라고 해서 두루두루 해양 플랜트라는 식으로 묶어 부르기도 하는데, 거대한 배를 만들 기술이 있으니까 바다에서 작업해야 할 때 아예 배 위에 공장을 만들어 놓고 일하면 된다는 발상에서 탄생한 제품이다.

2010년대에 화제가 된 제품으로는 FPSO 즉 Floating Production, Storage and Offloading이라는 선박이 있다. 번역해 보자면 부유식 생산, 저장, 하역 배라고 할 수 있겠다.

석유가 나오는 유전 중에는 바다 밑의 땅속에서 석유를 뽑아내는 곳이 있는데, 여기서 나오는 석유는 그냥 뽑아내기만 하면 되는 것이 아니라 육지의 처리 공장으로 옮겨서 가공해야 한다. 그런데 바다 한가운데에서 쏟아지는 석유를 그때그때 재빨리 옮기기란 쉽지 않다. 그래서 사람들이 생각한 것이 석유를 뽑자마자 물 위에 띄워 둔 거대한 배에 만든 공장에서 적절히 처리하고, 저장 창고도 커다란 규모로 배 위에 만들어 놓는다는 발상이었다.

이런 식으로 물 위에 떠 있는 공장을 울산에서, 울산 사람들이 만들어 낸다. 2015년 초에 완성된 세계 최대 규모의 FPSO도 울산 사람들이 만들었다. 이 FPSO는 거대한 덩치에 어울리게 성경에 등장하는 거인의 이름을 따 골리앗이라고 부른다.

골리앗이라는 이름의 거대한 쇳덩어리는 땅속 깊은 곳에서 석유를 빨아올려 1억 5,000만 리터 이상 담고 있을 수 있다. 크기만 해도 지름 112미터 높이 75미터에 달해서 20층 건물보다 더 높다. 모습도 대단히 특이해서 평범한 배 모양이 아니라, 둥근 원통 모양에 이런저런 장치가 붙어 있는 형태. 외계인의 비행접시 같은 모양이라고도 하는데, 당시 울산 사람들은 높은 데서 내려다보면 피자 같아 보인다고 말하기도 했다고 한다. 그러고 보면 〈미지와의 조우〉 같은 SF 영화에 나오는 거대한 비행접시와 닮은 것 같기도 하다. 하지만 스티븐 스필버그가 감독을 맡은 〈미지와의 조우〉에 등장한 비행접시보다는 오히려 울산에서 실제로 제작된 골리앗 FPSO가 더 거대하다.

완성된 골리앗 FPSO는 울산을 떠나 자신이 일할 노르웨이 인근의 바다를 향해 먼 길을 떠났다. 대양을 가로질러 움직이는 배 역할도 제대로 해낸 것이다. 애니메이션 영화

판으로도 유명한 『하울의 움직이는 성』이라는 소설이 있는데, 소설 속에 움직이는 성이 나온다면 울산에서 만든 골리앗은 움직이는 공장이다. 골리앗은 소설 속의 성보다도 훨씬 더 크다. 움직이는 성은 소설가의 머릿속에서 나온 상상일 뿐이지만, 움직이는 공장 골리앗은 울산 사람들이 과학기술의 힘으로 현실에서 만들어 낸 제품이다.

울산은 한국 경제의 심장이고 한국 경제의 엔진이다. 울산에서는 정말로 엔진 그 자체를 만들어 내기도 한다. 길가에서 워낙 흔하게 접하는 것이 자동차다 보니, 자동차란 현대 사회에서 으레 볼 수 있고 별 대단할 것 없는 기계라고 생각하기 쉬울지도 모른다. 그러나 자동차, 특히 엔진은 결코 만드는 것이 간단하지 않다. 따지고 보면 놀라운 장치 아닌가? 소도 없고 말도 없는데, 석유만 넣으면 맹렬하게 뛰쳐나가는 자동차라는 장치를 조선 초기 사람들이 보았다면 마법이나 환상이라고 생각했을 것이다.

휘발유를 이용하는 자동차 엔진의 기본 원리는 불이 잘 붙는 연료를 꾸준히 넣어 주면서 박자를 맞춰 계속 전기 스파크로 불을 댕기면, 그때마다 연료가 폭발하면서 주위를 밀어내는 힘으로 바퀴 굴리는 장치를 밀도록 연결해 놓은 것이다.

박자를 맞춘다고 했지만, 엔진 속의 폭발 속도는 사람이 음악에 따라 박자를 맞춘다고 할 수 있는 정도의 속도보다 훨씬 빠르다. 그렇게 빠른 폭발이 일어날 때마다, 그 폭발하는 힘에 밀려나는 부품, 그 밀려나는 부품에 연결되어 돌아가는 부품, 그 돌아가는 부품에 연결되어 다시 톱니바퀴를 돌리는 부품 등이 절묘하게 같이 맞물려 작동하면서 결국 한 방향으로 힘차게 바퀴를 움직이고, 동시에 다음 폭발이 제때 박자에 맞게 일어날 수 있도록 짜 맞추어 놓아야 한다.

폭발이 일어나 바퀴를 돌리는 일은 눈에 보이지 않을 정도로 빠르게, 1초에 몇십 번씩 일어나면서도 조금의 오차도 없이, 몇 시간이고 헝클어지지 않으면서 정확히 똑같이 계속 반복되게 해야 한다. 그래야만 엔진이 정상 작동하고 자동차가 제대로 움직인다.

이런 장치를 믿을 만하게 만든다는 것은 쉽지 않은 일이다. 현재 울산에서 자동차를 생산하고 있는 회사만 하더라도 1980년대에는 자체 개발 엔진이 없었다. 일본 회사에 돈을 주고 엔진 도면을 빌려 와서, 그것을 보고 엔진을 만드는 수준이었다. 당연히 울산에서 자동차 엔진을 만들 때마다, 일본 회사에 기술료를 내야 했다. 일본 회사는 앉아서 돈을 벌 수 있었다.

처음에 일본 회사에서는 설마 한국인들이 자동차 엔진을 만들어 낼 수 있겠느냐는 식으로 얕보기도 했던 것 같다. 그러면서도 시간이 흐르자 한국 회사의 자체 엔진 개발을 경계하기도 했던 것으로 보인다.

당시 한국 회사에 기술을 빌려주던 그 일본 회사의 경영자는 2차 대전 당시 일본의 대표 전투기로 악명 높았던 제로센, 즉 0식 함상전투기 개발에 참여했던 구보 회장이었다고 한다. 자동차 엔진 개발에 참여했던 이현순 박사가 2007년 한 강연에서 소개한 바에 따르면, 구보 회장은 한국 회사가 엔진 개발 연구소를 폐쇄하면 기술료를 대폭 할인해 주겠다는 제안을 했다는 이야기가 있었다고 한다. 한국 회사로서는 당장 그만큼 비용을 절약해 돈을 더 벌 수 있으니 이익이고, 구보 회장으로서는 한국 회사가 기술을 키워 장래에 경쟁하게 될 가능성을 꺾어 버릴 수 있으니 이익인 제안이었다.

그러나 장래를 내다본 한국 회사는 구보 회장의 제안을 거절하고 꾸준히 엔진 개발을 진행했다. 이현순 박사가 개발 과정에서 특히 고민했던 골치 아픈 문제는 열변형이었다고 한다. 모든 물체는 대체로 차가울 때는 오그라들었다가 열을 받아 뜨거워지면 크기가 조금 늘어나는 경향이 있다. 엔진의 재료인 쇳덩어리도 예외가 아니라서 그 속에서 계속 휘발유가 폭발하면서 열을 내뿜으면 뜨거워진 부분일수록 크기가 조금이나마 늘어나게 된다. 사소한 정도지만 그 때문에 나머지 부분과 치수의 차이가 생기고 점점 미세하게 뒤틀리는 곳이 생길 수 있다.

그래 봐야 작은 변화일 수도 있다. 그러나 수십 개의 정교한 부품이 완벽하게 맞물려 돌아가면서 자동차 한 대라는 무거운 무게를 버티는 동시에 대단히 빠른 속도로 움직여야 하는 엔진 부품은 이런 작은 변화 때문에 어긋나거나 헛돌며 망가질 수 있다. 설령 몇 분 혹은 몇십 분 정도 잘 움직인다고 하더라도, 자동차를 마음 놓고 타려면 몇 시간을 작동해도 문제가 없을 정도로 이런 뒤틀림은 줄여야만 한다.

엔진 개발팀 사람들은 이 문제를 해결하기 위해서 작은 엔진에 수백 개의 온도 측정 장치를 달아 놓고 온도가 어떤 조건에서 얼마나 변하는지를 수없이 실험하며 연구했다고 한다. 그렇게 해서 탄생한 것이 1991년 최초의 국내 개발 자동차 엔진으로 손꼽히는 알파 엔진이고, 이후 더 좋은 제품들이 계속 개발되면서 울산의 공장에서도 꾸준히 자동차 엔진이 생산되었다. 그러면서 한국의 자동차 공업도 같이 성장했다. 2021년 한국자동차사업협회 통계를 보면, 한국의 자동차 생산량은 전통적인 자동차 강국인 독일을 제치고 세계 5위에 이를 정도로 성장하게 되었다.

자연히 울산은 경제적으로도 풍요로운 곳이 되었다. 통계청 자료를 보면 2020년까지, 21세기 진입 이후 울산은 줄곧 1인당 GRDP 전국 1위를 지키는 도시다. GRDP란 일정 기간 동안 그 지역에서 생산된 경제적 가치를 말하는데, 2021년 말 발표된 자료를 보면 22년 연속으로 전국 1인당 GRDP 1위 지역이 울산이다. 한국 사람들은 보통 덴마크·스웨덴 같은 북유럽 국가들을 부유한 선진국이라고 부러워하곤 하는데, 평균 소득 수준을 보자면 울산은 이미 덴마크·스웨덴 같은 나라와 비슷하거나 오히려 넘어서 있다. 그렇다면 한국에서 선진국의 시대로 가장 앞서서 나아가 있는 도시가 울산이라고 할 수도 있다.

울산의 경제 발전과 다양한 공장의 역할을 살피다 보면, 상당히 특이한 곳을 찾을 수도 있다. 하나만 더 소개한다면, 나는 울산이 전국에서 황금이 가장 많이 나는 곳이라는 이야기를 한번 해 보고 싶다.

신라의 유물 중에 금관이 유명하듯, 고대 한반도에서는 황금이 꽤 많이 유통되기도 했고 황금 가공 기술도 어느 정도 발전했던 것 같다. 그러던 것이 조선 시대에 접어들어 국제 무역이 쇠퇴하고 검소하게 사는 것을 미덕으로 여기는 양반 문화가 발달하면서 상대적으로 황금에 관한 기술도 사라진 듯하다.

그러다가 양반 문화가 무너지고 근대를 맞이하는 20세기에 들어서면서, 갑자기 다시 전국 곳곳이 황금 열기에 휩싸였다. 한국인들 사이에서도 금광 하나만 터지면 순식간에 갑부가 될 수 있다는 꿈에 취한 사람이 많아졌고, 외국에서 들어온 사람들 사이에 한몫 잡겠다고 너도나도 금광에 뛰어드는 것이 유행하던 시절도 있었다.

한국에서 금광을 찾아다니던 미국인들이 자기 금광에 손대지 말라고 "No touch!"라고 소리치던 말이 와전되어, "노다지"라는 말이 되었다는 속설이 굉장히 널리 퍼져 있을 정도로 20세기 초 한국에는 금광 열풍이 불었다. 실제로 이렇게 개발된 금광 중에는 같은 시기 중국, 일본의 어지간한 금광보다 규모가 큰 곳도 있었다고 한다.

그 와중에 최창학처럼 금광으로 하루아침에 성공한 인물도 등장했다. 1920년대 일제강점기에 금광 개발로 성공한 최창학은 당시 매체에서 "황금대왕"이라고 불리기도 했던 사람이다. 그는 본래 가난한 출신이었다고 하는데, 혼란스러운 정세 속에서 사람 사는 게 어려웠던 평안북도의 금광 지역에서 용케 살아남으며 기회를 잡은 인물이었다고 한다. 이 시기에 평안북도의 금광 지역에는 금을 노리는 강도떼가 극성을 부리는가 하면, 한편으로 그 사이에서 활동 자금을 구하려는 독립운동가들이 섞여 있었다. 누구에게 붙어서 어떻게 살아남아야 할지 혼란스러운, 마치 서부 영화 속 무법 지대 같은 지역이 꽤 있었던 것 같은데, 그 틈바구니에서 최창학은 살아남았다. 혼란을 견디다 못해 누군가 헐값에 광산을 처분하면 그것을 사들여 막대한 금을 끌어모은 것이다.

광복이 찾아오고 세상이 바뀌자 그는 점차 몰락했다. 그러는 중에도 그는 바뀐 세상에서 또다시 살아남기 위해 재빨리 독립운동가들에게 자금과 편의를 제공했다. 이를테면, 지금 서울의 강북 삼성병원에 남아 있는 경교장이란 건물은 백범 김구가 광복 후 사용한 집무실로 잘 알려져 있다. 그런데 경교장은 원래 황금대왕 최창학이 지은 저택으로, 광복 후 독립운동가 중에 명망 높았던 김구와 친분을 만들기 위해 준 것이다.

산업 구조가 바뀌면서 21세기가 된 지금, 황금과 관련한 최창학의 흔적을 찾기란 어렵다. 전체적으로 광업이라는 산업이 한국에서 쇠퇴하기도 했다. 북한보다 광산이 적은 편인 남한 지역에서는 더욱 쇠퇴가 심했다. 황금대왕이니 금광 벼락부자니 하는 사람들이 이름을 드날리던 시대는 끝이 났고, 이제는 최창학을 아는 사람조차 별로 없다. 황금을 캘 수 있는 금광이라면 남한에는 딱 한 곳 정도가 남아 있는 수준이다. 그 광산이 운영되면 한국에서 금이 채굴되는 것이고, 그 광산이 쉬면 한국에서 금은 채굴되지 않는다고 할 수 있을 정도다.

그러나 채굴되는 황금은 없어도, 한국에서 금이 생산되지 않는 것은 아니다. 광산이 아닌 공장에서 과학기술의 힘을 이용하여 황금을 얻어 낸다. 그중에서도 대단히 규모가 큰 곳이 바로 울산에 자리 잡고 있다.

울산에는 아연 공장이 있다. 아연광이라는 돌에서 아연을 뽑아내는 공장인데, 울산의 아연 공장은 1년에 40만 톤의 아연을 뽑아낼 수 있는 규모다. 이 정도면 전 세계에서도 최대에 가깝다고 할 수 있다. 아연은 가볍고 연한 재질의 금속이며, 전기적으로도 전자를 잘 뿜어내는 특징이 있어서 전기 회로·전자 부품에 요긴하게 쓰일 때가 많다. 배터리를 만드는 재료로 쓰이기도 하는 금속이다. 그러므로 돌에서 아연을 뽑아내는 공장은 가치 있는 제품을 만드는 곳이고, 이렇게 뽑아낸 아연은 다시 울산 곳곳의 다른 공장으로 실려 가서 활용된다.

그런데 아연광에서 아연을 뽑아내다 보면, 아연과 함께 자주 섞여 있는 불순물들이 같이 나온다. 불순물이니 그냥 쓰레기로 버려야 할 것처럼 느껴질 수도 있겠지만, 정밀한 기술로 잘 구분하면 그중에서 가치가 있고 귀중한 물질만 따로 골라내는 일이 가능하다. 울산의 아연 공장에서는 바로 이런 방식으로 돌 속의 아연 옆에 조금 묻어 있는 금과 은 같은 귀금속을 빼낸다. 아연 공장에서는 아연이 무엇보다 중요한 제품이다 보니, 소중한 금은이 오히려 불순물 취급을 받는다는 재미난 이야기다.

불순물이라니 그 양이 얼마나 될까 싶지만, 40만 톤의 아연을 뽑아내는 초대형 공장이기에 같이 빼내는 황금만 하더라도 매년 7톤 정도가 된다고 한다. 0.002퍼센트의 불순물을 골라내는 기술로 그만한 분량의 황금이 나오는 것이다. 이 정도 규모면 매년 모든 울산 시민에게 2.5그램짜리 금반지를 두 개씩 돌릴 수 있다.

원료인 아연광은 태평양 건너 지구 반대편 페루에서 배로 실어 온다. 페루라는 머나먼 나라가 한국과 무슨 관련이 있을까 싶지만, 울산의 노동자들은 그 먼 곳에서 실어 온 돌 속에서 말 그대로 황금을 찾아내고 있다. 아연 공장에서는 황금 외에 은도 뽑아내는데, 은은 그 양이 더욱 많아서 매년 2,000톤 규모에 이른다고 한다. 페루에서 굳이 돌덩어리를 배에 실어 지구를 반 바퀴 돌아 보내면서까지 돌에서 아연·금·은을 뽑는 일을 울산에 맡겨야 할 정도로, 울산의 공장이 가진 기술이 뛰어나고 울산 사람들이 일을 잘한다고 말해 볼 수 있겠다.

나는 산이나 강 풍경이 아름다운 곳이 관광지가 될 수 있다면, 노동자들의 땀으로 건설된 거대한 울산 공업 단지의 모습도 멋진 풍경이 될 수 있다고 생각한다. 수천 명의 사람이 붙어서 커다란 배를 만드는 풍경이나, 밤새 불빛을 밝히고 움직이는 공장의 기계가 모여 있는 모습은 멀리서 내려다보면 분명히 멋진 광경이다. 그런 경치를 지켜보면서 산책할 수 있는 길이나 앉아 쉴 수 있는 전망대·조망대 같은 곳 중에 다니기 편한 장소가 있다면, 나는 자주 가 보고 싶다.

사람이 없는 호젓한 자연의 모습을 볼 때 드는 느낌도 소중하지만, 열심히 일하는 사람들의 모습과 그 성실한 사람들이 힘을 합쳐 만들어 가는 일터와 기계를 볼 때 드는 이런저런 감정도 삶에 꼭 필요할 때가 있다고 본다.

또한 이런 현대 기술 문명의 부유함을 일구는 데는 항상 고생하고 희생한 사람들이 있다는 이야기도 꼭 덧붙이고 싶다. 공업 단지나 산업 시설이 만들어지면, 흔히 선거에서 정치적으로 활용하기 위해 "어느 정치인이 저 공단을 만들었다" "누구 정치인 때 저 공장들이 생겼다"는 말을 자주 한다. 한편으로는 "어느 회장님이 저 공장을 지었다" "누구 사장님이 저 배를 만들었다"는 말도 자주 나온다. 그러다 보면 그 정치인, 그 경영자를 비판하기 위해서 그와 함께 떠오르는 공단이나 공장, 산업 시설이 문제가 많다거나 쓸모가 없다는 식으로 같이 비판하게 되는 일이 생긴다.

하지만 대체로 공장이나 산업 시설이 만들어지려면 정치인이나 경영자보다 훨씬 많은 노동자, 과학자, 기술자가 열심히 일해야 한다. 어떤 공장이나 제품이 성공을 거두기 위해서는 정치인이나 회장님도 역할을 해야겠지만, 정말 결정적으로 힘을 쓴 사람들은 과학기술인을 포함한 노동자들일 때가 적지 않다.

나는 울산의 공장 풍경이 자랑스러운 만큼, 그 공장을 만드는 데 애쓴 기술인들과 노동자들을 함께 기억할 기회가 자주 생기면 좋겠다고 생각한다. 또한 경제 발전의 과정에서 산업 현장의 안전사고로 희생된 노동자들을 기억하고, 한편으로 더 안전한 산업 현장을 만들기 위해 국가와 공동체가 지원할 수 있는 일이 무엇일지 생각할 기회가 있다면 더 좋을 거라고 본다. 이런 일에서도 한국 경제의 엔진이자, 가장 먼저 미래에 도달해 있는 도시인 울산이 멋진 모습을 보일 수 있지 않을까.

기술 발전과 자연을 위한 노력

울산의 기술과 산업에 관한 이야기를 많이 했는데, 울산의 자연도 아름다움이 부족하지 않다. 근사한 해변도 있고, 멋진 바닷가 절벽에 파도가 부서지는 모습을 얼마든지 볼 수 있는 곳도 많다. 그런 울산의 아름다운 모습 중에서 나는 태화강 풍경을 빼놓지 말아야 한다고 생각한다. 울산을 대표하는 강인 태화강은 대도시를 지나는 강이면서도 무척 깨끗하게 관리되고 있다.

태화강변에는 4~5킬로에 걸쳐 대나무 숲이 길게 만들어진 곳이 있다. 그냥 쉽게 갈 수 있는 공원이라서 울산 시민들은 대단하게 느끼지 않을 수도 있지만, 사실 그 정도로 가꾸어진 대나무 숲이면 상당히 귀한 구경거리다.

대나무 자체가 아시아에서만 흔한 식물인데다가 추운 날씨에서는 잘 자라지 못하기에 서울, 대전 같은 중부 지방에서 넓은 대나무밭을 보기는 어렵다. 그런데 태화강변에서는 어느 훌륭한 대나무 정원 못지않게 멋진 모습을 누구나, 언제든 산책하며 즐길 수 있다. 이 대나무 숲을 "십리대밭"이라고 부르기도 하는데, 현대에 만든 대나무밭인 만큼 굳이 "리里" 같은 미터법이 아닌 단위를 쓰기보다는 그냥 "태화강대밭"이나 "오킬로대밭" 같은 이름을 붙이면 더 좋았을 것 같기는 하다.

대나무 숲처럼 태화강의 깨끗하고 아름다운 풍경은 그냥 거저 주어진 것이 아니다. 그냥 내버려 둔다고 모든 것이 저절로 깨끗해지지 않고, 기술이 발달하면서 깨끗한 것이 더러워지는 것도 아니다. 기술이 발전하는 가운데 사람들이 신경을 쓰고 애써 보호하기 위해 노력해야만 자연은 더 깨끗해지고 더 울창해진다.

1990년대 초까지만 하더라도 태화강은 무시할 수 없을 정도로 오염이 심한 강이었다. 또한 온산읍을 비롯해 울산 각 지역에서 겪는 각종 오염 문제의 피해가 자주 언론에 거론되었다. 그 때문에 울산 시민들은 울산을 깨끗하게 보호하기 위해 다양한 방법으로 노력했다. 강물에 흘러드는 더러운 물을 정화하기 위해 애쓰고, 강 곁에 다양한 생물이 깃들어 살 수 있도록 여러 가지 사업에 투자했다.

그렇게 해서 지금, 멧돼지가 찾아오고 고라니가 뛰어다니는 21세기의 태화강이 탄생했다. 현재의 태화강과 울산의 자연은 그것을 지키기 위한 방법을 끈질기게 연구하고, 연구한 결과를 실행에 옮기려고 울산 시민들이 노력한 결과다. 현재의 울산은 전국을 대표하는 공업 도시면서도, 동시에 전국의 광역시 중에서 미세먼지가 가장 적은 도시로 기록을 세울 때가 많다.

대학 입학 무렵에 나는 울산에 사는 친구 집에 놀러 간 일이 있었다. 그 친구의 아버님께서는 중국 음식점 사장이셨는데, 가게가 태화강에서 멀지 않은 곳에 있었다. 집에 가는 길에 버스 터미널까지 차로 태워 주셨는데, 태화강변을 지나면서 아버님께서는 무슨 생각이었는지 잠시 한숨을 쉬시더니 갑자기 이렇게 말씀하셨다.

"남자는 다 필요 없고, 가방에 우산 하나만 있으면 된다."

무슨 뜻인지 몰라서 당황해 있는데, 해설이라고 한 말씀 덧붙이셨다.

"신사가 비 온다고 허둥지둥하면 안 되니까."

지금도 정확한 의미는 모르겠다. 인생 살다 보면 힘든 일도 있고 어려운 시절도 있겠지만, 따지고 보면 그저 갑자기 비가 오는 정도의 문제와 크게 다를 것도 없으니 너무 당황

하지 말고 용기를 갖고 여유 있게 살라는 교훈이라고 여길 수 있을까? 나는 그런 의미라고 해석하며 기억하고 있다.

당연한 이야기이지만 먼 옛날부터 울산에 공장이 있지는 않았을 것이다. 울산의 공장 지대를 돌아다니다 보면, 눈에 잘 뜨이지는 않지만 몇몇 곳에 고향을 잃어버린 사람들을 위한 비석을 세워 놓은 것이 있다. 이것은 커다란 공장을 건설하기 위해 원래 그 자리에 있던 마을을 통째로 없애 버리고, 마을을 떠난 사람들을 위해 세운 비석이다. 이분들 역시 현대 대한민국 경제 발전을 위해 희생하셨다고 볼 수 있다.

더 먼 옛날로 거슬러 올라가면 울산은 어떤 풍경이었을까? 지금으로부터 2만~3만 년 전 정도로 거슬러 올라가면 울산의 지형은 지금과 달라서, 지금의 울산 북구 일부 지역은 바다 밑에 잠겨 있었을 거라고 한다. 3만 년 전에도 한반도에 사람은 살았으므로, 그 시대의 울산 사람들이 지금의 울산 북구 일부 지역을 보면 바다가 보였을 것이다. 그곳은 물고기와 고래가 사는 세상이었다. 현재 울산 북구 지역의 길을 걸으며 3만 년 전 고래가 다니던 길을 지금 내가 걷고 있다고 상상해도 크게 틀린 생각은 아니다.

울산 앞바다에서 고래가 목격되는 일은 자주 있고, 가끔 어선이 쳐 놓은 그물에 고래가 걸려서 잡혀 오는 일도 있다. 특히 울주군 대곡리 물가의 바위에는 신석기 시대에서 청동기 시대에 걸쳐 선사 시대 사람들이 새겨 놓은 고래 그림이 잔뜩 남아 있기도 하다. 통상 반구대 암각화라고 부르는 그림이다. 여러 동물 그림과 함께 사람들이 배를 타고 가는 그림, 고래 그림들이 같이 그려져 있어서 옛 울산 사람들이 고래잡이를 떠난 일을 기념한 것으로 추정한다.

그렇기에 울산은 고래를 도시를 상징하는 동물로 활용하기도 한다. 울산에는 고래박물관도 있고, 고래와 관련된 여러 행사도 다른 지역에 비해 자주 개최되는 편이다. 신문 기사에 자주 등장하는, 울산에서 발견되었다는 고래로는 밍크고래가 가장 유명한 듯싶은데 길이는 대략 6~7미터 정도로 고래치고 아주 큰 편은 아니지만 그래도 고래답다고 할 만큼 덩치도 크며 그 모습도 아름답다.

밍크고래라는 말만 들으면 언뜻, 육지의 밍크와 색깔이나 무늬가 닮아서 밍크고래 아닌가 생각할지도 모르겠다. 하지만 밍크고래는 족제비를 닮은 육지 짐승 밍크와는 관계가 없고, 옛날 밍크라는 이름의 선장이 잡았다는 이야기가 있어서 밍크고래라 불린다고 한다.

밍크고래는 비교적 흔한 편이기에 우연히 그물에 걸렸거나 죽은 채로 발견되면 판매할 수가 있다. 간혹 고래 고기를 판다고 하는 식당이 있는데, 이런 식당도 바로 그런 식으로 잡힌 고래를 요리해 파는 것이다. 그 때문에 만약 상태가 좋은 밍크고래를 발견한다면 상당히 비싼 값에 팔수도 있다. 예를 들어, 2019년 12월 울산 해경이 발견한 6.7미터 길이의 밍크고래는 1억 700만 원이라는 비싼 가격에 팔린 적이 있었다.

그 외에 울산과 관계있는 고래로 꼽을 만한 종으로는 혹등고래와 귀신고래가 있다. 혹등고래는 10미터가 훌쩍 넘어가는 커다란 고래로, 입으로 공기 방울을 쏘아 먹잇감인 물고기를 공격할 수 있는 신기한 재주를 가졌다. 사람으로 따지면 장풍을 발사하는 것과 비슷한 재주인 셈이다. 사냥에 쓸 수 있을 정도로 장풍을 사용하는 사람은 세상에 없겠지만, 혹등고래는 그런 재주를 실제로 보여 줄 수 있다. 혹등고래는 더울 때는 북극까지 가서 먹이를 잡아먹고, 충분히 먹이를 먹으면 사냥도 하지 않고 놀면서 전 세계의 바다를 돌아다닌다고 한다. 그러면서 열대지방까지 가기도 한다고 하니, 보통 사람들보다도 세계 각지를 더욱 널리 여행하는 동물인 셈이다.

혹등고래 역시 울산 앞바다 인근을 자주 지나다니는 길목으로 삼고 있는 것으로 추정된다. 그러나 울산 앞바다의 살아 있는 혹등고래에 관한 연구 자료는 많지 않아 보인다. 안타깝게도 2018년 1월 28일 오전 7시 울산 동구 앞바다에서 길이 10.4미터, 무게 12.1톤의 혹등고래가 죽은 지 10일 정도 지난 상태로 발견되었다.

귀신고래 역시 커다란 고래로 길이는 대략 18미터, 체중은 35톤 정도로 보는 듯하다. 미역을 따는 사람이나 해녀 곁에 갑자기 홀연히 나타나서 놀라게 할 때가 있어 귀신고래라는 이름이 붙었다는 이야기가 있다.

귀신고래는 워낙에 커서 몸에 따개비 같은 것이 붙어서 자라기도 한다. 묘한 것은 이 따개비들이 대체로 몸 왼쪽에 많이 붙는다는 점이다. 그래서 학자들은 귀신고래가 먹이를 파헤치는 등의 일을 할 때 주로 오른쪽 얼굴을 비비면서 작업한다고 추정한다. 얼굴을 비벼서 오른쪽에 붙은 것들은 잘 떨어졌기에 왼쪽에만 따개비가 남았다고 보는 것이다. 그렇다면 귀신고래들도 사람처럼 오른손잡이가 많다.

울산 앞바다에는 바로 이 귀신고래들이 새끼를 낳기 위해 이동하는 길이 있다고 한다. 이 지역은 "울산 귀신고래 회유해면"이라고 하여 1960년대 초부터 천연기념물로 지정되어 보호받고 있다. 그러나 실제로 귀신고래가 사는 모습이 한국 인근에서 목격된 사례는 상당히 드물다. WWF Korea의 자료를 보면, 1977년 울산 앞바다에서 두 마리의 귀신고래가 목격된 이후 지금껏 발견된 사례는 없다고 한다.

혹시 울산에 가게 된다면, 잠깐 시간을 내어 다른 생각은 다 잊고 그저 바다 저편 가물가물한 수평선 너머를 가만히 바라보자. 문득 바다 멀리에서 무엇인가가 잠깐 나타났다 사라진 것 같다면, 참으로 오래간만에 귀신고래를 발견한 것일 수도 있지 않을까?

제주로 보내는
외계인의 신호

한국 지질학계의 골칫거리

지금으로부터 1,000년이 훌쩍 넘는 과거인 1002년의 일이다. 당시는 고려 시대였는데, 고려의 조정에 다음과 같은 이상한 보고가 들어왔다.

"탐라에 있는 산에서 네 군데 구멍이 열리더니 붉은색 물이 솟아 나왔고, 그것이 5일 만에 그쳤습니다. 그 물은 모두 기왓장 같은 돌이 되어 버렸습니다."

5년 후인 1007년에도 비슷한 보고가 들어왔다.

"탐라에서 신비롭고 기이한 기운을 지닌 듯한 산이 솟아

났습니다."

이번에는 그대로 두고만 볼 수 없다고 생각했는지, 조정에서는 전공지라는 사람을 탐라로 보냈다. 『고려사』 등의 기록을 보면, 전공지는 태학박사였다고 한다. 태학은 나라에서 운영하는 최고의 교육 기관이었고, 박사는 그 교육 기관에서 학생들을 가르치는 방법을 연구하는 높은 관직의 사람이었다. 그렇다면 그는 여러 가지 지식이 풍부한 학자였을 것이다. 갑자기 없던 산이 생기다니 너무나 이상한 일이었으므로, 그런 일을 사려 깊게 조사하고 살펴보기 위해서는 지식이 많은 학자를 보내야 한다고 판단했기 때문에 전공지가 선발되었을 것으로 추측된다.

탐라는 지금의 제주도를 말한다.

고려의 도성은 개성에 있었으니 탐라를 조사하기 위해서는 한반도의 절반에 해당하는 거리만큼 남쪽으로 가야 한다. 게다가 제주도는 섬이므로 기술이 발달하지 못했던 1,000년 전 상황에서는 꽤 긴 거리를 항해해서 바다를 건너야 한다는 점도 힘든 일이었을 것이다. 공부를 많이 하고 책을 열심히 읽어 지식을 쌓아서 벼슬자리에 성공했던 그는 산길, 바닷길보다는 책상 앞에서 일하는 것이 익숙하지 않았을까? 먼 길을 다니며 새로 생긴 지형을 조사하는 것이 그에게는 두렵고 힘든 일이었을 거라고 나는 짐작해 본다.

그래도 전공지는 다행히 임무를 무사히 완수했다. 세월

이 흐른 후 그는 외교 임무를 맡아 멀리 거란족의 땅까지 다니는 일을 해낸 것으로 역사에 이름이 남았다. 어쩌면 전공지는 제주도를 탐사하는 임무를 통해, 글을 잘 쓰고 역사를 잘 이해하는 재주와 함께 멀고 험난한 곳을 다닌 경험을 동시에 갖춘 사람이 되었을 것이다. 그래서 거란족의 땅을 찾아가는 임무도 잘 해낸 것 아닐까?

1007년에 전공지가 제주도를 살펴보고 알아 온 것은 짤막하게 요약되어 역사 기록에 남아 있다. 그래도 전공지는 상당히 상세하게 조사한 모양으로, 산의 그림까지 그려 왔다고 한다. 지금 그 그림은 남아 있지 않다.

"산이 처음 솟아 나올 때는 구름과 안개로 어두컴컴하고, 땅이 진동하는데 우렛소리 같았다고 합니다. 이런 일이 일곱 밤낮 동안 이어지더니 그다음에야 구름과 안개가 걷혔습니다. 산의 높이는 100여 길(300미터가량)이고 주위는 40여 리(16미터가량)나 되었으며, 풀과 나무는 자라지 않고 연기가 산 위에 덮여 있었는데, 얼핏 보니 유황 덩어리 같은 느낌이 들어서 사람들이 무서워 감히 가까이 갈 수 없었다고 합니다."

지금 보면, 누가 봐도 화산 폭발과 닮은 현상이다. 제주는 화산 지형으로 유명한 곳이기 때문에 더욱 화산 폭발이 틀림없다는 생각이 드는 사건이다.

구름과 안개로 어두컴컴했다는 내용은 화산이 폭발하

던 초기에 연기와 화산재가 날리고 수증기가 치솟는 모습을 묘사한 것이고, 땅이 진동하는데 우렛소리가 나는 것도 화산 폭발 중에 지진이 일어나며 발생한 현상이라고 하면 꼭 맞아 든다. 생겨난 산이 유황 덩어리 같은 느낌이 들었다는 것도 화산 근처에 유황이 많이 나온다는 사실과 들어맞는다.

산과 강 같은 자연은 변하지 않는 것인데 세상에 산이 갑자기 생기다니, 옛날 사람들의 생각으로는 무슨 도깨비가 조화를 부린다거나 어떤 신령이 신통력으로 산을 만들어낸다는 상상도 했을 것이다. 만약 신비의 도깨비가 갑자기 산을 만들었다면, 그곳에도 보통 산처럼 여러 가지 동식물이 깃들어 살고 있을 수도 있다. 그러나 제주도의 어느 바닷가나 평지에서 화산이 폭발하는 바람에 높은 산 모양의 지형이 생겨났다면, 그 땅에 식물이 미리부터 살고 있을 리는 없다. 그렇다면 전공지의 보고에서 산에 풀과 나무가 없었다는 묘사는 화산 폭발과 더욱 들어맞아 보인다.

전공지가 조사한 결과가 화산 폭발이라고 치면, 그에 앞서 들어온 1002년의 보고도 화산 폭발과 연결 지어 생각할 수 있다. 산에서 구멍이 열리더니 붉은 물이 솟아 나왔다는 말은 해저에서 화산이 폭발하고 용암이 흐르면서 발생하는 혼란스러운 상황을 묘사한 것으로 보인다. 솟아 나온 물이 돌로 변했다는 이야기는 바닷물에 닿은 용암이 식어서 돌로 변하는 장면이다. 하필 돌도 그냥 돌이 아니라 기왓장 같은 돌이라고 되어 있는데, 이것도 용암이 식어서 생기는 현무암 같은 화산암 계통의 검은 돌이라고 생각하면 그 색깔이나 질감이 기왓장과 비슷해 보인다.

이 일은 고려 시대 이전의 화산에 대한 기록 중에서는 꽤 상세한 내용에 속한다. 전공지는 조정의 특별한 명령을 받은 만큼 힘을 다해 주변을 관찰하고 사람들의 목격담을 수집했을 듯싶다. 산이 생겨나는 상황에 대한 묘사도 전공지가 당시 제주도 사람들이 해 준 여러 이야기를 듣고 요약해 온 거라고 볼 수 있다.

나는 전공지가 특별히 이 조사에 공을 들인 데에 중요한 이유가 있었다고 본다. 물론 화산과 같은 드문 지질 현상에 대한 과학적인 관심도 있었을 것이다. 그러나 고려 시대 사람들의 시각에서는 과학 말고, 제주도의 화산을 조사해야만 하는 훨씬 더 중요한 이유가 따로 있었다.

이 시대 고려 조정을 지배하던 인물은 목종 임금의 어머니인 천추태후였다. 천추태후는 김치양을 비롯한 자기 부하들을 중요한 위치에 배치하여 국정을 장악하고 있었다.

하나만 예를 들어 보자면, 천추태후는 998년 과거 시험에서 당시 명산업이라고 불렀던 수학자 11명을 급제시키고, 같은 해에 토지 제도를 개편했다. 확실한 것은 아니지만, 나는 이 무렵 천추태후가 수학자들에게 새로운 계산 방법을 개발하도록 해서 토지의 넓이를 측정하는 방식과 세금을 걷는 방식을 변경했을 거라고 짐작해 본다. 그러면 사람들의 재산이 크게 달라진다. 천추태후의 개편에 찬성하는 사람들은 기뻐했겠지만, 반대하는 사람들은 천추태후를 미워했을 것이다. 실제로 천추태후와 그 부하들을 두고 훗날 고려의 학자 최충은 "천추의 악당"이라고 격렬하게 비판하는 글을 쓴 적이 있다.

1007년 무렵이면 천추태후에 대한 반발이 상당히 심해졌을 즈음이라고 볼 수도 있다. 아마 천추태후 반대파들은 어떻게든 태후를 공격하려고 노력했을 것이다. 그런데 그때, 바다에서 불과 연기와 돌이 생긴다는 이상한 이야기가 제주도에서 들려왔다. 현대에 이런 일은 지질 현상일 뿐이지만, 고려 시대 사람들의 눈에는 우주를 이루는 기의 조화가 어그러지기 때문에 발생한 이상한 징조로 보였을 것이다.

사람들은 물과 불을 서로 반대의 현상으로 생각하고 있었다. 그런데 물속에서 불이 나온다니? 이렇게 이상하게 기가 망가지는 현상이 있을 수 있겠는가? 게다가 그 때문에 아래에 있어야 마땅할 땅이 위로 올라와 없던 산이 생겨난다니, 이 역시 기의 조화가 어긋난 이상한 현상 아니겠는가?

역사 기록에 이런 해설이 나와 있지는 않다. 그렇지만 나는 이런 현상을 전해 들은 천추태후 반대파들이 좋은 기회를 잡았다고 즐거워했을 거라고 짐작해 본다. 옛사람들은 나라의 정치가 잘못되거나, 나라의 높은 사람들이 잘못된 행동을 하면, 그것 때문에 나라의 기가 어긋난다고 생각했다. 그리고 그렇게 기가 어긋나면 이상한 자연 현상이 생긴다고 보았다. 다시 말해, 제주도에서 산이 갑자기 생긴 아주 이상한 사건이 벌어진 이유는 천추태후의 정치가 굉장히 잘못되어 기가 아주 많이 어그러졌기 때문이라고 공격할 수 있다.

어쩌면 1,000년 전 사람들의 고정관념에 따라 나라를 다스리는 일은 남자가 해야 맞는 법인데, 여자인 천추태후가 나라를 다스리니 그것 때문에 고려의 기가 뒤틀렸다고 주장했을지도 모른다. 혹은 아들인 젊은 목종 임금이 나라를 다스려야 마땅한 시기인데, 아직도 그 어머니인 나이 든 천추태후가 나라를 손에 쥐고 있으니 그 때문에 기의 조화가 깨어졌다고 주장했을 수도 있다. 그렇다면 다시 나라의 기를 조화롭게 하기 위해 천추태후는 물러나야 한다. 그래야 제주도에서 산이 갑자기 생겨나는 이상한 일도 일어나지 않는다는 게 그 당시의 주장이었다고 상상해 본다.

그렇게 보면, 제주도의 화산을 조사하는 일은 단순히 과학적인 조사가 아니라 도대체 무슨 기운이 어떻게 어긋난 현상인지 분석하기 위한 목적이었을 것이다. 조사 결과에 따라서는 정말로 천추태후의 정치가 잘못되었기 때문에 나타난 징조라고 결론이 날 수도 있었고, 그냥 별것 아닌 현상이라는 결론이 날 수도 있었다. 혹은 정반대로 신하들이 감히 천추태후에게 함부로 반항하고 거스르려고 해서 기가 어그러져 나타난 징조라고 역으로 공격할 근거가 될 수 있었다.

그래서 고려 조정 사람들은 태학에서 산이나 바다에 대한 옛 기록을 잘 아는 학자가 누구냐고 알아보고 전공지를 선발했을 것이다. 만약 화산 조사를 둘러싼 고려 조정의 분위기가 정말로 그렇게 치열했다면, 전공지는 지형과 지질에 대해 잘 안다는 이유로 가장 무시무시한 정치 싸움의 한가운데에 내던져진 셈이다. 전공지는 어떻게든 살아남으려고, 가장 객관적으로 가장 정확하게 조사하기 위해 힘을 다했고, 그 결과가 역사에 남게 된 것 아닐까?

전공지가 조사한 현상은 정말로 그냥 평범한 화산이 맞았을까? 신기하게도 여기에 한국 지질학계에서 꽤 알려진 문제 한 가지가 숨어 있다. 그 문제란 1007년 생겨났다는 그 몇백 미터쯤은 될 거라는 화산이 도대체 제주도의 어디인지를 현대의 학자들이 확신하지 못하고 있다는 사실이다.

전통적으로는 고려 시대에 생긴 화산이 제주도에 딸린 작은 섬, 비양도라는 의견이 우세했다. 조선 후기의 기록에도 비양도는 "어느 날 갑자기 나타난 섬"이라는 전설이 남아 있다. 1007년에 화산 폭발로 비양도라는 섬이 바다에서 솟아났는데, 그것을 바다에서 수백 미터의 산이 생겨났다는 식으로 전공지가 설명했다고 하면 틀려 보이지는 않는다. 그리고 이후 600~700년 정도의 세월이 흐르는 동안 그 이야기가 인근 주민 사이에 전설로 남게 되었다고 보면 모든 것이 들어맞는다. 그 때문에 2002년에는 비양도에서 섬 탄생 1,000주년 기념행사가 열리기도 했다.

그런데 현대에 엉뚱한 물건이 비양도에서 발견되었다. 행정안전부의 자료를 보면 2003년에 제주도 자연사 박물관 조사 결과, 비양도에서 신석기 시대 유물이 발견되었다고 한다. 그 유물은 흙으로 빚은 그릇 조각이었는데, 1,000년 전이 아니라 그보다 수천 년 앞선 먼 옛날 그곳에 사람이 살았을 가능성이 크다는 증거가 될 만했다고 한다.

그렇다면 비양도 역시 1,000년 전이 아니라 그보다 훨씬 먼저 생겼을 거라는 이야기가 된다. 깨진 그릇 조각 몇 개가 수백 년의 전설을 뒤집어 버린 셈이다. 이후 2010년 유네스코의 지질 조사에서는 비양도의 지형을 2만~3만 년 전에 생긴 것으로 보는 결과가 나왔다. 이 역시 1,000년 전 천추태후 시대의 사건과는 동떨어진 결과다.

도대체 1007년 제주도에서 갑자기 솟아난 산은 어디에 있는 것일까? 비양도 외에 몇 군데의 섬이나 산이 1007년에 생겨났을지 모른다는 설이 있긴 하다. 하지만 어느 것

하나 명확하게 확인된 것이 없다. 오히려 지금은 고려 시대의 기록에 오류가 있을지 모른다는 학설이 자주 언급되고 있다. 즉, 1007년경 제주도에서 약간의 화산 활동이 있었을 수는 있겠지만 산이나 섬이 생기는 정도의 큰 활동은 없었는데, 조사 과정에서 과장된 소문이 전해져 잘못된 기록이 남았다는 이야기다. 어쩌면 전공지가 화산에 대해 조사하고 그것을 보고하는 과정에서 아주 오래전부터 제주도 사람들 사이에 전해 내려오던 다른 화산에 관한 전설을 듣게 되었는데, 그것이 얼마 전에 있었던 사건처럼 잘못 전달되었을지도 모른다.

마침 전공지의 조사가 이루어지고 2년 후, 천추태후는 가장 아끼던 심복 김치양이 살해당하면서 실각하여 권세를 잃어버리게 된다. 순전히 재미 삼아 해 보는 상상일 뿐이지만, 어떤 정치인이 "이게 다 천추태후가 정치를 잘못하고 있어서 바다도 땅도 화를 내어, 바다가 뒤집혀 산이 되는 해괴한 일이 벌어진다"고 주장하기 위해 전공지의 조사 결과를 일부러 왜곡했던 것이라는 사연은 어떨까?

1,000년이 지난 지금, 그 정확한 사정을 알 수는 없다. 하지만 만약 혹시 제주도를 여행하며 길을 걷다가 1,000년 전쯤에 새로 생겨난 땅을 발견한 것 같은 기분이 든다면 유심히 살펴볼 필요도 있다는 생각을 괜히 한번 해 본다. 그 땅이 정말로 1,000년 전에 생겨난 것이라고 확인된다면,

한국 지질학에서 골칫거리인 문제를 해결하고, 1,000년 동안 답을 잃어버린 수수께끼가 풀리게 된다.

화산으로 생겨난 제주도 땅에는 독특한 특징이 여럿 있다. 이를테면 제주 땅에는 물이 잘 고이지 않아, 비가 내리면 빗물이 쉽게 스며들어 땅 깊은 곳으로 사라져 버린다는 사실이 예로부터 알려져 있었다. 제주도에 스며들었던 물은 지하에서 흘러 다니다가 주로 지대가 낮은 해안가에서 갑자기 튀어나와 샘물이 되기도 한다. 이런 샘물을 용천이라 하고, 그 주변에 사람들이 사는 마을이 생기기도 한다는 이야기는 교과서에도 자주 나온다.

그 때문에 과거 제주도에서는 물을 구하는 것이 다른 곳보다 힘들었다. 허벅이라고 하는 커다란 물 항아리에 가정에서 사용할 물을 담아서 나르는 것이 옛날 제주에서는 큰 일거리였다. 맑은 물을 구할 수 있는 곳이 발견되면, 먼 곳이라 할지라도 부지런히 가서 물을 길어 와야만, 집에서 그 물로 가족이 살 수가 있었다.

과거에는 이런 일이 주로 집안 살림을 도맡아 하던 여성들의 일거리였다. 긴 거리의 길을 따라 허벅을 지고 다니며 삶을 이어 나갔던 과거 제주 여성들은, 그 때문인지 유난히 강인한 성격이라는 속설이 돌기도 했다. 이것은 뒤집어 생각해 보면, 사람 사이의 불평등을 문제로 여기지 않던 옛 시대에 그만큼 차별받던 여성들의 삶은 더 힘들었을 거라는 생각을 하게 해 주는 이야기이기도 하다.

조선 시대 제주도에는 여정女丁이라고 하여 여성을 모아 편성한 군부대도 있었다. 제주 방언 "예청"이 바로 이 여성 병력을 일컫는 것 아닌가 하는 설도 있다. 이 역시 제주 여성의 강인함에 관한 사연으로 예로부터 내려오던 이야기다. 17세기 기록인 『남사록』을 보면 제주의 여정은 전투가 벌어지면 가장 먼저 적과 맞서 싸우는 부대였다고 한다. 17세기 무렵 제주도가 전투의 무대가 된 일은 드물었기 때문에, 그 현실이 어떠했는지 알기란 쉽지 않다. 그렇지만 사극이나 소설에서 여정을 소재로 쓰면 멋지지 않을까 하는 생각은 한 번씩 해 본다. 예를 들어, 제주도 여정 중 가장 정예 병사여서 인간병기라고 할 정도로 무예가 뛰어난 주인공이 우연한 기회에 서울 도성에 오게 되어, 약아빠진 서울내기 악당들 틈바구니에서 다투게 된다든가 하는 내용을 꾸며 보면 꽤 재미있지 않을까?

기술이 발달한 21세기에는 제주도가 물이 귀한 곳이기는커녕 정반대로 한반도에서 가장 물로 유명한 지역으로 변하게 되었다. 과거에는 비가 내리면 그 물이 땅속으로 사라지기 때문에 물을 구하기 어려웠지만, 지금 제주 사람들은 지하수를 개발할 수 있는 기술을 갖고 있다.

2001년 미국 유타 대학에 의뢰해 분석한 결과에 따르면 제주 지역 지하수의 평균 연령은 16년 정도라고 한다. 즉, 비가 내리면 땅속으로 천천히 스며들었다가 사람에게 채취되는 구멍까지 도달해 나오는 데 16년 정도의 시간이 걸린다는 뜻이다. 생각하기에 따라서는 제주도 섬 전체를 거대한 정수기처럼 여길 수도 있다. 비가 내리면 제주 섬에 그 물이 스며들고 흙과 돌을 16년간 천천히 통과해 가면서 빗물이 걸러지고 또 걸러지기를 반복한다. 그렇게 해서 생긴 지하수는 깨끗하고 물맛이 좋다. 특히나 제주도는 한국에서도 비가 많이 내리는 편에 속하는 섬이기 때문에, 이렇게 생기는 지하수의 양도 풍부한 편이다.

제주도에서는 지하수를 채취해서 생수로 만들어 다른 지역 사람들에게 마실 물로 판매하는 것을 지역의 주요 사업으로 개발했다. 제주도에서 생산된 이 물은 한국인들에게 가장 많이 팔리는 생수로 자리 잡았다. 나 역시 이 물을 병에 든 생수 중에서는 가장 좋아한다. 물맛에 상쾌한 느낌이 있어서 차갑게 먹었을 때 가장 후련하고 개운한 느낌이 든다. 이 생수는 제주도의 독특한 지형을 통과하면서 만들어진 물이기 때문에 바나듐이라는 광물이 포함되는 등, 성분도 다른 지역 생수와는 어느 정도 구분되는 특징이 있다.

해에 따라 다르지만 대체로, 이 제주 생수는 한국에서 판매되는 먹는 샘물의 40퍼센트 정도를 차지한다. 한때는 물이 부족해 여성들이 허벅을 들고 다니며 고생해야 했던 제주 땅이 이제는 제주뿐만 아니라 한국인 절반가량이 마시는 물을 책임지는 시대가 되었다.

2020년 자료를 보면 요즘은 제주도의 생수를 동남아시아, 중국, 미국 등지로 멀리 수출도 하고 있다. 매년 7,000톤 이상의 생수가 제주도에서 세계 곳곳으로 날아가는데, 사이판 같은 지역에서는 제주도 생수의 점유율이 50퍼센트에 달할 때도 있다고 한다. 제주도 물이 얼마나 좋길래 그냥 맹물인데도 배에 실어 대양을 건너 세계 곳곳에 보내서 팔 정도일까. 생각해 보면 그냥 거저 좋은 물이 생기는 것이 아니라, 좋은 물을 지하에서 뽑아내고 그 물을 항상 맑고 깨끗하게 관리하려는 노력 덕택이 아닌가 싶다. 이런 사연을 돌아보면, 제주도에서는 그냥 물 한 병이라도 마시는 재미가 있다.

제주의 산업을 책임지는 특산품

과거의 제주를 대표하는 특산물이라면 역시 귤을 가장 먼저 이야기해 볼 수 있을 것이다.

18세기 초의 기록인 『탐라순력도』는 제주도 곳곳의 인상적인 장면을 그림으로 그려 놓고 그에 대해 해설하는 글을 써 놓은 자료다. 여기에 실린 글을 보면, 이미 그 시대에 동정귤·금귤·청귤·산귤·유감·감자·당유자 등 8개 품종으로 여러 귤 부류의 과일을 구분해서 생산했고, 그것을 매년 4만 개씩 제주도 밖으로 납품했다고 한다.

귤이 서울에 도착하면 궁중에서도 즐거워했을 정도로 훌륭한 간식거리가 되었던 것으로 보인다. 조선 시대에는 "황감제"라고 하여, 궁중에서 귤이 도착한 것을 축제처럼 즐기는 풍습이 있었다고 한다. 시험과 공부의 나라가 아니랄까 봐 황감제는 일종의 과거 시험 형태로 진행되는 행사였다. 요즘 식으로 말하자면 "맛있는 음식이 있으니 흥겨운 파티를 열기 위해 다 같이 시험공부를 하고 시험을 치자"라는 것인데, 아무래도 괴상한 이야기 같지만 그만큼 제철 제주 귤이 맛있는 음식이라는 뜻일 것이다.

생물학에서 식물을 분류하는 기준에 따르면 귤은 운향과에 속한다. 운향과에 속하는 작물 중 귤 외에 친숙한 것으로는 향신료로 사용하여 생선 요리 같은 곳에 종종 들어가는 산초가 있다. 코를 찌르는 강한 향을 가진 산초와 싱그럽고 달짝지근한 맛의 귤은 너무나 먼 관계인 다른 생물인 것 같지만, 사람이 먹는 성분을 제외하고 다른 부위의 특징을 종합해 보면 닮은 식물이라는 결론이 나온다.

산초 외에 초피 역시 귤과 같은 운향과에 속하는데, 초피는 한국에서는 덜 친숙한 향신료이지만 중국 음식에는 자주 사용된다. 예를 들어, 마라탕에는 초피를 살짝 넣어야

특유의 향이 살아난다. 같은 운향과 식물이지만 긴 세월 동안 어떻게 진화하느냐에 따라 어떤 것은 맵고 아린 맛으로 인기를 끄는 산초와 초피가 되었고, 어떤 것은 새콤달콤한 귤이 되어, 마라탕 국물과 감귤주스만큼이나 다른 결과에 도달했다.

현재 제주에서 주로 재배되는 귤은 조선 시대의 귤과는 다르다. 중국, 일본 등지에서 잘 자라나는 맛 좋은 품종을 선정하여 다시 제주로 도입해서 자리 잡은 것이 주류이기 때문이다. 그래서 옛 귤 품종을 보존하거나 되살리려는 연구도 진행되고, 동시에 같은 귤이지만 더 맛있게 키우는 방법도 계속해서 개발되고 있다.

최근에 자주 나오는 것을 소개해 보자면 "타이벡 감귤"이 있다. 여기서 타이벡은 귤 품종의 이름이 아니라 천처럼 무엇인가를 덮을 수 있는 재료를 말한다. 왜 뭔가를 덮을 수 있는 천 이름이 귤을 구분하는 데 쓰이냐면, 타이벡으로 땅을 덮어 두면 물이 스며들지 않도록 막을 수 있기 때문이다. 귤이 어느 정도 자랐을 때 귤나무 주변을 타이벡으로 덮으면, 비가 내려도 타이벡이 빗물을 가려서 그 물을 귤이 그대로 빨아 먹지 못한다. 그래서 귤나무가 크게 자라나지 못하며, 대신 귤열매에 당분이 그대로 쌓여 맛이 좋아진다. 그 때문에 타이벡 감귤이라는 별명이 생긴 것이다.

제주도에는 귤 말고도 독특한 특산 식물이 하나 더 있다. 바로 선인장이다.

선인장이라고 하면 서부 영화의 황무지나 멕시코의 척박한 땅이 떠오를 텐데, 왜 한국의 제주도가 선인장으로 유명할까 생각할지도 모르겠다. 그런데 이상하게도 제주도 월령리에는 뜬금없이 선인장이 모여서 자라는 곳이 있다.

워낙 특이한 현상이라 이 지역은 2001년에 천연기념물 429호로 지정되기도 했다. 이곳 덕분에 제주도는 한국산 선인장을 특산물로 내세울 수 있는 섬이 되었다. 그 주변 마을에는 야생동물의 침입을 막기 위해 뾰족한 가시가 달린 선인장을 울타리에 심는 풍습도 퍼져 있다고 한다. 최근에는 선인장과 관련된 이런저런 상품이 제주에서 유통되고 있기도 하다.

도대체 왜 월령리 바닷가에 선인장들이 자라나고 있는가, 그 이유에 대해서는 몇몇 학설이 있다. 가장 환상적인 설명으로는 저 멀리 멕시코에서 자라던 선인장의 씨앗이 바다에 떨어진 후, 아주 긴긴 세월 태평양 곳곳을 바닷물 위에 뜬 채로 이리저리 떠돌다가 마침내 대양 서북쪽의 구로시오 해류 타게 되었을 때 제주도에 도착할 수 있었고, 그러다 흙에 닿아 싹을 틔우기 시작했다는 주장이 있다. 문화재청의 천연기념물 설명 자료에서도 이 학설을 소개하고 있다. 정말 그렇다면, 태평양을 사이에 두고 멕시코와 제주도에서 형제자매 선인장들이 바다 저편을 그리워하며 자라나고 있다는 이야기를 떠올려 보아도 좋겠다.

제주에서 해외로 가장 많이 수출되는 물건은 무엇일까? 역시 귤일까? 그런데 액수를 기준으로 따져 보면 얼핏 드는 생각과는 약간 다른 결과가 나온다.

한동안 제주에서 수출 금액이 가장 많은 품목은 넙치류의 어류였다. 횟집에서 보통 광어라고 부르는 물고기의 과학적인 공식 명칭은 사실 넙치다. 보통 일상생활에서 쓰는 말은 쉬운 순우리말이고 과학 용어는 한자어나 외국어에서 유래한 말이 많은 편인데, 이상하게도 넙치와 광어의 관계는 반대다. 소비자들이 쉽게 쓰는 말이 광어이고 정확한 과학 용어가 넙치다. 넙치는 수요와 공급에 따라 특히 가격이 높아질 때가 있다. 그러므로 제주산 광어의 시세가 비싸지면, 그 물고기들이 제주의 수출에서 큰 비중을 차지하곤 했다.

그러나 21세기 들어 제주의 주요 수출 품목은 바뀌었다. 광어가 갑자기 사라졌기 때문은 아니다. 대신 광어보다 더 비싼 값에 잘 팔리는 새로운 제품이 등장했다. 그것은 바로 반도체 제품이다.

21세기에 반도체 회사 한 곳이 제주로 자리를 옮겨 오면서, 이 회사의 수출품인 반도체가 제주의 대표 수출 제품이 되었다. 2010년대의 통계를 보면, 거의 10년 내내 제주도 수출액의 절반을 반도체 제품이 차지하고 있다. 귤의 섬이라든가 화산의 섬이라고 이야기하는 것 이상으로, 21세기의 제주는 반도체의 섬이다.

이런 변화는 21세기 한국의 대표 수출품이 반도체인 것을 생각해 보면 있을 법한 일이다. 한국이 반도체의 나라고, 제주는 한국인의 사랑을 받는 섬인 만큼, 제주가 반도체와 연관이 생기는 일은 충분히 있을 수 있다. 제주의 반도체 회사는 저용량 메모리 반도체를 만드는 것이 주특기라고 한다. 저용량 메모리 반도체는 제작에 고도의 기술이 필요하지는 않기 때문에 큰 이익을 얻기도 어려워서 대형 업체들이 굳이 만들 이유가 없는 제품이었다고 한다. 그렇지만 세상이 점점 편리해지고 청소기·세탁기·전자레인지·토스터 같은 간단한 도구들에도 이런저런 반도체가 많이 쓰이면서, 이런 간단한 제품에 들어가는 저용량 반도체도 없으면 안 되는 시대가 찾아왔다. 세계적인 대규모 반도체 업체들보다는 규모가 작은 업체에서 나름대로 쏠쏠한 사업을 벌여 볼 만한 분야가 저용량 메모리 반도체라고 할 만하다.

제주의 이 회사는 팹리스fabless 업체로 분류된다. 팹리스란 자체 생산 공장이 없는 회사를 말한다. 즉 이 회사는 반도체를 설계하고 개발하는 일만 하고, 그 반도체를 공장에서 생산하는 일은 다른 회사에 부탁해서 만들어 낸다. 반대로 스스로 반도체를 설계하고 개발하는 일은 하지 않고, 주문받은 대로 반도체를 공장에서 만드는 일만 하는 회사를 파운드리foundry라고 부른다. 그러므로 제주의 팹리스 업체는 자신들이 개발한 제품을 파운드리에 주문하여 만들고 판매한다.

팹리스 반도체 회사는 대량 생산을 위한 기계와 장비를 갖출 필요가 없고 그 장비를 운용할 인력도 필요 없다. 대신 머릿속으로 새로운 반도체를 구상하고, 컴퓨터를 이용해 구상한 대로 설계도를 만들어 내는 연구·개발 작업을 할 인력이 필요하다. 그래서 이 회사는 사람이 복잡한 도시를 떠나 아름다운 곳에서 아늑하게 일할 수 있는 좋은 환경을 찾아 제주로 터를 옮기게 되었다고 한다.

현장에서 실제 제품을 다루는 일이 없다면, 회의하고 지식을 나누는 작업은 멀리 떨어져서도 수월하게 할 수 있다. IT의 발달로 이메일, 원격 작업, 비대면 화상회의, 인터넷을 이용한 공유 기술은 점점 편리해지고 있다. 그런 기술을 이용해서 지식을 나누는 것이 사업의 핵심이라면 굳이 복잡한 도시나 공장이 많은 곳에 모여 일할 이유는 없다.

그래서 IT가 점점 더 발달하면 이렇게 제주와 같은 살기 좋은 곳으로 기술 기업들이 옮겨 오는 현상이 더욱 뚜렷해질 것이라는 전망도 있다. 반도체 회사 외에도, 인터넷 포털·모바일 메신저·택시 호출 등의 사업으로 유명한 대표적인 한국의 인터넷 기업 본사도 이미 꽤 오래전에 제주로 옮겨 온 상태다. 제주는 자연이 잘 가꾸어진 섬이면서, 동시에 IT가 더욱 발달한 훗날의 회사가 어떤 모습일지 미래 사회를 미리 엿볼 수 있는 곳이라고 생각할 수 있다.

1983년에 나온 영화 〈007 옥토퍼시〉를 보면 제임스 본드를 도와주는 서커스단 겸 전투단이라고 할 수 있는, 여성으로만 구성된 괴상한 조직이 나온다. 이 조직의 우두머리는 특이한 문어를 자신의 문장으로 삼고 있다. 커다란 깃발처럼 생긴 곳에 그 문어를 그려 놓았는데, 갈색의 몸에 파란색으로 동그란 고리 모양의 무늬가 있는 모습이다. 이 문어는 겉보기에는 별달리 사나워 보이지 않지만, 사람의 목숨도 빼앗을 수 있는 강한 독을 품고 있다고 한다. 만만하게 보다가는 된통 당하게 되는 무시무시한 조직을 상징하기에 적당한 동물이다.

이 영화가 나왔을 때만 해도, 이런 괴상하고 무서운 문어가 한국이나 제주도와 관련이 있다고 생각하던 사람은 아무도 없었을 것이다. 이 문어는 파란고리문어라고 부르는 동물인데, 열대·아열대의 따뜻한 바다에서 산다. 〈007 옥터퍼시〉 영화에서도 문제의 조직은 인도에 근거를 두고 있다. 영화를 보면서 파란고리문어는 이국적인 먼 나라에 사는 괴상한 동물이라고만 생각했을 것이다.

그런데 2012년에 제주도에서도 파란고리문어가 발견되었다. 007 영화에나 나오던 무서운 생물이 왜 한국에 나타났을까? 여러 가지 이유를 생각해 볼 수 있겠지만, 한국의 바다가 따뜻해졌다는 이유가 가장 자주 언급된다. 그도 그럴 것이, 설령 다른 이유로 제주에 오게 되었다고 해도 바다가 추워지면 결국 파란고리문어는 살아남을 수 없기 때문이다.

2022년 초 기상청에서 발표한 자료를 보면 1980년대 이후 30년에 비해, 1990년대 이후 30년은 평균 한반도 바다의 수온이 0.21도 올랐다고 한다. 큰 차이가 안 난다는 느낌을 받을 수도 있겠지만, 같은 기간 동안 세계 바다의 평균 수온은 0.12도밖에 오르지 않았다. 그렇다면 어떤 이유에서인지 한반도의 바다는 두 배나 더 따뜻해진 셈이다. 게다가 이 수치는 30년간 한반도 바다의 평균이므로, 특히 따뜻한 지역은 훨씬 더 따뜻해졌을 수 있다. 기후변화로 인해 세상이 바뀌고 있는 가운데 한반도 바닷속의 몇몇 지역은 특별히 더 빨리 바뀌고 있는 것으로 보인다.

제주의 바다 역시 그 때문에 빠르게 바뀌어 가고 있는 듯하다. 파란고리문어는 점점 더 자주 발견되는 추세다. 2021년 11월 박미라 기자의 기사를 보면, 2021년 1월에서 11월 초 사이에 제주에서 무려 아홉 마리의 파란고리문어가 발견되었다고 한다.

제주에서 발견되는 파란고리문어는 007 영화에 나오는 커다란 그림과는 다르게 10센티 이내의 작은 크기가 대부분이다. 그래서 멋모르고 귀엽다는 생각으로 손에 올려 두고 갖고 놀게 되는 수가 있는데, 이런 행동은 굉장히 위험하다. 파란고리문어의 독은 복어의 독과 같은 테트로도톡신 계통으로 분류되는데, 이 문어가 뿜는 먹물에도 독이 있어서 그것만으로도 중독될 수 있다. 2015년에는 제주도에 놀러 왔다가 파란고리문어에게 물린 사람이 바로 119의 응급처치를 받았는데도 한동안 고생한 일이 보도된 적이 있었다.

이렇게 예전에 보지 못했던 생물의 출현은 사람의 활동을 곤란하게 한다. 독성 문어·상어·해파리 떼 같은 것들이 출현하면 당장 마음 놓고 해변에서 놀기가 어려워지고, 나아가 관광산업을 위협하니 제주 경제에도 해가 된다.

파란고리문어뿐만 아니라 과거에는 볼 수 없던, 아열대의 바다에 살던 다양한 동식물이 제주 바다에서 늘어 가는 추세라고 한다. 이런 변화는 바다를 터전으로 살아가는 사람들에게도 직접적인 피해를 준다. 예전에 잡히던 물고기가 잡히지 않고, 예전에 수확했던 해산물을 수확할 수 없게 된다.

어민들에게 이것은 생계의 문제다. 어떤 사람들에게는

아직도 기후변화 문제가 그저 좀 더 고상하게 살아가며 자연을 사랑하자는 삶의 태도에 관한 추상적인 이야깃거리일 뿐이지만, 기후변화로 당장 피해를 보고 삶을 위협받는 사람들은 한국의 제주에서도 늘어나고 있다.

피해는 다양한 방식으로 찾아온다. 예를 들어, 감귤은 수백 년 동안 제주의 상징이었지만, 앞으로 50년 후가 되면 더 이상 감귤이 제주의 특산물이 아닐 수도 있다고 농촌진흥청에서 발표한 일이 있었다. 제주에서 감귤 농사를 못 짓게 되는 것이 아니라, 기후변화가 이대로 점점 심해지면 한반도 전체의 날씨가 따뜻해져 강원도 속초까지 거의 전국에서 감귤 재배가 가능해진다는 것이 이유였다. 나는 정부와 사회가, 이렇게 기후변화 때문에 여러 형태로 피해를 보는 사람들을 위한 대책에 좀 더 관심을 기울일 필요가 있다고 생각한다.

제주 남부 해안에서 최근 큰 피해가 되는 현상으로는 갯녹음이란 것이 있다. 이것은 바다 밑이 녹아내린다는 뜻으로 붙은 이름인데, 몇몇 산호에서 관찰되는 석회조류라고 하는 생물들이 갑자기 번창하면서 다른 생물들은 점점 살기 어렵게 되는 현상을 말한다. 이런 현상이 벌어지면 나중에는 결국 석회조류조차도 죽어 없어지기 십상이므로 아무 생물도 살지 못하는 사막이 바다 밑에 펼쳐지기도 한다. 한국수산자원공단 자료를 보면, 바다에 더러운 물질이 흘러드는 현상과 함께 따뜻한 물이 유입되는 현상을 갯녹음의 원인으로 지목하고 있다.

갯녹음 현상이 심해지면 바다 밑이 허옇게 변한다. 당장 눈으로 보기에도 무엇인가 안 좋아졌다는 느낌이 들지만, 그 바다에서 해산물을 채취해서 살아야 하는 어민 입장에서는 먹고살 길이 없어지고 사업이 망한 형편이 된다.

생각해 보면 그 어민들이 기후변화를 일으킨 것은 아니다. 지난 200년간 선진국들은 화석 연료를 태워 이산화탄소를 배출해서 기후변화를 일으키며 성장하고 돈을 벌었다. 그렇지만 선진국 사람들이 제주의 어민들에게 찾아와 피해를 보상해 주지는 않는다. 정부가 책임감을 느끼고 먼저 나서서, 기후변화 시대의 피해를 극복하고 살아남을 방법을 찾아 피해를 본 사람들에게 제시해 주기 위해 애써야 한다는 것이 내 생각이다.

카노푸스를 볼 수 있는 밤하늘

세상에서 가장 비행기가 많이 다니는 길은 어디일까? 세계에서 가장 인구가 많은 중국의 어느 지역일까? 아니면 일찌감치 항공 산업이 발달하여 대형 항공사와 항공기 제작사가 많은 미국의 어느 곳일까?

이 문제의 대답도 제주다. 의외라고 생각할지도 모르겠는데, 서울의 김포공항과 제주의 제주국제공항을 연결하는 하늘길은 전 세계에서 가장 많은 비행기가 부지런히 날아다니는 최고로 붐비는 하늘이다. 2019년 통계를 보면, 이 노선을 이용해서 움직인 사람들의 숫자는 무려 1,558만 명 이상이다. 이 정도면 옛날 조선이라는 나라의 전체 인구를 능가할 만한 숫자다. 비행기로 이루어진 비행기 왕국이 제주와 서울을 잇는 하늘길에 만들어져 있다고 상상할 만한 숫자라고도 말해 보고 싶다.

그도 그럴 것이 제주는 섬의 크기가 어느 정도 크고 상당히 발전된 곳이면서, 동시에 본토와의 거리가 꽤 떨어져 있다. 배로 이동하기에는 시간이 지나치게 많이 걸린다. 반대로 아예 제주도가 한반도 본토로부터 굉장히 멀리 떨어져 있다면 서울과 빈번히 교류하지 않고 독립해서 자체적으로 살아갈 수 있는 활동이 더욱더 발달했을 것이다. 그런데 마침 제주는 현대의 제트엔진 여객기를 이용하면 한 시간 정도에 도달할 수 있을 만한 딱 적당한 거리로 떨어져 있다.

그 덕분에 20세기 후반, 연료에 불을 붙여 폭발하는 것을 뒤로 내뿜게 하는 힘으로 움직이는 제트엔진 여객기가 보편화되자 제주로 점점 더 많은 사람이 날아서 오게 되었고, 마침내 세상에서 가장 많은 사람이 하늘을 이용해 날아드는 섬이 되었다. 옛 소설 『걸리버 여행기』에는 하늘을 떠다니는 천공의 섬이 나오는데, 이렇게 보면 제주야말로 하늘의 섬이라는 호칭이 어울린다.

나 역시 이런저런 일로 종종 제주를 찾을 때가 있다. 처음 제주도에 간 것은 고등학생 시절 수학여행이었다. 친구들과 보낸 재미난 시간도 추억으로 남아 있어, 별것 아닌 농담으로 주고받은 말 몇 마디가 아직 생각나기도 한다. 그날 성산 일출봉에서 보던 아름다운 경치도 참 좋았다. 세상에서 가장 넓은 바다인 태평양으로 연결되어 있을 그 망망한 바다를 보면서, 도대체 내 미래는 어떻게 될까, 앞으로는 어떤 삶을 살게 될까, 하는 생각을 잠시 했던 것도 기억이 난다.

그 후로 제주도에 오게 되면 공항의 풍경이나 거리에 서 있는 돌하르방, 잠깐 스쳐 지나가면서 만나는 바다의 수평선만 보아도 고등학생 때 처음 제주에 왔던 일이 떠오른다. 그동안, 세월이 지나는 사이에 나는 뭘 하면서 산 것일까? 잘 살았다고 할 수 있을까? 기대대로 된 일이 도대체 뭐가 있나? 앞으로는 어떻게 살게 될까? 그런 생각을 하다 보면 힘이 빠지기도 하고 그리운 마음에 휩싸이기도 하지만, 그러면서 앞으로는 좀 더 잘 살아 봐야겠다고 매번 용기를 내게 되기도 한다.

고등학생 때 제주의 하늘에서 본 밤하늘도 생각이 난다. 밤하늘 모습은 아직 별로 다르지 않은 것 같다. 제주도는 한국에서 남쪽 끝에 자리 잡고 있다. 지구는 둥글고 동서로 돌고 있으므로, 남북으로 어느 위치에 서서 하늘을 보느냐에 따라 지구 바깥의 우주를 어느 방향으로 보게 되는지가 달라진다. 즉, 남쪽 지방에서 하늘을 볼 때의 방향과 북쪽 지방에서 하늘을 보는 방향이 조금씩 달라진다는 뜻이다. 바로 그런 이유로 제주도에서는 다른 지역에서는 잘 볼 수 없는 카노푸스라는 밝은 별 하나를 볼 수 있다.

　옛사람들은 중국 고전의 천문학을 받아들여, 지금 카노푸스라고 하는 별을 남극성이라고 불렀다. 남쪽 지역에 가야만 보이는 별이었기 때문에, 북쪽을 나타내는 북극성의 반대라고 생각한 것이다. 조선 시대에는 남극성을 보면 그 별에서 좋은 기운을 받아 오래 살게 된다는 믿음이 꽤 널리 퍼져 있었다. 현대 과학이 밝힌 카노푸스는 지구에서 300광년, 그러니까 약 3,000조 킬로 정도 떨어진 별이다. 그렇게나 멀리 떨어져 있는데도, 별의 부피가 태양의 30만 배 이상 될 정도로 굉장히 거대하기 때문에, 밤하늘에서는 어느 별 못지않게 굉장히 밝아 보인다. 물론 그렇다고 멀리서 쏟아지는 강력한 빛 속에 무슨 사람을 오래 살게 해 주는 신비한 힘이 서려 있다거나 하는 증거는 없다. 혹시 내 이런 주장을 비웃기 위해, 카노푸스 근처의 행성에 사는 외계인이 지구 방향을 향해 사람을 오래 살게 해 주는 신비의 레이저를 몰래 수백 년 전부터 발사하고 있다면 모를까.

나는 좀 더 현실적인 다른 상상도 해 본다. 조선 시대에는 자연환경이 좋은 제주에 살면서 서울 관청과 벼슬자리의 음모·술수에 휘말리지 않고 지내면 저절로 오래 살 가능성이 컸을 것이다. 그렇다 보니 점점 사람들 사이에 "서울보다는 남극성이 보이는 제주에서 지내면 오히려 오래 산다"는 소문이 믿음을 얻었을 수도 있다.

제주도와 우주의 관계를 생각해 보라면 KVN 이야기도 빠뜨릴 수는 없을 것이다. KVN은 거대한 망원경이다. 눈으로 볼 수 있는 빛을 확인하는 망원경은 아니며, 우주에서 지구로 내려오는 전파를 감지하는 장치다. 우주 저편 먼 곳에서 오는 전파를 세밀하게 관찰하기 위해 커다란 안테나를 갖고 있는데, 제주도에 설치된 KVN의 안테나는 그 지름이 20미터를 넘어서 넓이를 계산해 보면 테니스 코트와 비슷한 정도의 크기다. 테니스 코트 넓이의 쇳덩어리로 우주를 지켜보면서, 무슨 신호가 우주에서 날아오지 않는지 항상 감지할 수 있는 설비가 제주도에 있다는 이야기다.

KVN 망원경은 제주 외에도 서울의 연세대학교, 울산의 울산대학교에 설치되어 있다. 세 개의 망원경을 동시에 연결해서 더 멀리 있는 물체를 더 세밀하게 관찰할 수 있는 기술이 있기에, 비슷한 망원경을 여러 군데에 만들어 둔 것이다. 이런 식으로, 여러 망원경에서 관찰한 내용을 합쳐서 분석하여 활용하는 방식은 현대 천문학에서 자주 활용되고 있다. 예를 들어, 2019년과 2022년에는 EHT 사업이라고 해서 세계 여러 나라의 학자들이 힘을 모아서 블랙홀을 관찰하는 연구를 수행한 적이 있다. 그 결과 블랙홀의 모습을 생생하게 나타낸 사진이 공개되어, 많은 사람의 관심을 끌기도 했다.

KVN 망원경 역시 EHT 사업에서 관찰한 블랙홀을 분석한 적이 있다. 그러니 비록 일반인이 관람하거나 구경할 수 있는 장치는 아니지만, 제주도에 우주 먼 곳에 자리 잡은 블랙홀을 볼 수 있는 기계 눈이 설치되어 있다고 말할 수는 있다.

혹시나 미래에 외계인이 한반도에 전파로 무엇인가 연락해 온다면, 그 머나먼 곳에서부터 실려 온 이야기를 가장 먼저 듣는 것은 제주도의 과학자들과 제주 사람들일지도 모른다.

넉넉한 삶을 위한
과학자들의 노력이 깃든 수원

수원이라는 이름의 뿌리

여름철에는 남동쪽에서 불어오는 바람이 많이 분다. 겨울에는 북서쪽에서 불어오는 바람이 많이 분다. 왜 그럴까?

아랍어 중에 "머심mawsim(موسم)" 비슷하게 들리는 단어가 있다. 계절이라는 뜻으로 종종 쓰이는 말이라고 한다. 이 단어가 포르투갈로 건너가서 "몬사오" 비슷한 발음으로 바뀌고, 그 말이 다시 영어에서 "몬순"이라는 말로 정착되었다는 이야기가 있다. 정확히 밝혀진 것은 아니지만, 사람들은 아마 그런 이유로 몬순을 아시아 지역의 계절풍,

즉 계절에 따라 달라지는 바람의 추세라는 뜻으로 쓰는 것 같다.

나는 중세 시대의 아라비아 상인들이 배를 타고 인도, 동남아시아, 중국과 고려에까지 도착하던 시대를 괜히 떠올려 본다. 아마 1년 내내 사막 날씨만 비슷비슷하게 계속되는 아라비아의 고향 날씨에 친숙하던 몇몇 선원들은 봄, 여름, 가을, 겨울 특이하게 변화하는 아시아 동쪽의 날씨를 보면서 신기하다고 생각했을 것이다. 특히 아라비아의 상인들은 배를 타고 항해하며 다녀야 했을 테니, 가고 싶은 방향대로 배가 밀려갈 수 있도록 바람의 방향을 잘 따져 보았을 것이고, 바람 방향에 관심도 많았을 것이다. 그러던 중에 계절에 따라 바뀌는 날씨의 여러 특징 중 특히 바람의 방향을 주목해서, 계절이라는 뜻의 머심을 바람의 방향을 따지는 말로도 썼던 거라고 짐작해 본다.

아시아 동부에서 유독 뚜렷한 계절풍이 생기는 까닭은 대체로 육지와 바다가 열에 달구어지는 속도가 다르기 때문으로 풀이한다.

여름철 바닷가에 가면 모래는 뜨겁고 바닷물은 시원하다. 땅은 더운 날씨가 되면 쉽게 달아오르고, 물은 그보다는 천천히 달아오른다. 그래서 여름철이 되면 세상에서 가장 거대한 땅덩어리인 아시아 대륙은 빠르게 달아오르고, 그에 비해 세상에서 가장 거대한 물인 태평양은 그보다는 천천히 따뜻해진다. 아시아 대륙이 태평양보다 뜨겁기 때문에, 아시아 대륙의 공기는 부풀어 하늘로 올라가고, 그에 비해 오그라들어 바닥으로 깔리는 태평양의 공기는 압력이 커진다. 즉 차가운 곳에서 따뜻한 곳으로 바람이 불어오는 경향에 따라, 여름철에는 태평양 쪽에서 아시아 대륙 쪽으로 바람이 분다. 한반도의 위치에서 보면 남동쪽에서 북서쪽으로 바람이 불게 된다.

겨울철에는 육지가 더 빨리 식고 바다가 좀 더 천천히 식는다. 그 때문에 반대 현상이 일어난다. 한반도에 부는 바람도 반대 방향이 된다. 바로 이런 몬순의 영향으로, 한반도의 여름에는 태평양의 습기를 품은 바람이 불고, 겨울에는 몽골·시베리아 황무지의 마른 바람이 분다. 그렇다 보니 한반도에서는 주로 여름철이 비가 많이 오는 계절이다.

한반도의 연평균 강수량은 대략 1,200밀리를 넘는 수준이다. 한국수자원공사의 자료에 따르면, 이 정도면 세계 평균의 1.6배 정도라고 한다. 세계 전체를 놓고 보면 한국은 비교적 물이 풍부하고 비가 많이 오는 나라다. 벼를 키우기 위해서는 다른 작물에 비해 물이 많이 필요한데, 한반도의 이런 기후는 벼농사에도 괜찮은 편이다. 대체로 몬순의 영향을 많이 받는 지역에서 주로 벼농사를 짓는 경향도 있다.

그렇지만 그 몬순의 영향 때문에, 한반도에서는 비가 1년 내내 골고루 내리는 것이 아니라 여름철에 몰려서 온다. 벼농사를 위해서는 벼가 자라는 데 필요한 물을 두고두고 충분히 쓸 수 있어야 하는데, 갑자기 며칠이나 몇 달 동안에만 비가 몰려서 내려 버리면 벼를 제대로 키울 수가 없다. 전체로 보면 하늘에서 내려오는 물의 양은 많지만, 몬순의 변덕 때문에 정작 쓸 물이 없는 날이 생겨서 농사를 망칠지도 모른다.

이런 문제를 해결하기 위해 옛사람들은 논밭에 필요한 물을 저장할 수 있는 시설을 개발하고자 했다. 쉽게 만들 수 있는 것이 저수지다. 땅을 넓게 파거나, 작은 물길을 막아서 비가 많이 왔을 때 그 물을 저장해 둔다. 그러면 몬순이 여름 빗물을 잔뜩 뿌릴 때 그곳에 모인 물을 1년 내내 필요할 때마다 사용하면 된다. 한반도에서는 수천 년 동안 물이 많이 필요한 벼농사가 이루어졌기에, 오랜 옛날부터 이렇게 물을 모아 두는 저수지는 만들어졌다. 농업 기술이 발달하던 조선 후기에는 전국 각지에 더 많은 저수지가 생겼다.

농업이 발달했던 도시인 수원에도 이렇게 만든 저수지가 여럿 있었다. 조선 후기에는 옛 수원의 중심지인 수원성 주변으로 동서남북에 모두 저수지를 만들어 두기도 했다. 지금은 그 흔적이 거의 남지 않은 저수지도 있지만, 네 저수지 중 북쪽의 만석거라고 하는 저수지는 지금도 꽤 많은 부분이 보존되어 있다. 만석거라는 이름은 근처의 농토에서 쌀이 만 석, 그러니까 1,600톤만큼 많이 나오기를 바라며 붙인 이름이다. 수원 만석거를 과거에는 한동안 일광저수지라고 부르기도 했고, 근처의 개발로 규모가 줄기도 했으며, 지금은 농토에 물을 대는 목적보다는 경치가 좋은 공원으로 꾸며져 있다. 그래도 여전히 꽤 많은 물이 남아 있다.

만석거는 조선 시대에 물을 내보내는 양을 조절할 수 있는 수갑이라고 부르는 시설이 설치된 곳이라서 더 많은 연구의 대상이 된 저수지였다. 조선 시대에 간단히 만든 저수지에는 따로 물을 내보내는 양을 조절하는 설비가 없는 곳도 많았다. 물길 내는 쪽을 향해 삽으로 대강 흙을 파서 그쪽으로 물이 흐르게 하고, 물길을 줄이려면 그냥 흙을 쌓아 다시 막는 방식을 택한 곳도 흔했다. 조금 더 신경을 쓴 시설은 나무판이나 돌판 같은 것을 끼울 수 있는 틀을 만들어 놓고, 그것을 끼웠다가 뺐다가 하면서 물이 나가느냐 마느냐를 조절하게 해 놓은 곳도 있었다. 현대에는 나사 홈이 파인 철봉을 따라 철판이 오르내릴 수 있게 되어 있어서, 손잡이라고 할 만한 부분을 빙빙 돌리면 그에 맞춰서 거대한 철판이 조금씩 올라오는 방식으로 물길을 여는 시설이 설치된 저수지가 많다.

만석거의 수갑은 독특하게도 나무판을 여러 층으로 쌓은 형태로 물을 막게 되어 있었다. 그래서 한 층의 나무판을 없애느냐, 두 층의 나무판을 없애느냐에 따라 물을 많이 내보낼 수도 있고 적게 내보낼 수도 있었다. 그 설계를 설명해 놓은 조선 시대의 기록인 『화성성역의궤』를 보면, 수갑은 총 14층 구조로 되어 있어서 모두 1.5미터 정도였다고 한다. 그러니까 1.5미터 정도 높이의 물을 막을 수 있는 벽을 10여 단계로 높일 수도 있고 낮출 수도 있어서, 그에 따라 물이 많이 나오게도 하고 적게 나오게도 할 수 있는 구조였던 것으로 보인다. 이러한 독특한 구조에 대한 기록이 잘 보존되어 있었기 때문에, 수원의 만석거는 2017년 국제관개배수위원회가 지정한 세계관개시설물유산으로 등재되었다. 만석거의 수갑은 긴 세월 몬순 기후와 함께 살아온 한국인들이 그에 적응하기 위해 개발한 기술의 높은 봉우리라고 할 만하다.

수원이라는 도시의 이름 자체가 마침 물의 바탕이 되는 지역, 물의 고장이라는 뜻이다. 과거에는 수원이 지금의 화성과 하나로 묶여 있었고, 화성의 서쪽 바닷가에는 넓은 갯벌이 발달했다. 그렇기에 수원이 물의 고장이라는 이름을 얻게 된 것은 지금의 수원 지역이 가진 특징 때문이라기보다는 바닷가의 물이 질퍽거리는 화성 지역의 갯벌과 늪지 때문일 가능성도 충분하다. 그렇게 보면 재미난 것이, 정작 지금의 화성이라는 지명은 수원에 있는 화성이라는 이름의 조선 시대 성 때문에 생긴 이름이다. 사실 갯벌이 있는 화성을 수원이라고 부르고, 화성이라는 성이 있는 수원을 화성이라고 불러야 더 어울리는 지명이 된다고 생각해 볼 수도 있다.

한편으로는 사람들이 모여 살고 기술이 발전하면서 수원에 좋은 저수지가 많이 생기게 되었는데, 그 저수지들의 모습 또한 물의 고장 수원이라는 이름과 잘 어울린다. 마침 현대에는 수원에 광교 신도시가 생기면서 광교호수공원이라는 전국 최대 규모의 대표적인 신도시 호수 공원이 생겼다.

수원이라는 이름의 뿌리는 삼국 시대 이전에 이미 생겼다고 본다. 수원은 한때 고구려에 점령되어 "매홀"이라는 고구려 말에서 유래한 지명으로 불린 적이 있었다고 보고 있다. "홀"이라는 글자는 고구려의 여러 성에 종종 등장하는 말로, 성·고을이라는 뜻으로 볼 수 있다. "매"라는 글자는 물이라는 말의 고구려식 발음을 한자로 옮긴 것으로 추정해 볼 만하다. 그렇다면 고구려식 지명 "매홀"도 물의 고을, 물의 성이라는 의미가 되어 현재의 지명인 수원과 거의 같은 뜻이다.

고구려와 수원의 관계에 대해서는 광개토대왕의 공적을 기린 광개토왕릉비의 내용과 수원을 연결하는 추정이 발표된 적도 있었다. 광개토대왕은 워낙에 전투, 전쟁에 재능이 뛰어났던 정복자로 유명하다. 그 때문에 과거에는 광개토왕릉비의 내용을 두고도 보통 어느 전투와 어떤 정복을 얼마나 했고, 그것이 무슨 의미냐에 관해 많은 이야기가 나왔다.

일본 사람들은 일본에 유리하게 광개토왕릉비의 전투 기록을 해석한다더라, 중국 사람들은 중국에 유리하게 해석한다더라, 하는 논쟁을 접한 사람들도 꽤 있으리라 생각한다.

하지만 광개토왕릉비의 전체 내용을 보면, 그중에서 정작 가장 많은 분량을 차지하는 것은 광개토대왕의 무덤이 완성된 후에 앞으로 누가 그 무덤을 지키는 임무를 맡게 되느냐 하는 것을 정해 놓은 법령이다. 광개토대왕의 무덤은 소중하게 보호해야 하므로, 주변에 그 임무를 맡은 사람들이 대대로 살면서 잘 관리하라고 규정을 만들어서 아예 그것을 비석에 명확하게 새겨 둔 것이다. 거기에는 출신별로 나누어 각각 가정별로 무덤 지키는 일을 하라고 되어 있다. 어느 전투의 공적에 관한 내용보다도 그런 식의 무덤 지키는 의무에 관한 이야기가 더 많이 기록되어 있다.

그 내용을 좀 더 자세히 살펴보면, 무덤을 지키라는 명령을 받은 사람들의 출신지 중에 옛 백제 지역으로 보이는 곳이 많다. 다시 말해, 광개토대왕이 정복한 지역 사람들을 광개토대왕 무덤이 있는 곳에 옮겨 와 살게 했다는 이야기다. 자신을 정복한 임금의 무덤을 앞으로 떠받들면서 대대손손 지키라는 임무를 내린 것이다. 백제 사람들이 일부러 좋아서 그런 임무를 맡아 머나먼 고구려 땅의 묘지까지 찾아올 리는 없었을 테니, 아마 그 사람들은 백제가 패배한 후 고구려 군에 붙잡혀 온 사람들일 것으로 보인다.

『일본서기』에는 광개토대왕의 정복이 한창일 때 궁월군이라는 사람이 120현이나 되는 방대한 지역의 백제 사람들을 데리고 일본으로 도망치고자 했다는 기록이 있다. 고구려와 백제의 전쟁이 심할 때 해외로 도피하려는 사람들, 해외로 빠져나가려는 난민이 무척 많았다는 정황을 엿볼 수 있다. 그렇다면 해외로 빠져나가지 않은 사람들, 끝까지 살던 터전을 지키려던 사람 중에 적지 않은 숫자가 고구려군에게 붙잡혔을 것이다.

비석에는 임무를 받은 여러 사람에 대해 설명하면서, 모수성 출신의 세 집이 무덤 지키는 일을 명 받았다는 내용도 새겨져 있다. 여기서 모수성이 아마도 수원을 말하는 것이라는 의견이 있다. "모"라는 말이 수원의 옛 이름인 매홀의 "매"와 비슷하고, "수"라는 글자는 물이라는 뜻이므로 의미도 통한다는 것이다. 이 학설이 맞는다면, 수원의 세 집안이 광개토대왕의 군대에 붙잡혀 지금의 중국 지린성 퉁화시 지역까지 끌려가 영영 고향에 돌아오지 못하고 그곳에서 대대로 무덤 지키는 일을 하며 살게 되었다는 뜻이다.

광개토대왕의 웅장한 정복 역사나 점령한 땅의 넓이를 따지는 이야기 너머에는 임금과 영웅이 벌이는 전쟁 와중에 희생당했던 보통 사람들의 사연도 분명히 가려져 있었을 것이다. 그런 사람들의 엷은 흔적이 수원의 옛 지명에 관한 연구에 이런 식으로 등장한다. 광개토대왕의 명령에 따라 먼 나라로 이주했던 그 수원 사람들은 어떤 사람들이었을까? 그 후에는 어떻게 살아남았을까?

밥상을 풍요롭게, 산을 푸르게

예로부터 수원 인근에 저수지를 만들어 농토에 물을 대고자 했던 것을 보면 알 수 있듯이, 수원은 농사가 잘되고 농업이 발달할 수 있는 지역이다. 지금도 한국에서 가장 명망 높은 서울대학교의 각종 농업 관련 연구 시설이 수원에 있고, 그 때문에 농업에 관한 여러 연구가 오랜 기간 꾸준히 수원에서 이어져 왔다.

한국인은 보통 밥을 먹고 산다고 말한다. 밥이라는 말은 한국 문화에 아주 뿌리 깊게 자리 잡아서, 밥이 삶의 상징으로 사용되는 일도 많다. 누군가의 직업이나 살림살이가 최소한의 기준을 넘었느냐는 의미로 "밥 먹고 살 만하냐?"라고 묻기도 하고, 누가 자신이 해야 할 일을 충실히 한다는 말을 "밥값을 한다"라고 표현하기도 한다. "밥 먹을 시간"이라는 말은 쌀밥을 먹는 시간이라기보다는 무슨 음식을 먹든 식사할 시간이라는 의미로 통용되고, 예전보다 조금 덜 쓰이는 것 같지만 인사말처럼 말문을 여는 말로 "밥은 먹었냐?"라고 묻는 일도 흔하다.

그러나 요즘에는 추세가 좀 달라지고 있다. 우선 사람들이 과거에 비해 쌀을 덜 먹는 편이다. 쌀 이외에 국수·빵 같은 밀가루 음식을 많이 먹고, 쌀 대신 영양을 보충할 과일이나 고기도 과거에 비해 많이 먹는다. 한국농촌경제연구원의 보고서를 보면 2021년경 한국인 1인당 고기 소비량은 54.3킬로로, 1인당 쌀 소비량 57.7킬로와 별 차이가 나지 않는다. 갈수록 사람들이 쌀을 덜 먹는 추세다. 이대로라면 한국인은 쌀이 아니라 고기를 먹고 산다고 해도 될 정도다. "밥은 먹었냐?"라는 말 대신에 "고기는 먹었냐?"가 더 어울리는 질문이 될지도 모른다. 12시가 되면 "밥 먹을 시간"이라고 하는 대신 "고기 먹을 시간"이라고 해야 더 맞는 말이 되는 시대가 곧 올 듯싶다.

그러는 한편으로 벼농사를 짓는 기술은 계속해서 발달했다. 그 때문에 한동안 한국에서 쌀이 남아돌았다. 2021년 국회 농림축산식품해양수산위원회에서 나왔던 자료를 보면, 2015년의 한국의 쌀 자급률은 101퍼센트 수준이었다고 한다. 한국인들이 먹는 쌀이 100이라면, 생산되어 유통되는 쌀은 101이 되어, 1만큼이 남았다는 이야기다. 한국어에서 관용어구로 자주 쓰이는 표현 중에 사치스럽고 풍족한 삶을 가리켜 "먹을 게 썩어 난다"라는 말이 있는데, 한국인이 밥을 해 먹는 쌀을 기준으로 보면 나라 전체에 쌀이 썩어 날 것을 고민해야 할 정도의 시대가 되었다. 아직도 사회에는 가난하고 힘들게 사는 사람들이 많다는 점이 무색하게도, 이런 시기는 꽤 오래 지속되어 어느새 당연한 일처럼 되었다. 도리어 2020년 무렵, 오래간만에 쌀이 남아돌지 않게 되었다는 사실이 문제점처럼 지적될 지경이었다.

이런 변화는 그냥, 저절로 이루어진 일이 아니다. 1970년대까지만 하더라도 쌀을 구하기 어려울 때가 있다는 것은 오랜 세월 한국인들을 괴롭히던 문제였다. 사람들이 밥을 먹기 어려워 고생했다는 이야기다.

단적으로, 한국에서는 1963~1977년까지 무려 14년 동안 쌀막걸리 생산을 금지·제한하는 정책이 있었다. 여유 있는 사람들이 술 마시고 노는 데 쌀을 소비하면, 그만큼 쌀을 구하고자 하는 곳이 늘어나 쌀값이 오를 것이고, 그러면 가난한 사람들이 밥 먹을 쌀을 사기가 어려워지기 때문이다. 막걸리라고 하면 긴 세월 이어진 한국의 뿌리 깊은 전통인 것 같지만, 쌀 부족으로 긴 세월 함부로 만들어 팔 수 없는 술이 막걸리였다.

그런 시대였으니, 20세기 중반 한국에서는 비록 맛이 없거나 사람들이 좋아하지 않는 품질의 쌀이라고 하더라도 어떻게든 최대한 많은 양을 생산하고자 애썼다. 그래서 벼 한 포기를 심어도 어쨌든 쌀 낟알이 최대한 많이 생겨나는 벼를 골라서 기르는 방법을 개발하고자 했고, 그것이 그 시대의 한국 과학자·농학자들이 열심히 노력해 달성하려던

애절한 목표였다.

그 시절 학자들의 대표로 회자되는 인물은 허문회 박사다. 허문회 박사는 1964년 필리핀에 있던 국제미작연구소에서 벼와 관련된 기술을 배워 온 일로 자주 언급된다. 당시 필리핀은 한국보다 경제적으로 풍요롭고 다양한 과학과 기술도 더 발전한 나라였다. 필리핀은 쌀농사가 특히 잘될 만한 좋은 기후를 갖춘 지역도 있어서 벼에 관한 연구를 잘해낼 만한 나라였다. 여기에 미국계 재단의 투자를 받아 벼를 종합적으로 연구할 수 있는 기관이 설립됐는데, 바로 국제미작연구소였다.

그곳에서 허문회 박사는 아시아 각지에서 자라는 조금씩 다른 다양한 품종의 벼를 비교하고, 품종 간에 잡종을 만들어 새로운 품종을 만들어 내는 기술에 대해 배울 수 있었다. 허문회 박사뿐만 아니라, 이 시기에 한국인을 굶주림에서 벗어나게 하겠다는 목표로 벼에 관해 연구한 학자들은 여럿 있었다.

베트남 음식점이나 인도 식당에 가면 밥은 밥인데 쌀알이 길쭉하고 찰기가 없어서 훅 불면 날아갈 것 같다고들 하는 밥이 나올 때가 있다. 이런 밥에 쓰이는 쌀을 넓게 보면 인디카종의 벼라고 하는데, 한국에서는 거의 재배되지 않지만 인도와 동남아시아 지역에서는 오히려 더 많이 기르는 쌀이다.

20세기 중반 한국의 과학자들은 예전부터 한국에서 심어 기르던 쌀과 낯선 인디카종의 쌀 사이에서 적절히 잡종을 만들면, 새로운 품종들이 탄생하고 그중에서 많은 양의 쌀이 나오는 품종을 찾을 기회가 있을 거라고 본 사람들이 꽤 있었다. 그러나 그런 식으로 쓸 만한 품종을 얻는 것이 쉽지는 않았다. 이렇게 생물의 잡종을 만들면 그 잡종의 씨를 이용해서 다시 심은 작물은 씨앗을 제대로 맺지 못하는 경우가 많다. 힘들여 좋은 품종을 개발해도 그 품종의 후손이 씨를 잘 맺지 못한다면, 그 품종을 심고 또 심어 계속해서 씨를 얻고 양을 불려 널리 보급하는 일은 어려워진다.

　시행착오와 거듭된 도전 끝에, 세 가지 품종을 복합적으로 활용해 잡종을 만들어 내는 방법으로 완성된 것이 바로 통일벼였다. 그리고 통일벼를 개발하기 위해 애쓰던 학자들이 모여서 연구하던 연구소가 다름 아닌 수원에 있었다. 통일벼는 맛과 품질은 모자란 점이 있었지만 애초의 계획대로 수확량이 많다는 장점이 있었으므로 쌀 부족을 해결하기 위한 품종으로는 제 역할을 할 만했다.

　이후 통일벼는 정부의 홍보 대상으로 선전되었다. 공공 기관에서 너무 열성적으로 퍼뜨리려고 하다 보니 부작용이 생기는 일도 있었다. 게다가 한국 경제가 성장하고 사람들이 점점 밥맛을 중요하게 생각하면서 통일벼는 차차 인기를 잃었다. 이처럼 통일벼는 한계도 분명했던 발명품이다.

사실상 현재의 한국에는 통일벼가 남아 있지 않다.

그러나 굶주림에 괴로워하던 시기를 넘기는 데 통일벼 같은 품종을 개발하려는 노력이 중요한 역할을 했다는 사실은 기억해 둘 만하다. 사람들이 적어도 밥은 제대로 먹고 사는 세상을 만들기 위해 통일벼를 개발한 학자들의 노력 덕택에, 당시 통일벼는 같은 넓이에서 농사를 지을 때 세계 최대 수준으로 가장 많은 쌀을 얻어 내는 기록을 세웠다. 과거 수원에서는 이것을 정부의 성과로 포장하기 위해 기념탑 같은 조형물을 만들기도 했다. 하지만 돌아보면 정부 어느 높은 사람의 공적보다도 새 품종의 개발을 위해 애쓴 학자들, 기술자들, 작업에 애쓴 노동자들의 노력이 중요했다고 나는 생각한다.

한국의 식량난을 상징하는 말로 보릿고개라는 말이 있다. 그렇다면 보릿고개를 가뿐하게 넘어갈 수 있도록 밀어 버리기 시작한 지역이 수원이고, 그 일을 해낸 사람들이 수원 사람들이라고 말해 볼 수도 있을 것이다.

지금은 너무나 익숙하고 당연한 한국의 풍경 중 하나는 산에 가득한 나무숲이다. 너무나 당연해서 한국의 산이 그렇지 않을 거라고는 언뜻 잘 상상도 되지 않는다. 산에 초록색 나무가 자라는 것은 너무 흔한 모습이다. 사막의 나라인 사우디아라비아나 황야가 펼쳐진 미국의 애리조나 같은 곳이라면 모를까, 한국에서 산을 보면 초록 나무가 가득하다는 사실은 의식조차 하기 어려울 정도로 뻔한 일이다. "아니 그러면 산에 나무가 있지, 산에 뭐가 있어?"라고 생각하게 되는 것이 현대 한국인의 의식이다.

그러나 만약 수원의 노력이 없었다면 이것도 생각처럼 그렇게 당연한 일은 아닐 수도 있었다.

할리우드 영화나 유럽에서 넘어온 어린이 동화 등등에 너무 익숙하다 보면 무심코, 전통 방식을 따랐던 옛 시대에는 세상이 그저 맑고 깨끗했으며 모든 곳에 싱그러운 자연이 가득했는데 현대의 기술이 발전하면서 망가지고 더러워졌다는 생각에 지나치게 빠질 수 있다. 그래서 과거의 전통으로 돌아가기만 하면 자연은 저절로 회복되고 세상은 더 깨끗하게 잘 보호될 거라고 막연한 생각을 품게 되기도 한다.

하지만 대체로 그렇지는 않다. 한국의 자연은 더욱 심하게 그렇지 않다. 산과 나무만 하더라도 과거, 전통 시대의 상황은 지금과 전혀 달랐다.

조선 후기의 기록을 보면, 인구가 밀집한 지역의 산 중에는 나무가 부족한 민둥산이 많았다는 내용이 흔히 보인다. 조선 말기, 20세기 초의 기록이나 사진에서도 산에 나무가 너무 없어서 걱정하는 이야기와 실제 나무가 부족한 산 풍경을 어렵지 않게 찾아볼 수 있다. 혹시 독자께서 지금 사는 곳이 도시 지역이라면, 근처에 보이는 아무 산이나 한번 유심히 살펴보자. 그 산의 나무는 20세기 중반 무렵까지만 하더라도 지금 보이는 것보다 훨씬 적어서, 산의 색깔이 아예 달라 보였을 가능성이 크다.

한국의 산 대부분이 지금처럼 나무가 많아진 것은 광복 이후 한국인들이 수십 년 동안 애써 나무를 심고 힘들여 가꾸었기 때문이다. 그냥 전통 시대로 돌아가기만 하면 오히려 그 숲은 파괴되어 버린다. 나무를 잘 심고, 잘 가꾸는 것을 목표로 힘들여 관리하고, 과학과 기술을 발전시켜 좋은 방법을 알아내고자 노력했기에 지금의 풍경이 된 것이다.

그렇게 노력한 사람 중에서도 가장 잘 알려진 학자라면, 역시 수원의 연구소에서 한평생 일했던 현신규 박사라고 생각한다. 현신규 박사는 한국에서 쉽게 빨리 자라는 나무를 찾아내고, 새로운 품종을 개발하고, 그 나무들이 잘 자라날 수 있도록 심고 기르는 방법을 연구하며 평생을 보낸 학자다. 그는 대한민국의 "과학기술인 명예의 전당"에도 올라 있는데, 그가 일하던 임목육종연구소가 다름 아닌 수원에 있었다.

우선 현 박사는 이탈리아에 출장을 갔다가 물이 있는 곳 근처에서 빠르게 자라나는 포플러 계통의 나무를 보고 그것을 한국에 들여오는 계획을 추진하는 비교적 간단한 일에서부터 성공을 거두었다.

밥과 쌀을 한국인의 상징이라고만 여기다 보면 언뜻 생

각이 못 미칠 수 있는데, 사실 이탈리아에서도 꽤 쌀농사를 많이 짓는다. 이탈리아 음식 중에 리소토처럼 쌀로 만드는 요리가 있는 것을 보면 충분히 짐작할 수 있다. 같은 유럽 국가라도 영국, 프랑스, 독일 같은 나라에 비해 과거 이탈리아에서는 논을 만들어서 쌀농사를 짓는 한국 농촌과 비슷한 풍경이 흔한 편이었다. 그래서 한국과 비슷한 지형이나 환경에서 잘 자라는 이탈리아 나무들이 현신규 박사의 눈에 더 강렬한 느낌을 주지 않았을까 싶다.

포플러에 관해 연구를 많이 하다 보니, 현 박사는 수원의 연구소와 멀지 않은 곳에서 발견된 포플러 계통의 나무도 다시 살펴볼 기회가 있었던 듯하다. 당시 수원에서 은백양이라고 하는 나무와 사시나무 사이에서 우연히 잡종이 나와 독특한 특성을 나타내며 자라나는 사례가 있었다. 이것을 처음 발견한 학자는 이창복 박사라고 하며, 이렇게 나타난 잡종을 두고 통상 은사시나무라는 이름으로 부르기도 했다. 은백양과 사시나무는 모두 포플러에서 멀지 않은 종이므로, 은사시나무의 독특한 특징에 어느 날 현신규 박사도 관심이 생겼을 것이다.

얼마 후 현 박사와 수원의 연구팀은 은사시나무를 전국에 퍼뜨리면 빠르게 숲을 가꾸는 데 요긴하게 사용될 수 있다는 결론을 얻었다. 그래서 은사시나무 보급 사업을 추진하기도 했다. 이 사업은 상당히 결과가 좋아서, 당시 정부에서는 아예 이 나무에 현신규 박사의 이름을 따서 현사시나무라고 홍보할 정도였다.

그 외에 현신규 박사의 공적으로는 리기테다소나무도 자주 언급된다. 리기테다소나무는 미국에서 처음 발견되었다. 여러 소나무 중에서 리기다소나무라는 종은 척박한 땅에서도 잘 자라지만 천천히 자라나는 특징이 있고, 테다소나무라는 종은 빠르게 자라긴 하지만 땅을 가려서 조건이 맞지 않으면 쉽게 자라나지 못하는 특징이 있다. 현 박사는 두 나무의 잡종인 리기테다소나무에서 품종을 잘 개발하면 척박한 땅에서도 빠르게 자라는 소나무를 얻을 수 있을 거라고 보았다. 그리고 연구 끝에 실제로 실용적인 리기테다소나무 품종을 퍼뜨리는 데 성공했다.

이렇게 개발된 여러 나무와 한국인들이 흘린 땀 덕택에 한국의 산은 초록색으로 뒤덮일 수 있었다. 한국 사람들은 은사시나무를 1974년 한 해 동안에만 1,700만 그루나 심었고, 리기테다소나무도 보급 사업이 시작된 이후 1990년대 초까지 전국 각지에 1억 그루 이상 심었다. 이런 나무들은 숲을 만드는 데 요긴하게 쓰일 수 있다는 점이 널리 인정받아서, 울창한 숲과 광활한 자연환경을 자랑하는 미국이나 뉴질랜드 등의 나라에 오히려 역으로 보급될 정도였다.

이 이야기를 돌아보면, 한국의 산을 덮고 있는 그 많은 나무의 고향도 수원 사람들이 힘을 합쳐 일한 연구소라고 볼 수 있다. 그렇게 얻은 기술의 유산을 계속해서 키워 나간다면 수원에서 탄생한 나무들이 앞으로 세계 각지로 더욱 널리 퍼지며 더 많은 황무지를 초록으로 바꿀 수 있지 않겠는가 하는 꿈도 꾸어 본다.

18세기의 조선이 담긴 21세기의 도시

수원의 상징으로 요즘 자주 등장하는 것은 18세기에 건설된 화성이다. 화성은 조선 시대 도시의 방어벽으로 세워진 시설로, 조선 시대 성의 다양한 모습을 잘 갖추고 있으면서 규모도 큰 편이다. 그래서 전국의 많은 조선 시대 성 중에서 가장 아름답다고 할 만한 곳이 수원의 화성이다.

건설 이후 지금까지 몇 차례 화성의 일부가 파괴된 적은 있었다. 한국전쟁 당시에는 꽤 심각한 손상을 겪기도 했다. 그렇지만 다행히 『화성성역의궤』라고 하는 성 건설 과정을 설명한 조선 시대의 상세한 기록이 남아 있어서 옛 모습을 그대로 되살릴 수 있었다. 서울의 남대문 성벽은 몇십 미터만 걸어가도 끊어져 끝이 나고, 그게 어떻게 동대문이나 서대문으로 이어지는지 도무지 알 수가 없다. 하지만 수원의 화성은 기록 덕택에 잘 복구되어 산뜻하게 완성된 모습을 자랑하고 있다. 지금도 화성은 이어진 성벽을 따라 돌면서 산책하기 좋게 길이 개발되어 있다.

화성의 전체 둘레는 6킬로 정도다. 북쪽 성문인 장안문에서 출발하여 서쪽으로 걸어 옛 수원의 중심지인 남문 팔달문을 향해 반 바퀴인 3킬로 정도를 돌아보면, 편하게 산책하듯이 성벽을 따라 화성의 여러 모습을 살펴볼 수 있다. 군데군데 대포를 쏘기 위해 쌓아 올린 높다란 탑과 잠깐 쉬어 갈 만한 간단한 건물도 있다. 그렇게 성벽을 돌면서, 성벽 안팎으로 수백 년 전 조선 시대와는 또 다른 모습으로 그 주변에 정착한 수원 시민들이 사는 시내 모습을 보는 것도 재미있다.

나는 몇 년 전에 잘될 거라고 기대하던 일이 완전히 망하고, 동시에 별문제 없이 잘 풀릴 거라고 생각하던 일도 갑자기 틀어져 좌절했던 적이 있었다. 얼핏 보기에는 그럭저럭 잘 사는 것처럼 보여도, 뭔가 일이 단단히 꼬여 힘이 쭉 빠지는 바람에 만사 무슨 일이든 해 볼 마음도 내키지 않는 그런 상태가 될 때를 나는 가끔 겪는다.

그러면 앞으로는 그저 모든 것이 점점 더 망해 가기만 하겠구나 하는 생각이 든다. 꿈꾸던 일이 앞으로 인생에 펼쳐지기는커녕, 전혀 걱정하지 않던 일도 이제 심각한 문제가 되겠구나, 그런 답답한 심정이 된다.

마침 그때는 어쩌다 보니 일자리도 없던 상태였다. 그런데 출근할 곳이 없다고 집에만 있자니 기분을 더 망가지게 하는 것 같았다.

어디 속 후련하게 보는 사람 없는 곳에서 한숨이라도 크게 쉴 수 있도록, 좀 나돌아 다니기라도 해야겠다 싶었다. 그렇지만 멀리 여행 다닐 여유는 없고 해서, 서울 주변 동서남북의 경기도 도시들을 하루에 하나씩 가 보기로 했다. 지하철과 버스를 타고 그 도시에서 유명하다는 곳 중에 안 가 본 곳을 가는 것이 목표였다. 일산에서는 호수공원에 가 보고, 과천에서는 서울랜드에 가 보자는 식이었다. 그러고 나서 어느 도시마다 있는 김밥천국이나 패스트푸드점에서 밥을 먹고, 그러다 돌아온다. 그렇게 하루가 지나고, 속은 점점 더 답답해지는지 조금이라도 풀리는지 알 수 없던 시절이었다.

그때, 수원에 가서는 화성을 돌아보기도 했다. 예전에 수원에 있는 회사를 방문했다가 어찌어찌 근처를 지난 적은 있었지만, 마음먹고 성을 찬찬히 걸어 다닌 적은 그때가 처음이었다.

화성을 걷기 시작하자, 점점 미운 사람들이 하나둘 떠올랐다. 아니 그놈은 어떻게 그렇게 나를 괴롭힐 생각을 했을까. 그 사람은 어떻게 그런 행동을 하고 죄책감도 안 느낄까. 그 조직은 왜 그렇게 이상하게 일을 처리하나. 그러니 나날이 그 모양 그 꼴이지, 어휴, 짜증 나게 하는 작자들. 뭐 그런 생각을 계속 연결해 가며 파노라마를 마음속에 새

겼던 것 같다.

수원성은 동쪽에 높은 언덕이 솟아 있기는 하지만, 그곳을 뺀 나머지 지역은 트인 평지다. 걷다 보니, 높다란 건물도 없고 시야를 가리는 다른 지형도 없어서 날씨가 좋아 보였다. 넓은 하늘 이쪽저쪽으로 크게 지나가는 구름이 멋졌다. 18세기의 성벽과 21세기의 도시가 어울리는 풍경에, 구불구불 이어지는 성벽과 성문의 끄트머리에 파란 하늘이 같이 펼쳐진 모습을 보니, 무엇인가 마음이 달라졌다. 걷고 걷는 와중에 점점 마음속에서 다른 생각이 사라져 가는 것 같기도 했다.

그날부터 갑자기 힘을 내어 다시 흥겹게 살기 시작했다는 보람찬 이야기는 아니다. 그러나 힘 빠지고 적적할 때 잠시 숨을 돌릴 수 있는 순간이었다. 집으로 돌아가는 지하철 안에서 그래도 이러저러한 방식으로 다시 한번 새로운 일을 시작해 보자, 이왕 이렇게 된 마당에 태도를 바꾸어 이러저러한 마음가짐으로 살아 보자, 그런 다짐을 한참 하다가 어둑어둑해질 때쯤 서울 거리에 도착했던 기억이 난다.

18세기 당시, 이 정도의 성을 건설하려면 10년 정도는 소요될 줄 알았다고 한다. 그러나 다양한 기술을 동원하고 조직적으로 공사를 추진한 결과, 그보다 훨씬 짧은 3년 만에 공사를 완료할 수 있었다. 공사 과정에서 소요된 비용이나 재료에 관한 사항도 당시 작성한 기록에 상세하게 남아 있는데, 그 덕택에 화성 공사 기록은 18세기 조선의 경제 사정이나 사람들의 살림살이를 추정하는 데에도 도움이 된다.

건설 과정에 참여한 인물 중에는 18세기 조선을 대표하는 학자 정약용에 대한 자료가 풍부한 편이다. 특히 정약용이 화성을 건설하기 위해서 무거운 돌을 쉽게 들어 올릴 수 있는 장비로 개발한 거중기는 지금도 사람들에게 잘 알려져 있다.

거중기는 힘이 걸리는 방향을 바꿀 수 있는 고정도르래와 적은 힘으로 오래 일하면 강한 힘을 잠깐 준 것 같은 효과를 내는 움직도르래라는 부품을 이리저리 조합해 놓은 도구다. 없던 에너지를 허공에서 만들어 낼 수야 없으니, 거중기를 쓴다고 해서 누군가 대신 돌을 들어 주지는 못한다. 그렇지만 힘을 주는 방향과 세기를 편리하게 바꾸어, 힘이 약한 사람이라도 여럿이 오래 일하면서 쉽게 돌을 들 수 있다.

현대의 연구를 보면, 거중기의 원판에 해당하는 발명품은 독일인인 요한 테렌즈 슈렉Johann Terrenz Schreck이라는 인물이 설계한 장비였다고 한다. 그 장비에 대한 자료가 흘러 흘러 돌아다니던 것을 조선의 정약용이 입수했고, 장비의 원리를 이해하여 조선에서 구할 수 있던 부품을 이용하는 방식으로 개선한 것으로 보인다. 그 결과 탄생한 것이 정약용 판 거중기다. 국립중앙과학관의 자료에 따르면,

거중기는 중국에서 개발된 같은 원리의 기계보다 4배 이상 센 힘을 낼 수 있었다고 하며, 비슷한 기계들이 조선에서 총 11대가 개발되었다고 한다. 그러고 보면 정약용과 함께 그 기계를 만들어 낸 기술자들 덕분에, 21세기에 답답한 사람이 산책하며 조금이라도 마음을 달랠 수도 있는 아름다운 성이 완성된 셈이다.

다른 관점에서 생각해 보면, 성을 만드는 데 활용된 기계 제작 기술과 그 바탕이 된 원리가 여러 용도로 널리 활용되지 못한 것은 안타까운 일이다. 그 기술과 원리가 여러 사람에게 활발히 공유되고, 많은 사람이 그런 기계를 만들어서 다양한 일을 할 수 있도록 새로운 장치들을 더 개발하는 데 활용하고, 여러 용도로 사회 곳곳에서 더 많이 쓰일수 있었다면 훨씬 좋지 않았을까? 화성을 쌓는 작업뿐만아니라, 다른 건물을 짓거나, 다리나 수로를 만들거나, 배나대포를 만드는 데에도 그 비슷한 기계를 쓸 수 있지 않았을까? 그런 식으로 기술이 활발히 퍼져 나가며 다른 여러 제품을 위한 기계를 만드는 데에도 쓰일 수 있었다면, 조선 후기 사람들의 삶은 역사와 크게 달라졌을 수도 있지 싶다.

21세기 수원을 대표하는 기술 산업은 전자 산업이다. 세계에서 반도체로 가장 돈을 많이 버는 업체로 종종 선정되곤 하는 한국 최대의 전자 업체이자, 세계 최대의 종합 전자 제품 생산 회사의 본사가 바로 수원에 자리 잡고 있기 때문이다.

이 회사의 사무실 건물 중에 꽤 높고 멋진 건물이 서울의 역삼동에도 있다. 무심코 그 역삼동 건물이 본사라고 착각하는 사람들도 많다. 그러나 공식적으로 이 전자 회사의 본사는 수원에 있다. 과거에는 수원에서 실제 전자 제품 생산도 전국 어느 지역 못지않게 활발히 이루어졌는데, 지금은 몇 가지 기술 연구소와 회사 전체의 관리 업무를 맡은 인력, 그리고 본사로서 경영을 담당하는 인력이 중심이 되어 일하는 것으로 보인다.

그래서 연구 개발 실험은 수원에서 자주 이루어진다. 예를 들어, 2020년도에는 빔포밍 기술 실험이 수원의 연구소에서 이루어졌다. 빔포밍이란 무선 통신의 전송 속도를 빠르게 하기 위해서, 기지국에 있는 1,000개 이상의 안테나를 인터넷을 사용하는 기계를 향해 집중적으로 모아서 쏘아 주는 기술이다. 그렇게 하면 많은 자료를 더 빠르게 무선으로 보내기에 유리한 조건을 갖출 수 있다고 한다.

보도를 보면, 수원에서 이루어진 실험에서는 빔포밍 기술의 수준을 당시 시도할 수 있는 극한까지 끌어올려서 8.5기가비피에스 속도를 달성했다고 한다. 이 정도 속도면 HD 동영상을 실시간으로 전송할 수 있는 속도의 2,900배에 달한다.

수원하면 떠올릴 수 있을 만한 동물은 무엇이 있을까? 수원시의 공식 자료를 보면, 수원을 상징하는 새는 백로라고 한다. 그렇지만 나는 뜸부기는 어떤가 생각해 본다.

동요로 잘 알려진 노래 중에 "뜸북뜸북 뜸북새 논에서 울고, 뻐꾹뻐꾹 뻐꾹새 숲에서 울제"로 시작하는 〈오빠생각〉이라는 곡이 있다. 널리 알려진 노래인데, 크게 결정적으로 슬픈 내용이 없는데도 "비단 구두 사 가지고 오신다더니"로 끝나는 여운이 진한 가사가 있어서 길게 이어지는 감정을 주는 노래라고 생각한다. 어릴 적부터 나는 이 노래를 좋아했다.

1925년, 이 노래의 가사를 쓴 사람이 바로 그때 12세의 수원 어린이였던 최순애 선생이다. 이 가사는 원래 잡지에 실렸다고 한다. 그런데 그 잡지의 시를 보고 16세였던 아동문학가 이원수 작가가 편지를 보내, 서로 주고받으며 둘은 친구가 되었다. 몇 년 후, 이원수 작가는 최순애 선생을 수원역에서 만나려고 약속했다는데, 마침 그 무렵 이원수 작가가 독립운동과 관련된 사건에 휘말리는 바람에 일본 경찰에 붙들려 가 버렸다. 그래서 이원수 작가는 수원역에 갈 수 없게 되었다. 5G 무선 통신도, IT 기기도 없던 당시로서는 이렇게 약속이 어긋나면 방법이 없었다. 최순애 선생은 하염없이 수원역에서 이원수 작가를 기다렸을 것이다.

다행히 나중에 〈오빠생각〉을 지은 최순애 선생의 실제

오빠가 이원수 작가와 만날 수 있도록 다리를 놓아 주었다. 그 덕택에 최순애 선생은 이원수 작가와 사귈 수 있었고, 나중에는 결혼하게 된다. 〈오빠생각〉 노래만 보면, 오빠가 꼭 영영 안 돌아올 것 같지만 실제로는 잘 돌아와서 동생을 돌봐 주었다. 이렇게 보면 수원은 오빠의 도시이기도 하고, 한편으로 〈오빠생각〉의 쓸쓸한 느낌 뒤에는 사실 행복한 결말이 있다는 사실을 알려 주는 곳이기도 하다.

〈오빠생각〉 가사에 등장하는 뜸부기는 과거에 논에서 흔히 발견되는 새였다. 그런데 무슨 이유에서인지 숫자가 줄어들어 지금은 한국에서 잘 발견되지 않는 희귀종이 되었다. 뜸부기는 천연기념물 446호로 지정되어 있는데, 1960년대 초에 잡힌 후 발견되는 사례가 너무 드물어서 약 40년간 국내에서 멸종된 것 아닌가 하는 추정이 돌 정도였다. 그러다가 2000년대 이후 다시 매년 한두 마리씩 발견되는 추세다.

동남아시아에 사는 뜸부기가 더운 여름철이 되면 피서하기 위해 북쪽으로 가는 길에 한국에 들르는 것이 아닌가 추정된다는데, 요즘에는 뜸부기가 논에 둥지를 만들면 시군 당국에서 그에 대해 보상을 해 줄 테니 해치지 말라고 적극적으로 홍보하기도 한다. 뜸부기가 오는 곳이라면 그만큼 살기 좋은 청정 지역이라고 세상에 이야기할 수 있기 때문일 것이다.

여수, 청동 검사의 도시에서
세계적인 화학 도시로

고인돌을 품은 공장

여수에 있는 여러 공장 중에 가장 큰 규모를 자랑할 만한 곳이라면 아무래도 정유 공장일 것이다. 20세기 현대산업 사회는 지금껏 석유로 움직여 왔으니, 여수의 정유 공장은 한국 산업 전체를 움직이는 연료통 같은 곳이라고 볼수도 있다. 그런데 여수의 정유 공장 중 한 곳은 그 내부에 엉뚱하게도 고대의 고인돌이 있다.

고인돌은 한국 청동기 시대의 사람들이 건설한 기념물이라고 보는 것이 보통이다. 현대 문명의 상징과도 같은 정유 공장에 왜 수천 년 전의 고대 유적이 있는 것인가 싶은데, 관련된 이야기를 가만히 살펴보면 여수가 청동기 문화에서 빼놓을 수 없는 중요한 지역이라는 사실을 알 수 있다.

한국 청동기 시대 유물 중에서 가장 잘 알려진 물건을 꼽아 본다면 비파형 동검이라고 하는 칼이다. 청동으로 만든 칼인데, 그 모양이 기타를 닮은 옛날 악기인 비파와 비슷한 면이 있어 비파형 동검이라는 말이 붙었다. 칼이 그냥 쭉 뻗어 있지 않고 가운데가 콜라병처럼 볼록 튀어나왔다 들어간 모습을 하고 있어서 기타나 바이올린 같은 악기 비슷한 느낌을 주기는 한다.

비파형 동검은 지금의 한반도, 그리고 한반도와 가까운 중국 동북 지방에서 많이 발견되는 유물이기에 한국의 고대 문화를 잘 나타내는 물건으로 취급되고 있다. 교과서에서도 중요하게 다루어지고 있어 아마 어느 정도는 알려진 유물일 것이다. 비파형 동검은 중국 고대 문화의 중심지인 황하강 유역에서 발견되는 청동기 시대 칼과는 그 모양이 확연히 다르다. 그 때문에 중국 문화와는 다른 한국만의 뿌리가 있다는 시각으로 비파형 동검에 관한 이야기가 나올 때도 많다.

그러나 비파형 동검이 한반도, 특히 남한 지역에서 아주 흔한 유물은 아니다. 그래서 한국의 고고학자들은 청동기 문화를 연구할 때 이 칼 이상으로 당시 사람들이 만들어

쓰던 그릇, 즉 토기를 중요하게 따진다. 비파형 동검 유물이 특히 많이 발견되는 곳으로는 중국 동북부 지역과 지금의 북한 지역이 유명한 편이다.

쉽게 생각하기에는 중국 동북부에 발달된 청동검을 만들 수 있는 사람들이 세력을 이루고 있었는데, 이후 그 영향을 받아서 한반도 북부 지역에도 비슷한 문화가 생겼고, 또다시 그 영향으로 한반도 각지에 비파형 동검이 점차 퍼져 나갔다고 생각해 볼 수 있을 듯하다. 그 때문에 고조선의 중심지가 처음에는 중국 동북부였다가 나중에는 북한 지역 어느 곳으로 옮겨 가지 않았느냐 하는 학설이 관심을 끈 일도 있었다.

비파형 동검 문화와 고조선의 역사에 대해서는 내가 깊은 이야기를 할 만큼 아는 것이 많지 않다. 그렇지만 하나 짚어 보고 싶은 이야깃거리는 있다. 자주 이야기되던 청동기 시대의 중심지인 중국 동북 지방이나 북한 지역에서 가장 멀리 떨어진 한반도의 남쪽 끝, 여수와 그 인근 지역에서 2010년까지만 총 16점에 달하는 비파형 동검이 발견되었다. 특히 2010년 1월에 여수에서 발견된 비파형 동검은 한국에서 나온 비파형 동검 중에 길이가 가장 긴 칼에 속한다. 도대체 왜 이렇게 여수에서 청동기 시대의 칼이 많이 나온 것일까?

그냥 재미난 이야기를 만들어 보자면 지금으로부터

3,000년 전인 고대에 칼을 잘 사용하는 방법, 즉 뛰어난 검법을 개발한 검사 집단이 여수에 있었다는 식으로 말을 꾸며 볼 수도 있을 것이다. 청동기 시대의 검사들이 여수 인근에 요새를 꾸미고 머물면서 주민들을 보호하고 적과 싸우고 악당이 나타나면 물리쳐 주며 유럽 중세의 기사 같은 역할을 했다고 생각해 보면, 그런저런 사연을 갖다 붙일 수도 있을 것 같다.

조금 더 이야기해 보자면, 청동기 시대 여수에 독특한 검법이 있었다고 해도 요즘의 검도나 펜싱과는 아주 다른 형태였다고 봐야 한다. 펜싱에 사용하는 칼은 1미터가 넘는 것이 많은데, 비파형 동검은 그보다 훨씬 짧기 때문이다. 여수에서 발견되었다는 가장 큰 칼이라고 해 봐야, 길이는 40센티를 조금 넘는 정도. 이 정도면 전쟁터에서 장군들이 휘두르던 칼보다는 주방용 요리칼 큰 것에 더 가깝다. 그러니 그 칼을 들고 싸우는 모습도 우리가 쉽게 떠올릴 수 있는 모습과는 사뭇 다를 수밖에 없다.

여수의 비파형 동검은 칼날 부분만 발견되었지만, 다른 지역에서 발견된 손잡이 부분의 모습을 보면 칼 손잡이 맨 끝부분에 길쭉한 모양을 가로로 붙여 놓은 듯한 이상한 부품이 있는 것이 있다. 이것은 아마도 칼로 무엇인가를 찌른 뒤에 손바닥으로 칼 손잡이를 꾹 눌러서 깊이 박아 넣기 위한 부품인 듯하다.

그렇다면 청동기 시대 여수 검사들의 검법은 칼을 들고 찌르기 위한 기회를 노리다가 한번 칼이 잘 들어가면, 나머지 한 손으로 칼 손잡이 뒷부분을 꾹 눌러서 깊이 공격하는 방식이라고 이야기를 만들어 볼 수도 있겠다. 게다가 비파형 동검은 칼날 부분과 칼 손잡이 부분을 따로 만들어 조립하는 방식을 택하고 있다. 이것도 중국 중심지에서 주로 나오는 칼과 다른 점이다. 그런 칼은 손잡이와 칼을 통째로 만든다.

여수의 고대 검사들은 싸우는 상황이나 자신들의 주특기에 따라 서로 다른 칼날과 손잡이를 조합해서 싸운다는 이야기, 혹은 최고의 조합인 칼날과 손잡이를 찾아다니는 이야기를 상상해 볼 수도 있지 않을까? 아니면 칼싸움 도중에 칼날이 손잡이와 분리되어 낭패당하는 위기의 순간을 머릿속으로 그려 볼 수도 있겠다.

물론 이런 이야기들은 그냥 소설가로서 떠올려 보는 상상일 뿐이다. 역사, 고고학 사실이라고 장담할 수 없는 이야기다. 실제로 비파형 동검을 들고 다니며 칼싸움 솜씨를 뽐내는 검사들이 3,000년 전 한반도에서 유명했을지 어땠을지는 알 수 없다. 나는 학자들의 논문을 읽다가 우리가 발견한 비파형 동검들은 실질적인 용도보다는 장식, 의례 용도가 강했을 거라는 의견을 본 적도 있다.

청동의 주원료인 구리는 철에 비해 지표면에서 훨씬 드

문 재료다. 단순히 화학 원소가 얼마나 지표면에 많냐 하는 조사만 보아도, 철은 지표면의 몇 퍼센트쯤은 차지하여 가장 흔한 원소 중 하나에 속하지만, 구리는 0.1퍼센트는커녕 0.01퍼센트 이하로 보는 통계가 많을 정도로 희귀한 원소다. 그렇다면 청동으로 만든 멋진 칼이 있다고 해도, 그냥 높은 사람이나 부유한 사람이 뽐내기 위한 목적의 장식품이었을 거라는 해석은 설득력 있게 들린다.

청동기 시대에는 많은 사람이 돌로 만든 도구를 사용했으므로, 다들 돌칼이나 돌도끼를 쓰는데 높은 사람이 번쩍이는 광택의 날카로운 청동칼을 갖고 있다면 확실히 사치품처럼 보일 만하다. 그런 식이었다면 비파형 동검을 실제로 사용했다고 할지라도 칼싸움에서 무기로 썼다기보다는, 의식이나 제사를 지내면서 칼을 쓸 필요가 있을 때 사용하는 정도였다는 생각도 해 볼 수 있다.

3,000년 전, 여수에서 높은 사람이 제물을 바치거나 고기를 자를 때 과연 비파형 동검을 썼을까? 만약 그랬다면, 비파형 동검은 펜싱 선수의 뛰어난 솜씨를 보여 주는 무기보다는 케이크 커팅식에 사용하는 칼에 더 가까웠다는 말이다.

설령 케이크 칼에 가까웠다고 해도, 청동기 시대 여수에 뛰어난 검사 집단의 요새가 있었다는 이야기의 밑바탕이 다 무너지지는 않을 거라고 나는 생각해 본다.

청동기 시대 여수의 실력자가 그 비파형 동검으로 칼싸움하는 재주가 얼마나 뛰어났는지는 알 수 없고, 설령 그 칼이 장식품이라고 하더라도, 그 정도의 장식품을 땅에 묻어 보관할 정도의 세력가들이 모여 있었다는 것은 사실이다. 특히 여수 지역에는 고인돌이 이곳저곳에 많이 남아 있고, 비파형 동검이 발견된 장소도 고인돌이나 그 인근인 경우가 잦다. 현대 여수 지역에서는 넓은 땅에 걸쳐 공장이 만들어지면서 부지를 조사하는 과정에서 유물이 발견된 사례가 많은데, 대개 발굴과 조사가 끝나면 공장을 건설하기 위해 고인돌을 옮겨 둔다고 한다. 그런데 현재 정유 공장에 남아 있는 고인돌은 너무 규모가 커서 옮기는 데 비용이 워낙 많이 들 것 같아 그냥 포기하고 그 자리에 그대로 둔 채 주위를 공장으로 만든 사례다. 그 정도로 큰 고인돌이 많다.

학자들 중에는 여수 청동검에 대해서 보다 많은 것을 알아내기 위해 그 성분을 분석해 본 사람들도 있다. 안주영 선생 등이 2012년 발표한 논문을 보면, 칼의 성분을 XRF라는 방법으로 분석했다고 한다.

XRF는 X선 형광분석법을 말한다. 이 방법은 분석하는 대상을 태우거나 갈아서 시험하는 방식이 아니라, 간편하게 기계로 사진 찍듯이 성분을 추정할 수 있어서 몇 가지 원소의 함량을 알아보려는 용도로 널리 쓰인다. 유물의 성분 분석뿐만 아니라 현대의 금속 제품·플라스틱 제품을 만들 때도 혹시 불순물은 안 들어갔는지, 중금속 같은 위험한 성분이 포함되어 있지는 않은지 따져 볼 때 자주 사용한다.

XRF의 원리를 아주 간단하게 설명해 보자면, 병원에서 X선 사진을 너무 많이 찍으면 몸에 안 좋다고 하는 현상과 관련이 깊다. X선이 어떤 물질을 파손시키는 힘을 갖고 있으니, 그 현상을 활용해서 알지 못하는 물질이 X선을 맞았을 때 얼마나 변화를 일으키는지 보고, 그 물질이 무엇인지를 역으로 추측해 보자는 것이 XRF의 기본 발상이다. 금속성 물질이 X선을 맞으면 금속 내부에 들어 있던 전자가 원래의 위치에서 떨어져 나가는 식의 변화가 일어나는데, 이 상태가 되면 미약한 빛을 뿜는 현상이 뒤따른다.

정밀한 감지 장치로 이 빛을 측정하여, X선을 맞고 물질이 얼마나 어떤 변화를 일으켰는지를 알 수 있다. 특히 양자 이론에 의해, 이때 나타나는 빛은 원소의 종류에 따라 그 색깔이 뚜렷이 구분될 수밖에 없다. 그래서 이 빛만 잘 측정하면 물질이 무슨 원소인지를 알 수 있다. 만약 수은·카드뮴 같은 위험한 중금속이 X선을 맞았을 때 변화하며 내뿜는 빛과 동일한 빛을 시험 대상이 내뿜는다면, 그 물건 속에 위험한 중금속이 들었다는 뜻으로 해석할 수 있다는 이야기다.

이 방법으로 여수의 비파형 동검 하나를 실험해 본 결과

주요 성분은 구리, 주석, 납이었다고 한다. 청동은 구리와 주석을 섞은 것을 말하는데, 여기에 납도 어느 정도 섞어 넣은 합금으로 칼을 만든 것이다. 청동 제품에 납을 섞으면 가공하기가 편리해지고 재질도 개선될 수 있다. 그렇다면 납을 섞는 것은 해 볼 만한 일이다. 중국 청동 제품 중에 이렇게 납을 섞은 것이 흔하다고 하니, 어쩌면 청동 제품을 잘 만들기 위해 고대 중국이나 다른 지역에서 개발한 기술이 여수까지 건너온 것인지도 모른다.

이와 같은 정황을 보면, 청동기 시대에 여수에서는 여느 지역보다 물자와 기술이 많이 모이는 더 발달한 세력을 이루었을 가능성이 충분하다. 물론 공장을 만들면서 유적을 발굴한 횟수가 많다 보니 자연히 유물이 여럿 발견되었다고 생각해 볼 수도 있다. 그 점을 고려하면 여수를 한반도에서 최고로 청동검이 발달한 곳으로 단정 짓는 것은 조금 섣부를지도 모르겠다. 그러나 꽤 큰 청동기 유적이 발견되어도 특별히 청동검이나 청동 유물을 찾을 수 없는 예도 있었다는 사실이 여수의 유적과 대조를 이룬다. 그렇다면 여수를 청동검의 도시라고 불러도 크게 이상하지는 않다.

영화나 소설을 보면, 예로부터 입에서 입으로 내려오는 전설이 있는데 고고학자가 새로운 유적을 살펴본 결과 그 전설이 사실로 입증된다는 등의 이야기가 많다. 그런데 사실 전설이 수백 년, 수천 년 동안 내려온 무의식을 반영한다는 생각은 그렇게 잘 들어맞지 않는 경우도 흔한 것이 현실이다. 심지어 세상이 처음 생길 때의 아득한 태초의 과거를 배경으로 하는 전설이지만, 그냥 몇십 년 혹은 백여 년 전에 떠돌던 소문이 정착해서 오랜 옛날부터 내려오는 이야기라며 조사되는 경우도 흔하다.

나는 여수의 청동검이 그와 같은 일의 반대에 해당하는 사례라고 생각한다. 3,000년 전에는 꽤 중요한 거점 지역이었지만 시간이 흐르고 기록이 흩어지는 사이에 그것이 잊히고 말았다. 그래서 특별히 그 옛 시대의 영화로운 모습을 나타낼 만한 전설이나 신화조차 남지 않은 신비의 요새가 된 것 아닐까 하는 생각을 해 본다.

한 가지 추측을 덧붙여 볼 만한 점이 있다면, 여수가 항구로 요긴한 지역이라는 사실이다. 여수 앞바다의 안도라는 섬에는 훨씬 시대가 앞서는 신석기 시대의 유적도 발견된 바 있다. 예로부터 사람들이 바다를 오가며 살던 곳이니 배가 여럿 드나들던 지역이었다는 점은 확실하다.

청동기 시대와는 2,000년 이상의 시대 차이가 있기는 하지만, 여수의 안도는 신라 시대에도 뱃길의 중요한 정착지였던 듯하다. 847년 일본의 승려 엔닌은 신라인들의 배를 타고 중국 당나라에서 일본으로 귀국했는데, 이때 중간 기착지로 여수의 안도에 들르는 내용이 『입당구법순례행기』에 기록되어 있다. 정황을 보면, 여수는 한반도 남쪽 끝의 중앙에 있는 지역으로 한반도 인근을 돌아다니는 항해자들에게 머물러 갈 좋은 길목이었던 것으로 보인다. 후삼국 시대에는 김총이라는 인물이 여수를 근거로 인근 해적들을 소탕하며 힘을 기르고 나중에 후백제의 견훤 세력에 합류한 일도 있었다.

어쩌면 여수의 청동검은 바닷길을 오가는 뱃사람과 상인들을 통해 성장한 세력이 남긴 유물일지도 모른다. 그렇게 생각하면, 뱃길로 이어진 까닭에 한반도의 남쪽 끝 바닷가에서 유독 청동검이 많이 발견된다는 이야기가 어느 정도 들어맞는 것 아닌가 싶다.

현재 여수의 화장동에는 청동기 시대의 주요 유적인 고인돌들을 보존해 놓은 고인돌공원이 있다. 고인돌 몇 개와 짚으로 만든 집 모양 몇 개를 설치해 둔 곳이다. 찾는 사람이 많지는 않고, 가끔 설치해 둔 물건들이 부서졌다는 소식이 들려올 때도 있어서 안타깝다는 생각이 든다.

그러고 보면, 우리나라에는 이렇게 터만 남은 휑한 유적이 꽤 많은 편이다. 보통 잔디를 길러 두고 색칠해 놓거나 자갈을 특정한 모양으로 깔아서 표시하는 식으로 터의 흔적을 눈에 뜨이게 해서 보존한다. 만약 관광지를 만든답시고, 정확하지도 않게 아무렇게나 건물을 복원해 버리면 그 과정에서 오히려 땅을 파헤치며 유적을 훼손하게 되니 그렇게 남겨 두는 것이 옳은 선택일 때가 많기는 하다.

나는 이런 장소에 그 시대의 분위기를 살린 석상, 돌조각 같은 것을 운치 있게 배치해 두면 어떤가 하는 생각을 자주 한다. 여러 모양으로 줄지어 늘어선 석상들의 모습은 상상력을 자극하며 보기에도 좋다. 그래서 사람들의 관심을 끌기에 적절하다.

삼국 시대 유적이라면 삼국 시대의 불상이나 토우 모습을 참고한 석상을 설치하고, 고려 시대 유적이라면 고려 시대의 조각을 참고하여 그 시대 느낌이 나는 석상을 설치하면 분위기가 어울릴 것이다. 그리고 그 석상을 당시의 생활상이 잘 드러나는 옷차림이나 소품 등으로 꾸민다면, 구경하러 온 사람들에게 지식을 알려 주는 역할도 할 수 있을 거라고 생각한다. 억지로 건물을 지으며 유적을 훼손하는 것이 아니라 석상을 설치하는 것뿐이므로, 유적 보존에도 좋은 방식이다.

여수 화장동의 고인돌공원에, 우뚝하니 석상들이 줄줄이 늘어서서 청동기 시대의 옷차림을 하고 청동기 시대의 장신구를 달고 비파형 동검을 들고 있다면 어떨까 하는 상상에 잠깐 빠져 본다.

석상을 꼭 매끈하게 만들 필요 없이, 오히려 낡은 듯 조금씩 부서진 모습으로 폐허와 같은 풍경을 연출하는 것도 재미있을 것이다. 실제로 18~19세기 유럽에서는 폴리folly

라고 하여 정원에 괜히 폐허 모양의 장식물을 설치하는 유행도 있었다. 이미 유적지를 보존하기 위해 잔디를 심고 자갈을 까는 정도의 정원 같은 장식은 하고 있으니, 조금 더 장식한다는 생각으로 석상들의 행렬을 설치하는 것은 고려해 볼 만하다고 본다.

여수의 청동검에서 하나 더 언급하고 싶은 점은 그 옛날 검이 묻혔던 것을 발견해 보면, 두 조각 또는 세 조각으로 부러진 모양으로 나오는 일이 많다는 사실이다. 학자들은 멀쩡한 검을 묻기 전에 일부러 부러뜨려 넣은 것으로 보고 있다. 다른 지역에서는 청동 거울도 깨뜨려서 묻어 놓은 것이 발견된 적이 있다고 하니, 아마도 멀쩡한 물건을 부수어서 땅에 묻는 행위에 어떤 주술적인 의미가 있지 않았나 하는 생각이 든다. 짐작해 보자면 청동검을 주인 옆에 묻으면서 함께 저승으로 가라는 의미로, 칼 또한 저승에 보내기 위해 세 토막으로 부러뜨린 것일 수도 있다.

그러나 나는 먼 옛날 청동검을 무덤에 같이 묻어 달라고 유언했던 어느 존경받던 검사가 더 이상 칼 쓰는 일이 싫어서, 칼을 똑 부러뜨려 묻어 달라고 하는 장면도 한번 상상해 본다. 칼 쓰는 일, 전쟁터의 승리, 다른 사람을 칼 솜씨로 제압하는 일로 평생 명성을 떨쳤고 그것 때문에 모든 사람을 벌벌 떨게 하며 두려움의 대상이 된 검법의 달인이었지만 세상 떠날 때가 되니 이제는 전쟁이나 칼싸움이 모두 지긋지긋해진 것이다. 그래서 그는 빛나는 청동칼이 아무리 위대한 권위의 상징이라 하더라도, 그 칼이 부러지고 평화가 오는 것만큼 위대한 일은 없다고 여긴다. 아닌 게 아니라, 수천 년의 세월이 지난 지금 우리가 볼 수 있는 것은 위대한 검사의 이름도 아니고, 그 검사의 훌륭한 칼 솜씨도 아니고, 그저 칼날을 부러뜨려 놓은 모습뿐이다.

안도의 한숨과 거북손의 변신

고대 요새 이야기를 하면서 여수 앞바다의 섬 안도에서 석기 시대 유물이 나왔다는 말을 잠깐 했는데, 내가 여수에서 처음 가 본 곳도 사실은 안도였다. 석기 시대 유물을 찾아가거나 신라의 뱃길을 찾아간 것은 아니다.

대학 시절 여름 방학 때 나는 충청북도 영동에서 출발해 그냥 계속 남쪽으로 내려가며 이곳저곳을 다녀 보자는 여행을 했다. 일정도 목적지도 없이 그냥 계속 남쪽으로 내려간다는 계획만 있었다. 온종일 걸어가기도 하고, 내키면 버스를 타거나 기차를 타기도 하면서 계속해서 가고 또 갔다. 충청남도, 전라북도, 전라남도를 거쳐 이 동네 저 동네를 다녔다. 그때 전라북도 장수·남원 등의 지역에 처음 가보기도 했고, 지리산 노고단에도 처음 올라가 보았다. 좋은

교통수단을 이용하거나 아늑한 숙소를 찾아다니는 여행과
는 아주 거리가 멀었기에, 힘들고 피곤한 여정이었다. 지리
산에 올라가는 길은 특히 고생스러웠는데, 막상 기대했던
노고단에 온통 구름과 안개가 껴 있어서 별달리 경치를 볼
것이 없었다. 그래서 무척 실망했는데 나중에 알고 보니,
원래 노고단은 안개와 구름이 잦은 곳이라고 했다.

그런저런 여행 끝에 남쪽으로 올 수 있는 끝까지 온 곳이
여수였다. 여수에 도착해서는 남겨 놓은 돈으로 배를 타고
어디든 섬에 갔다 오겠다고 생각했다. 표 사는 곳에서 벽에
붙은 종이를 살펴보니, 남은 돈을 털어서 갔다 올 수 있는
목적지가 바로 안도였다.

30분 조금 넘는 정도, 한 시간 조금 못 미치는 즈음 배를
타고 나갔더니 섬에 도착했다. 학교 하나가 있고, 파출소의
분소가 있었던 모습이 지금도 생각난다. 섬이 어떻게 생겼
는지 보려고 돌아다니다가, 섬 언덕에 풀어놓고 기르던 소
한 마리가 내 쪽으로 온 일도 있었다. 언덕 아래쪽에서 할
머니께서 다급하게 소리치기를 "얼른 피해! 소가 뿔로 찔러
붕께"라고 이야기하셨다. 처음에는 "찔러 붕께"가 무슨 말
인지 못 알아들었는데, 할머니께서 손가락으로 머리에 뿔
모양을 만드는 모습을 보고, 소가 뿔로 찌르기 공격을 할
수도 있다는 경고인 것을 알고 재빨리 멀찌감치 피했다.

밤이 되자, 나는 이제 여행이 마지막이다 싶어 가게에서

소주와 과자를 사다가 파도치는 밤바다가 잘 보이는 곳에 앉아 그것을 먹었다. 그게 저녁이었는데, 여행의 마지막 만찬은 고등학교 때부터 친하게 지내던 한 친구와 그곳에서 같이 술을 마시며 보냈다.

이런저런 여행을 했다고 돌아보는 이야기를 하다 보니, 아쉽기도 하고 마음이 허하기도 해서 한숨을 푹 쉬었다. 그러자 친구는 "안도에서 한숨을 쉬니, 안도의 한숨 아니겠는가"라고 했다. 안도의 한숨을 쉬었으니, 이제부터 인생 사는 것은 별걱정 할 필요가 없지 않겠냐는 농담도 덧붙였다. 완전히 40~50대 아저씨들이나 좋아할 법한 농담이었는데, 파릇파릇한 대학 시절에 그런 이야기가 왜 그렇게 재미났는지, 나는 한참 웃었다. 얼마나 웃었는지, 지금도 가끔 속이 답답해서 한숨을 쉬게 될 때면, 힘든 일만 줄기차게 이어졌던 그 여름 여행의 마지막 날 안도의 한숨을 떠올린다.

그리고 어쩌다가 섬의 파출소 분소에서 일하시는 경찰관 한 명과 이야기를 나누게 되었다. 그 단 한 분이 안도의 유일한 경찰관이었다. 그때는 몰랐는데 지금 생각해 보니, 외지에서 온 낯선 젊은이 두 사람이 바닷가에서 소주를 마시고 있으니 뭔가 수상해서 순찰 목적으로 말을 거셨던 것 같다. 나는 이러한 떠돌이 여행을 하고 있다고 털어놓았는데, 그러자 경찰관분은 나와 친구가 불쌍해 보였는지 집에 가서 제대로 된 밥을 먹여 주겠다고 하셨다.

그렇게 해서 우리는 여수 안도의 특별한 음식이 가득한 저녁을 먹게 되었다. 그때 그 경찰관분이 권해 주었던 음식 중에는 거북이 발을 닮은 해산물로 만든 것과 호랑이 발톱을 닮은 해산물로 만든 것이 있었다. 호랑이 발톱을 닮은 해산물은 진짜 호랑이 발톱 같지는 않았는데, 거북이 발을 닮은 해산물은 정말로 거북이 같은 동물의 조그마한 발 하나가 오므린 채로 요리된 것 같은 모양이었다. 색깔이나 무늬도 비슷했다. 먹어 보면 질감은 멍게 비슷하기도 하고 해삼 비슷하기도 했는데, 멍게보다는 부드럽고 해삼보다는 딱딱하거나 질긴 느낌이었다. 나중에 알고 보니 그것은 거북손이라고 하는 바다 생물로, 남해안 지역에서는 종종 사람들이 바닷가에서 따다 먹는 식재료였다.

나는 그런 음식을 처음 보았다. 그런 음식이 있다는 것을 듣지도 못했고 상상도 하지 못했다. 그래서 호기심으로 먹어 보았는데, 맛도 괜찮았다. 싱그러운 해산물 맛에 경찰관의 부인께서 요리하신 솜씨도 훌륭해서 밥 한 그릇이 금방 다 없어진다는 것이 아까울 정도로 맛있게 먹었다. 원래는 소주에 과자로 끝낼 식사가 전체 여정에서 가장 훌륭한 저녁으로 마무리되었다. 그야말로 안도의 한숨에 어울리는 저녁이었다.

거북손은 학술적으로는 폴리키페스 미텔라*Poillicipes mitella*라고 부르는 생물로, 넓게 보면 절지동물의 일종이다. 그러니까 새우나 게 또는 나비나 잠자리 등과 비슷한 생물이라는 말이다. 요리 재료인 거북손의 모습만 보면 그 말은 얼토당토않게 들린다. 거북손은 돌에 가만히 붙어사는 생물로, 게나 새우 같기는커녕 거의 식물에 가깝게 보이기 때문이다. 오므린 거북이 발가락 같은 것이 돌에 붙어 있는 모습을 보면 재질이 약간 괴상한 선인장이나 다육식물이 돌에 붙어 있는 모양처럼 보인다.

잘해 봐야 조개나 소라같이 천천히 움직이는 동물과 닮았을까 싶은 생각이 드는 정도다. 새우나 게와 비슷하다는 느낌은 도무지 들지 않는 생물이다. 사람이 거북손을 뜯어서 요리해 먹으려고 해도 새우나 게처럼 걸어서 도망간다거나 하지도 않는다.

하지만 거북손이 태어나면서부터 이런 모양은 아니다. 어릴 때의 거북손은 전혀 다른 모습과 습성을 갖고 있다. 사람이라면 어릴 때는 잘 걷지 못해 기어 다니고 힘도 약하지만 자라면서 잘 돌아다니는 모습이 보통인데, 거북손은 반대다.

어린 거북손은 새우나 곤충 비슷한 모습으로 바다를 헤엄치면서 움직이는 생물이다. 그때는 확실히 갑각류나 곤충처럼 생겨서 절지동물답다. 그 모습으로 바다 이곳저곳을 자유롭게 돌아다니며 먹이를 잡아먹고 자신을 먹으려는 적을 피하면서 산다. 그러다가 어느 정도 나이가 들면 거북손은 변신한다. 이 과정에서 팔, 다리를 모두 없애 버린다. 모르기는 해도 그렇게 움직이는 부위를 없애 버리면서 세상을 탐험하며 돌아다니는 데 필요한 신경 계통과 뇌도 모두 다 녹여 없앨 것이다. 인생 사는 데 피곤할 뿐이라고 판단하면 스스로 정신과 의식을 없애 버리는 생물이라고 짐작해 봐도 좋을까 모르겠다.

변신을 완료한 거북손은 바다를 자유롭게 돌아다니던 시절은 잊고, 가장 괜찮은 한자리에 눌러앉아 그냥 가만히 머무르며 남은 평생을 보낸다. 그것이 다 자라난 모습이다. 움직이지도 않고, 돌아다닐 생각도 하지 않는다. 남해안의 그 많은 거북손은 모두 그렇게 가만히 앉아 남은 평생을 보내면서 드디어 완전한 안식을 얻었다고 느끼는 것일까? 혹시 그렇게 긴 시간을 움직이지 않고 보내는 거북손 중에, 먼바다를 구경하던 어린 시절을 그리워하는 것이 하나쯤 있지는 않을까?

인터넷이 발달한 요즘은 서울 같은 내륙 대도시에서도 거북손을 주문해서 먹을 수 있다. 거북손 요리를 만드는 방법을 찾거나 거북손 요리를 파는 식당을 검색하는 것도 어렵지 않다.

오래간만에 거북손을 다시 맛보면서, 거북손의 습성을

떠올리며, 사람 중에도 비슷하게 사는 사람이 있지 않은가 싶은 생각도 해 본다. 한 시절 아주 열심히 살며 급격하게 성장하고 변화해 왔지만, 나이가 들면서 어느 시점 이후로는 더 이상 바뀔 필요도 다른 생각을 할 필요도 없다고 생각하고 그냥 지금 사는 대로, 지금 생각하는 대로만 굳어져 사는 사람. 그런 사람은 거북손 같다. 거북손이 변신하는 것처럼, 그런 사람도 그때가 되면 과거와는 모습이나 분위기가 달라진다. 그러면 자기 마음만은 편히 지낼 수 있는 것인지는 잘 모르겠다.

여수를 받치는 거대한 공장 지대

대학 시절 안도에 갔을 때만 해도 여수에 언제 또 올까 싶었는데, 나중에 직장 생활을 하게 되니 여수 시내에 여러 차례 방문할 일이 많이 생겼다. 그 이유는 여수가 한국 화학 공업의 중심지이고 나는 화학 업계에서 직장 생활을 계속했기 때문이다. 화학 업계의 많은 공장이 여수에 모여 있고, 그중에도 규모가 크고 중요한 공장이 여럿 있었기에 여수에 자주 갈 수밖에 없었다.

화학 산업이라는 말에 별 관심이 없다면 무슨 이상한 약품을 만드는 산업이라고만 생각할 수도 있는데, 사실 화학 업체들은 우리 생활에 필요한 별별 물질을 다 만들어 낸다. 간단하게는 모든 플라스틱 계통 재료가 다 화학 공장에서 만드는 것이고, 얼핏 플라스틱인 줄 모르지만 사실은 플라스틱의 일종인 온갖 옷감과 합성고무들도 다 화학 공장에서 만든다. 그러니 우리 살갗에 닿는 온갖 물건, 손으로 붙잡을 수 있는 여러 가지, 몸을 감싸고 있는 모든 것이 대개 현대 화학의 산물이다. 이에 더하여 무엇인가 색깔을 입히거나 코팅한다면 그것도 다 화학 공장에서 나온 재료를 이용하게 된다. 색깔을 입히기 위한 물감이 전부 화학 산업의 산물이고, 광택이나 재질을 좋게 하려고 젓가락부터 비행기까지 모든 물건 겉면에 바르는 물질도 다 화학 산업의 결과다. 당연히 각종 세제, 방향제 등등 정말로 무슨 약품 같은 것을 만드는 산업도 화학 산업이다.

한국은 공업이 발달한 만큼 화학 산업의 비중도 매우 큰 나라다. 특히 수출에서 차지하는 비중이 크다. 반도체, 자동차 다음으로 많이 파는 것이 각종 석유 제품, 화학 제품이다. 그렇게 생각하면 한국 경제의 3분의 1 내지 4분의 1쯤은 화학 산업이 떠받치고 있다고 해도 과장이 아니다. 세계 경제의 눈으로 보면 석유가 많이 나는 나라나 화학 제품을 만들기 위한 재료가 많이 나는 나라에서 그 물질을 배에 실어서 한국에 가져오면, 노동자들이 발달한 과학과 기술로 별별 물건을 다 만들어 내는 것이 한국인들이 돈을 버는 전형적인 방법이라고 설명해 볼 수도 있다.

화학 산업에 사용되는 가장 기본이 되는 재료는 석유다. 혹시 사우디아라비아나 이라크에서 나오는 석유는 까만색인데, 자동차에 넣는 기름은 왜 투명한 색에 가까운 것인지 이상하다고 생각해 본 적이 없는가?

그것은 원래 땅속에서 캐낸 석유 자체인 원유를 그대로 쓰는 것이 아니라, 분리하고 정제하여 여러 가지 다른 기름을 만들어서 사용하기 때문이다. 까만 석유를 커다란 강철 탑에 넣고 기계 장치를 이용해서 분리하면, 가장 끈끈하고 새카만 찌꺼기는 아스팔트가 되고, 가장 가볍고 쉽게 마르는 부분은 휘발유가 된다. 참고로 플라스틱 장난감에서 페인트까지 온갖 화학 제품을 만드는 기본 원료로 사용하는 석유는 석유 중에서도 휘발유와 크게 다르지 않은 나프타라고 부르는 부분이다.

화학 산업의 수준이 세계적인 한국에서도 화학 산업이 가장 발전한 여수에는 석유를 정제하는 공장, 즉 정유 공장도 아주 큰 규모로 들어서 있다. 2006년 당시 여수 정유 공장에 건설된 세계 최대 규모의 감압증류탑이라는 거대한 강철 탑 설비는 높이만 65.53미터에 달해서 아파트 20층에 가까운 크기다.

이 높다란 강철 탑 안에 석유를 가득 집어넣고 온 힘을 다해 기계를 돌려, 세계 각국 사람들이 사용할 다양한 석유 제품을 분리해 낸다. 여수의 한 공장에서 하루에 정유할 수 있는 석유의 양은 1억 리터 이상에 달하여, 세계 4위 수준이라고 한다. 한국에는 석유가 나지 않는다는 점을 고려하면 이런 엄청난 설비가 있다는 것은 놀라운 일이다. 석유가 그렇게 귀한 자원이라고 하는데, 세계 곳곳의 석유가 많이 나는 나라에서도 그것을 쓰기 위해서는 결국 한국 여수의 노동자들에게 부탁해서 가공해야 하는 경우가 많다는 뜻이다.

여수 화학 산업, 정유 산업의 규모를 단적으로 말해 줄 수 있는 시설로는 지하 석유 저장소가 있다. 실제로 사용하는 시설이라서 사람들에게 멋지게 구경시켜 줄 방법이 없어 별로 알려지지는 않았는데, 여수의 지하 석유 저장소는 세계 최대에 가까운 규모라서 대단히 크다.

현재 알려진 내용을 보면 지하 60미터 땅속에 높이는 아파트 12층가량, 너비는 6차선 도로 폭의 거대한 공간을 파고 또 파서 만든 이 저장고는 무려 14킬로에 달하는 거리를 계속 연결해 놓은 규모라고 한다. 이 정도면 서울 사대문 성곽과 비슷한 수준의 길이를 지하 60미터 땅속에 파 놓았다는 뜻인데, 그 공간에 석유를 채워 넣으면 30억 리터 이상을 담을 수 있다고 한다. 석유로 가득한 지하 왕국을 건설해 놓았다고 말해도 과장이라고 할 수 없다.

게다가 여수에는 하나의 거대한 화학 공장만 있는 것이

아니라, 다양한 일을 하는 화학 공장이 같은 도시에 잇따라 자리 잡고 있다. 그래서 여수는 한 공장에서 생산한 제품을 옆 공장에서 원료로 사용하고, 그 공장에서 만든 제품을 또 다른 공장으로 옮겨 다시 다른 제품을 만드는 연결 관계가 아주 촘촘히 잘 꾸며져 있는 도시다.

시커먼 석유를 깨끗한 기름으로 분리할 수 있는 공장에서 원료를 사 온 다른 공장은 그 기름으로 비닐봉지의 원료인 에틸렌을 만들 수 있고, 그 에틸렌을 또 다른 공장이 사 와서 뷰타다이엔 같은 좀 더 특수한 물질을 만들 수 있다. 그러면 그 뷰타다이엔을 사 온 또 다른 공장은 그것으로 합성고무를 만든다. 이렇게 여러 공장이 연결해서 일하는 작업이 마치 최고 수준의 축구팀이나 농구팀이 멋지게 공을 주고받는 것처럼 부드럽게 엮여 이루어진다.

여수에는 사우디아라비아에서 석유를 사 오는 배를 댈 수 있는 항구도 있고, 거기에서 휘발유를 뽑아 파는 공장이 있는가 하면, 이런저런 여러 화학 물질을 만드는 과정을 거치고 또 거쳐 고무 제품을 만드는 공장도 있다. 코로나19 전염병으로 한창 고생하던 2021년 11월에는 여수의 한 합성고무 업체가 공공의료시설에 합성고무로 만든 라텍스 장갑 91만 장을 기부한 일도 있었다. 드럼통에 든 시커먼 석유와 병원에서 사용하는 하얀 위생 장갑을 같이 놓고 보면, 어떻게 저런 석유로 이런 장갑을 만들 수 있다는 것일까 싶지만, 그 놀라운 일을 여수의 공장에서 노동자들이 매일 같이 막대한 규모로 해내고 있다.

여수에서 여러 공장이 같이 움직이는 모습을 살펴보면 더 재미있다. 흔히 여러 조직이나 여러 물건이 잘 어울려 움직이는 모습을 보고, 하나의 유기체 같다는 표현을 사용한다. 여기서 유기체라는 말은 생물이라는 뜻인데, 여수의 공장들은 정말 그렇게 한 생물처럼 움직인다. 서로 다른 회사의 떨어진 두 공장이 하나의 생물처럼 정말로 아예 기계가 연결되어 움직이는 곳이 많기 때문이다.

여수에서는 공장 간에 이런저런 화학 제품들을 워낙 자주, 또 많이 주고받는다. 그래서 트럭에 드럼통을 싣고 다니며 제품을 일일이 가져다주는 것은 너무 귀찮고 번거로울 수 있다. 그 때문에 많은 공장이 자주 사용하는 물질을 사고팔기 위해서, 공장의 파이프를 아예 서로 연결해 두었다.

집에서 수도꼭지를 돌리면 강물을 퍼내서 정수하여 만든 수돗물이 관을 따라 흘러 결국 세면대로 쏟아지듯이, 한 공장에서 필요한 물질이 있다면 그것을 만드는 공장이 연결된 관으로 바로 뿜어내어 보내 주는 방식을 택한 곳이 여수에는 많다. 귀찮게 드럼통에 넣어 트럭에 싣고 또 내려서 드럼통을 열어 쏟아붓는 과정을 거치지 않고, 그냥 바로 파이프로 보내고 얼마나 보냈는지 계량기로 측정해서 그 양에 따라 요금을 매겨 나중에 계산한다.

이런 관계는 대단히 복잡해서 한 공장에서 여러 공장으로 관이 뻗어 있기도 하고, 때에 따라서는 내가 제품을 파는 공장에서 오히려 제품을 받아 오기도 한다. 2022년 한 신문 보도에 따르면 여수 땅 곳곳에 퍼져서 공장들을 지나는 이 파이프들의 길이는 총합 2,000킬로가 넘는 것으로 추산된다고 한다. 경부고속도로 4배 길이에 해당하는 파이프들이 이리저리 얽혀 여수의 공장들 사이에 잔뜩 퍼져 있다는 뜻이다.

사람이나 동물의 몸에는 여러 장기와 신체 부위가 있고, 신경과 핏줄이 그것들을 연결한다. 그렇다면 여수라는 도시에서는 다양한 공장이 장기 역할을 하고, 어지럽게 뻗은 파이프들이 그 공장들을 연결하는 신경과 핏줄 역할을 한다고 생각해 볼 수도 있다. 온갖 물질을 주고받으며 그것을 변화시키는 공장들의 모습은 생물의 물질대사, 메타볼리즘, 그러니까 음식을 소화해 영양분을 뽑아내고 그 영양분을 갖가지로 사용하는 모습과 정말 비슷해 보인다.

그렇게 생각하면 여수라는 도시는 수많은 공장이 연결된 채로 움직이는 하나의 거대한 강철 생명체 같은 것일지도 모른다. 여수에서는 여전히 기계와 공장을 더 짓는 작업이 계속되고 있다. 사람들 중에는 화학 공장 단지 중에서는 어쩌면 여수가 세계에서 가장 거대한 곳이지 않나 추정하는 이도 있다.

현대 화학 공장의 연결 파이프들은 굉장히 길고 복잡하게 뻗어 있고, 그중에는 지하에 묻혀 있는 것도 많다. 그러므로 어디에 새는 부분은 없는지, 혹시 어디인가 막히지는 않았는지 일일이 검사하기가 매우 어렵다. 파이프 바깥 면이야 어떻게든 사람이 따라가면서 살펴볼 수 있겠지만, 파이프 속으로 기어들어 내부를 살핀다든가 지하에 묻힌 파이프를 점검하는 것은 힘겨운 일이다.

그래서 화학 공장, 가스관, 송유관 점검에 자주 사용하는 장비로 인텔리전트 피그intelligent pig라는 것이 있다. 직역하면 똑똑한 돼지라는 뜻인데, 파이프 속으로 집어넣는 동그란 기계 장비를 말한다. 옛날 영어권에서 파이프를 점검하는 일을 피깅pigging이라고 불렀다고 하는데, 그 때문에 파이프를 점검하는 기계를 마침 돼지라는 뜻의 피그pig라고 부르게 된 듯싶다.

현대의 인텔리전트 피그는 스스로 파이프 내부를 돌아다니는 기계 장치다. 이 장치는 파이프 안쪽을 여러 가지 측정 장비로 검사하면서 돌아다닌다. 그렇게 해서 파이프가 튼튼한지, 이상이 있는 곳은 없는지, 자동으로 살펴보고 측정한 다음 그 결과를 사람들에게 전송한다. 그런 식으로 컴컴하고 숨도 쉬기 어려운 강철 파이프 속에 들어가 이리저리 이어진 미로 같은 길을 따라 끝없이 움직이며 공장 간의 파이프 연결이 안전하다는 것을 보장해 준다.

인텔리전트 피그는 결코 간단한 장비는 아니다. 파이프 속을 어떻게 다녀야만 정확하고 빠르게 움직일지 아는 기술자가 만들어야 제 성능을 발휘할 수 있다. 또한 아무런 지형지물도 없고 각종 통신이 어려울 때도 파이프 속에서 얼마만큼 움직였는지, 지금 위치가 어디인지, 정확히 파악하는 기술도 세밀하게 개발해 두어야만 제대로 활용할 수 있다. 그러므로 더 좋은 인텔리전트 피그를 만들기 위한 연구는 아직도 남아 있다.

생각해 보면, 인텔리전트 피그는 강철 파이프 내부를 돌아다니며 지내는 것이 유일한 목적인 기계 돼지다. 사람 사는 곳에서 로봇 경찰관이 일상적으로 동네를 순찰하며 위험한 상황을 막는 것은 아직 먼 미래의 일 같다. 그러나 여수 공장에서는 이미 기계 돼지가 2,000킬로의 파이프로 이루어진 세상을 순찰하며 안전을 지키고 있다. 어쩌면 지금 이 순간에도 여수의 그 기나긴 파이프 중 어느 한 곳을 기계 돼지 한 대가 살펴보며 지나가고 있을지도 모른다.

장어를 좋아한다면 "여자만 장어"라는 이름을 오다가다 어디에서든 보았을 것이다. 도대체 여자만 장어가 무슨 말일까? 여자들만 좋아하는 장어라는 뜻일까? 궁금하지 않은가?

여자만은 여수 근처의 바다를 일컫는 말이다. 여수 인근에 바다가 육지 쪽으로 쑥 들어간 지형이 있는데, 이곳을 여수에서는 여자만이라고 하고 순천에서는 순천만이라고 한다. 여수에서 여자만이라는 말을 쓰는 까닭은 이 바다에 여자도라는 섬이 있기 때문이다. 여자도 역시, 여성의 섬이라는 뜻은 아니다. 말장난에 불과하긴 하지만, 여자도에 여자보건진료소라는 기관이 있는데 이름과 달리 여성만 갈 수 있는 곳은 아니고 남성도 갈 수 있는 보건진료소다.

여자만 장어는 바로 그 여자만이라는 지형에서 잡히는 장어다. 장어는 제법 친숙한 물고기이기는 하지만 종류도 다양하고 생태도 신비하다. 하나만 말하자면, 장어의 어린 시절 모습을 이야기해 볼 만하다.

다 자란 요리 재료인 장어라고 하면 길쭉한 모양으로 검은빛이나 짙은 회색빛을 띤 형태를 떠올릴 것이다. 그러나 장어의 어린 시절 모습은 그와는 전혀 다르다. 어린 장어 새끼는 검은색도 아니고 회색도 아니다. 황당하게도 어린 장어는 투명하게 생겼다. 모양도 길쭉하지 않고, 납작하고 짤막하다. 흔히 대나무 잎 모양이라고도 설명한다. 투명한 대나무 잎 모양을 한 물고기가 바다를 열심히 헤엄쳐 다니는 기이한 모습이 어린 장어의 형상이다. 유럽 사람들은 처음 새끼 장어를 발견하고 장어가 아닌 별도의 물고기라 생각해서 렙토세팔루스라는 이름을 붙일 정도였다.

그런 모습의 어린 장어가 자라면서 변신하여 몸의 형체가 친숙한 장어 모양으로 바뀌고, 이후에 색깔이 점점 짙어지면서 완연한 어른 장어로 성장한다. 여수의 여자만에서는 갯장어가 다른 장어보다 좀 더 인기 있는 편인 것 같다. 갯장어는 개처럼 잘 물어뜯는 습성이 있어서 붙은 이름이라는 설이 알려져 있다.

참고로 부산에서 꼼장어라는 이름으로 부르는 음식은 먹장어를 말하는 것인데, 겉모습이 장어와 비슷해서 먹장어·꼼장어라는 이름이 붙었을 뿐으로 아예 보통의 물고기류가 아닌 전혀 다른 바다 생물이다. 먹장어는 눈이 없고 혓바닥 가운데에 이빨이 돋아나 있는 등 이상한 특징을 가진 동물이다. 그냥 아주 길쭉하게 생겼기 때문에 장어로 끝나는 이름이 붙은 것뿐이다.

하늘을 날아다니는
물고기의 도시, 부산

전설을 추적하는 과학자들

지금은 해운대를 중심으로 개발된 신시가지도 부산에서 사람들이 많이 찾는 곳이고, 교통의 중심지인 서면 일대라든가 자갈치 시장이 있는 남포동 주변도 번화가다. 그러나 조선 시대 이전까지 부산에서 가장 사람이 많았던 중심지는 동래 인근이라고 보아야 한다. 지금도 부산의 동래에서는 조선 시대 읍성의 흔적이나 조선 시대의 학교인 향교 등등 조선 시대 도회지의 남은 모습을 조금이나마 찾아볼 수 있다. 이 지역의 북쪽에는 동래를 감싼 모양으로 둘러쳐진 금정산이 있다. 말하자면 금정산이 부산의 옛 중심지를 지켜 주는 방벽 역할을 했다고 볼 수 있겠다.

금정산에는 예로부터 요새로 활용할 수 있는 금정산성이라는 성벽이 건설되어 있었다. 21세기의 무기가 갖추어진 현대에는 방어벽이라기보다는 부산 시민들이 등산로로 애용하는 곳이다. 그래도 옛 모습은 어느 정도 남아 있다. 금정산성의 성문은 보기 좋게 현대에 다시 지은 것이 대부분이지만, 성벽을 이루는 돌의 상당수는 실제로 조선 시대 이전에 그곳으로 운반된 자재들이다. 그러므로 금정산성은 꽤 생생하게 부산의 옛 모습을 살펴볼 수 있는 곳이다.

금정산에는 조선 시대보다 훨씬 더 먼 세월을 거슬러 올라가는 전설도 있다. 금정산 기슭에는 부산을 대표하는 사찰이라고 할 수 있는 범어사가 있는데, 범어사의 이름과 관련한 이야기가 그 전설이다. 거의 신화에 가까운 이야기인데, 꽤 유명한 편이다.

이야기의 내용은 금정산의 금정이라는 이름과 범어사의 범어라는 이름이 짝을 이룬 형식이다. 먼 옛날 하늘에서 범어라고 하는 물고기가 나타났다는 것이 전설의 시작이다. 하늘에서 나타난 물고기라니. 물고기지만 강물이나 바다에서 사는 것이 아니라, 마치 공중을 바다처럼 여겨 헤엄치는 신비한 물고기라고 생각해 볼 수 있겠다. 지느러미가 날개처럼 커다란 물고기였을까? 아니면 풍선처럼 몸이 부풀어 올라 공중에서 떠다닐 수 있는 물고기였을까? 정확한 것은 알 수 없지만, 앞뒤 정황을 보면 아마도 색깔은 금빛이 아니었을까 싶다. 그 물고기가 금정산 꼭대기의 바위에 생긴 우물에 들어가서 노닐었을 때 물이 금빛이 되었다는 내용으로 이야기가 이어지는데, 그렇다면 물고기의 색도 금색인 쪽이 어울릴 듯하기 때문이다.

그 우물의 이름은 황금빛 우물이라는 뜻으로 금정이라 부르게 되었고, 산의 이름도 금정산이 되었다. 하늘을 날아다니다 금정산에서 쉬어 간 신비한 물고기에게는 범어梵魚라는 이름이 붙었다. 그 때문에 금정산 아래에 생긴 사찰의 이름은 범어사가 되었다. 조선 시대 기록인 『동국여지승람』에 실린 전설인데, 범어사가 신라 시대 때 생겼다는 말은 꽤 널리 퍼져 있으므로 어쩌면 이 전설은 신라 사람들도 알던 이야기일지도 모른다는 생각을 해 본다.

도대체 이런 전설은 왜 생겼을까? 범어의 "범"은 불교 문헌에서 고대 인도 문화를 상징하는 글자로 종종 쓰이는 말이다. 원래 뜻은 브라흐마(범천梵天)라고 하는 고대 인도의 신을 말한다. 힌두교의 뿌리가 된 고대 인도의 신화에서는 브라흐마가 우주를 만들었다고 한다. 넓게 보면 우주의 창조 원리, 우주의 과거와 미래를 관통하는 그 신비로운 무엇인가에 대응되는 말이 "범"이라고 할 수도 있다. 그렇다면 범어는 우주를 품고 있는 물고기, 내지는 우주 저편에서 온 굉장히 성스럽고 신비한 물고기라는 뜻처럼 들리는 단어다.

만약 이 전설이 정말 신라로 거슬러 올라가는 오래된 옛 전설이었다면, 혹시 먼 옛날 부산의 이 지역에 살던 사람들은 물고기 모습으로 하늘을 떠도는 어떤 신령이 있다고 믿었던 것은 아닐까? 예나 지금이나 부산에서는 물고기를 잡는 어업이 중요한 산업이다. 지금도 고등어 같은 생선은 전국에 유통되는 물량 대부분이 부산에서 팔려 나간다. 남해에 고등어가 많으면 부산 경기가 살아난다는 말이 있을 정도다. 공업이나 무역이 발달하지 않았던 먼 옛날에는 물고기를 잡는 일이 지금보다 훨씬 더 중요했을 것이다. 그렇다면 물고기 신령에게 행운을 비는 풍속이 자리 잡은 도시가 고대에 건설되었을 수도 있지 않을까 하는 상상을 나는 해 본다.

나는 금정산에 두어 차례 올라가 본 적이 있다. 금정산 정상 근처를 다니다 보면 지금도 물이 고여 있는, 높다랗게 솟은 바위들이 있다. 그 바위들을 지금도 종종 금정이라고 부른다. 등산로로 지나다니면 잘 보이지는 않지만, 괜히 저 안에 정말로 하늘에서 내려온 범어가 살고 있을까 하는 생각이 들기도 한다. 바위들이 그렇게 큰 것은 아니다. 그래서 그 안에 물고기가 살고 있다면 아마도 금붕어 정도의 크기, 커 봐야 평범한 붕어 정도 크기가 아닐까 싶다. 우주 창조의 비밀을 품은 천상의 물고기라고 하는데, 크기는 금붕어 정도라면 그것도 참 재미있는 전설이다.

나는 SF를 좋아하는 소설가라 뭘 써야 할까 하는 생각을 많이 하다 보니, 날씨 좋은 날 하늘이 맑게 보이는 금정산에서 좀 더 황당한 상상을 해 본 적도 있다. 혹시 먼 옛날 외계인이 우주에서 나타난 것을 보고, 고대의 부산 사람들이 그것을 범어라고 불렀다고 상상해 보면 어떨까? 외계인의 모습은 워낙 다양하니 물고기를 닮았을 수도 있고, 머리가 물고기처럼 생기고 손발에 지느러미가 달린 모습일 수도 있을 것이다. 혹은 외계인이 입은 우주복이나 외계인이 탄 우주선의 모습을 옛사람이 물고기 모양이라고 생각했을 수도 있지 않을까? 작은 날개가 붙은 우주 로켓을 보면, 길쭉하고 작은 지느러미가 붙은 송사리 같은 물고기와 비슷한 느낌 아닌가? "물고기 비슷한 모양의 금속 물체가 나타났다"는 목격담이 있었는데, 긴 세월 그 이야기가 전해지면서 "금색 물고기가 나타났다"로 바뀌었을 수도 있지 않을까?

과학으로 따져 보자면 사실 범어의 정체에 관한 훨씬 더 현실성 높은, 그럴듯한 설명이 따로 있다.

금정산의 바위에 생긴 우물이라는 것은 사실 땅 깊은 곳에서 솟아나는 우물이라기보다는 그냥 끝부분이 움푹 들어간 바위다. 거기에 빗물 등이 좀 고여서 얼핏 우물처럼 보이기도 하는 것이다. 움푹 들어간 모습이 하트 모양과 닮은 것도 있어서 확실히 특색은 있어 보인다.

바위에 이런 모양이 나타나는 것을 지질학에서는 그나마gnamma라고 부른다. 독특한 이름이 붙은 만큼 그나마가 왜 생겨나는 것이고 어떤 성질을 가졌는지 어느 정도는 연구된 결과가 있다. 공룡이 멸종하던 시기와 멀지 않은 7,000만~6,000만 년 전 무렵, 지금 부산 지역의 지하 몇 킬로 이상 되는 깊은 땅속에 뜨거운 마그마가 들어온 일이 있었다고 학자들은 추정한다. 그렇게 들어온 마그마가 식은 후에 아주 천천히 솟고, 그 위의 땅은 깎여 나가기도 하면서 길고 긴 세월이 흘러 지하 몇 킬로에 있던 바위들이 조금조금 올라와 지상 800미터의 높은 산꼭대기가 되었다. 이것이 바로 현재의 금정산이다.

옛날 뜨거운 마그마가 땅속에 들어올 때, 주위의 돌과 바위들이 마그마에 녹아들었을 것이다. 그런데 가끔 그중에 끝까지 안 녹고 버티는 부분이 생길 수 있다. 그 부분은 마치 얼음 띄운 커피의 마지막 남은 작은 얼음 조각이 동동 떠다니는 것처럼 남아 마그마 위를 떠다니게 된다. 그러다가 마침 그때 마그마 전체가 식어서 굳어 버리면, 마그마는 단단한 화강암이 되고 떠다니던 돌 조각은 그 윗부분에 박힌 채로 같이 굳어질 것이다.

화강암은 단단하다. 하지만 떠다니다 굳은 돌 조각은 그보다는 연한 재질일 가능성이 크다. 만약 그렇다면 긴 세월이 지나는 동안 화강암은 그대로 남지만, 연한 부분은 조금씩 깎여 나가 그 부분만 움푹 들어가게 된다. 이렇게 탄생한 모양이 바로 그나마다.

금정산 꼭대기의 우물들은 먼 옛날 마그마가 식을 때 우연히 돌 조각이 남아 생긴 모양이고, 범어가 헤엄친 금빛 물이라는 것도 그나마에 고인 빗물일 뿐이다. 돌이 깎여 나간 형태가 다양해서 그에 따라 고인 물에 여러 각도로 햇살이 비치며 그 모습이 금빛으로 어른거리니까, 금정이라는 이름이 붙은 것이라고 볼 수 있다. 또한 여러 각도의 돌 모양 사이로 햇빛이 어른거리는 모습이 비치고, 산꼭대기의 바람 때문에 물결이 칠 때마다 그 모양새가 다채롭게 바뀌다 보면, 지나가던 사람들이 언뜻 그 안에 물고기 같은 형체가 보이는 듯하다고 말하기도 했을 것이다.

아마 옛날 누군가 이렇게 따졌을 것이다.

"에이, 설마 이런 산꼭대기 바위 위에 어떻게 물고기가 살 수 있어? 어디에서 왔는데? 무슨 물고기에 날개가 달려서 날아왔냐?"

그러면 그 말을 들은 사람 중에 상상력이 풍부한 누구한 명쯤이 "물고기가 날아올 수도 있지 않을까?"라고 대답하면서, 범어의 신화가 탄생한 것 아닐까?

우주의 신비를 품은 채 하늘을 날아다니는 물고기 이야기와 비교해 보면, 바위에 고인 물에 햇빛이 묘하게 일렁거렸을 뿐이라는 것은 아무래도 싱겁기는 하다. 그렇지만 사실 그 뒤에는 6,000만 년 전에 땅속 깊은 곳으로 들어온 뜨거운 마그마와 그것이 높은 산이 될 때까지 흐른 긴긴 세월이 있고, 또 그런 놀라운 사연을 조사하고 추적해 나간 현대 과학자들의 연구가 있었다고 생각해 보면, 그나마 이야기도 지루하다고 할 수는 없다.

세계에서 가장 빠르게 화물이 오가는 항구

부산의 고대 역사가 남아 있는 지역으로는 부산에 포함된 섬인 영도를 꼽아 볼 만하다. 영도는 말이 유명한 곳이었다. 『삼국사기』에는 신라 조정에서 김유신의 자손에게 절영도의 말을 주었다는 기록이 있다. 짤막한 구절이지만 절영도라는 곳에서 말을 키웠고, 그 말을 특별히 훌륭한 사람의 자손에게 내려 줄 정도로 뛰어나다고 여겼다는 사실 정도는 충분히 짐작해 볼 수 있는 기록이다.

절영도는 영도의 옛 이름이다. 절영도라는 말을 풀이하면 그림자가 끊어진다는 의미인데, 널리 퍼진 이야기로는 절영도에서 기르던 말이 너무나 빠른 속력으로 달려서 자기 그림자에서 떨어져 나올 정도로 달릴 수 있다는 뜻이라고 한다. 그림자에서 말이 떨어질 정도라면 빛이 그림자를 만드는 속도보다 빨라야 하니, 말이 빛보다 빠른 속력이라는 의미이다. 이것은 상대성이론에 의해 불가능한 현상이고, 그게 아니라면 이 말은 시간 여행을 할 수 있는 타임머신이라는 뜻이다. 영도에서 발견된 말을 타고 시간 여행을 한다는 이야기의 SF물도 재미있을 느낌이다.

신라 시대 혹은 그보다 이전의 고대에는 영도와 그 인근에서 빠른 말을 타고 다니는 사람들이 활약하던 시대도 있지 않았을까 생각해 본다. 어쩌면 고대의 어느 시기에는 한반도 남부에서 가장 빠른 말을 타고 다니는 기병대가 부산에 근거를 두고 있었을까?

영도는 항구로서 현대 부산의 역사를 이야기할 때도 빼놓을 수 없는 곳이다. 영도에는 동삼동 패총이라고 해서, 먼 옛날 석기 시대 사람들이 음식을 먹고 버린 뼈와 조개껍데기가 커다랗게 쌓여 있는 지역이 있다. 말하자면 석기 시대의 쓰레기장이다. 현대의 과학자들은 이곳에서 쓰레기의 뼈를 조사하며 해부학적인 특징을 살펴 어떤 물고기의 뼈인지 추측하는 연구를 진행했다. 연구 결과, 동삼동 패총에는 가까운 바다에서 흔히 발견되는 물고기 뼈 외에도 상어나 다랑어의 뼈가 발견되었다. 동삼동패총전시관의 자료를 보면 바다표범을 작살이나 창으로 잡기도 했을 거라고 한다.

그렇다면 부산 사람들은 석기 시대 때부터 꽤 큰 배를 타고 먼바다까지 다녔을지도 모른다. 영도는 1937년에 한국 최초의 근대식 조선소가 생긴 곳이기도 하니, 어찌 보면 모든 한국 배의 뿌리가 부산의 영도에 있다고 말해 볼 수도 있다.

대한민국 시대, 현대 영도의 역사에도 빼놓을 수 없는 이야깃거리는 있다. 항구로 성장한 유서 깊은 도시에는 해적 무용담이 하나둘쯤은 있기 마련인데 영도 앞바다, 특히 예전에는 아치섬이라고 부르던 섬 인근에도 1950년대 무렵 해적이 들끓던 시절이 있었다. 해적이라고 하면 옛날 영화에서 카리브해를 배경으로 등장하는 사람들의 모습만 생각할지도 모르겠는데, 1950년대 부산 해적들의 이야기도 그 내용의 풍부함은 절대 부족하지 않다.

이 시절 갑자기 부산에 해적들이 많아진 이유는 우선 밀수가 성행했기 때문이다. 1945년 광복 이후 일본과 정식 외교가 끊기자, 한국과 일본 사이의 무역이 아주 어려워졌다. 하루아침에 물건을 주고받는 일이 힘들어졌으니 몰래 일본 제품을 들여오려는 밀수가 많아졌다. 때마침 1950년대 열악한 한국 경제 상황에서 고질적인 물자 부족 문제까지 겹쳐, 일본에서 밀수품을 구해 오는 것은 범죄자들이 쉽게 손을 댈 만한 일이었다.

밀수품은 불법 거래 물품이므로 만약 도중에 누가 훔쳐 가거나 강제로 빼앗아 간다고 해도 경찰에 신고할 수가 없다. 누구든 챙기는 놈이 임자라는 식이 되어, 밀수품을 두고 뺏고 빼앗기는 범죄가 같이 일어난다. 그러다 보니 밀수범들은 밀수품을 지키기 위해 무기로 무장하게 되고, 다른 범죄 조직들은 그 밀수범 조직과 싸우기 위해 무기를 갖추게 된다. 이 무렵은 한국전쟁 직후의 혼란을 타고 여기저기에서 흘러나온 총기가 드물지 않던 시절이었다. 그래서 범죄자들이 총을 들고 싸울 지경이 된다. 이렇게 바다를 돌아다니며 각종 범죄를 저지르는 단체의 숫자가 늘어나다 보니 곧 해적이 왕성하게 활동하는 시대가 되었다. 이 시대에는 정말 다양한 해적이 있었다. 1959년 6월 2일에는 "나니야"라는 별명의 선장이 이끌던, 20대 여성들이 주축이 되어 결성된 여성 해적단이 체포된 사건도 있었다.

지금 이런 해적 전성시대는 완전히 끝이 났다. 해적들이 자주 그 앞을 찾아왔다던 아치섬은 이름도 한문식으로 "조도"라고 바뀌었으며, 섬 전체가 해양 전문가를 육성하는 대학인 국립 한국해양대학교로 바뀌었다. 해양대학교 캠퍼스 한쪽에 1950년대의 어느 해적이 숨겨 둔 보물이 여태 묻혀 있지 않을까 하는 공상이야 지금도 해 볼 수 있을 것이다. 하지만 지금의 조도에서 볼 수 있는 것은 해적들이 아니라 대학생들이다.

해적 시대가 저물고 대학생들의 시대가 찾아오는 사이에, 부산은 한국을 대표하는 제대로 된 항구로 빠르게 성

장했다. 지금 부산은 한국 최대의 항구일 뿐만 아니라 세계
에서도 가장 빠르게 화물이 오가는 거대한 항구 도시다.

2020년 통계를 보면 부산항의 컨테이너 처리량은 2,181만
TEU라고 한다. TEU는 Twenty-foot Equivalent Unit
의 약자다. 약 6미터, 즉 20피트 크기의 컨테이너와 동급의
물량을 뜻하는 용어다. 다시 말해서, 길이 6미터짜리 철제
상자 모양의 컨테이너에 채운 화물로 따졌을 때, 그런 컨테
이너 2,181만 개를 2020년 한 해 동안 부산에서 싣고 내
렸다는 이야기다. 이것은 한시도 쉬지 않고 연속으로 계속
작업한다고 했을 때, 한 시간에 2,500개의 컨테이너가 오
르내린다는 말이다.

이 정도면 대략 세계 6~7위 수준의 항구로, 한국보다 훨
씬 인구가 많은 중국 지역의 항구가 앞 순위에 있는 것을
생각해 보면, 중국으로 향하는 것을 뺀 나머지 세계의 물
자 중 상당량은 부산으로 몰린다고 해도 과장이 아니다.
부산광역시에서 발표하는 내용을 보다 보면, 부산시 당국
은 부산항의 처리량을 세계 3위권까지 끌어올릴 목표를 가
진 것 같다. 모르긴 해도 정말로 물고기를 닮은 외계인이
지구에 찾아와서 지구인이 바다를 어떻게 활용하는지 관
찰하려고 한다면, 세계를 대표할 만한 곳으로 찾아올 법한
장소는 부산일 것이다.

부산항에서 이렇게 어마어마한 물량의 화물을 빠르게

처리해 낼 수 있는 까닭을 살펴보려면, 컨테이너라는 규격화된 철제 상자에 물건을 싣고 옮기는 것이 세상의 표준이 되었다는 점을 돌아봐야 한다.

컨테이너는 사실 그냥 적당히 잘 만든 철제 상자일 뿐이다. 어찌 보면 대단한 첨단 기술과는 관련이 없다고 볼 수도 있다. 그렇지만 그 별것 아닌 철제 상자가 1970년대 이후 점차 퍼져 나간 결과가 화물 운송에 끼친 영향은 엄청나다. 온 세상이 같은 규격의 철제 상자를 이용하면서, 물건을 싣고 내리고 쌓고 관리하는 것이 간편해졌고, 운반하는 작업과 요금을 계산하는 일도 쉬워졌다.

무엇보다도 무슨 물건을 운반하든 컨테이너에 담은 이상 같은 모양이 되므로, 크레인 등의 자동 기계 장치를 이용해서 빠르게 싣고 내리기가 너무나 쉬워졌다. 이 때문에 지구 곳곳에 배로 물건을 운반하는 작업이 과거에 비해 훨씬 저렴해졌다. 그래서 사람들은 "컨테이너 물류 혁명"이라는 말을 쓸 정도다.

20세기에 컨테이너 물류 혁명을 일으킨 장본인으로는 미국의 말콤 맥린Malcom McLean이 자주 언급된다. 맥린은 베트남 전쟁 시기에 많은 물자를 아시아로 보내야 했던 미국 정부가 컨테이너를 이용하도록 하는 데 활약한 인물이다. 그는 그 과정에서 컨테이너가 대량 운송을 얼마나 쉽게 하는지 증명했다. 그렇게 미국 정부가 컨테이너를 이용하게 되면서 컨테이너는 빠르게 표준으로 자리 잡았고, 어느새 온 세상이 컨테이너를 쓰게 되었다. 만약 컨테이너가 없었다면, 지금처럼 세계 여러 나라가 서로 물건을 쉽게 수입하고 수출하는 세상이 오지 못했을 것이다. 수많은 재료를 수입하고, 또 수출로 부를 벌어들이는 한국의 경제 발전도 불가능했다고 볼 수 있다.

부산에서 적당히 높은 곳을 찾아가 바다 쪽을 보면, 컨테이너가 가득 쌓인 항구를 어렵지 않게 발견할 수 있다. 컨테이너를 싣고 부산항에 찾아오거나 부산항을 떠나는 배들도 거의 언제나 눈에 뜨인다. 전통적인 부산 중심지의 명소인 용두산 공원 같은 곳에만 올라가도, 부산항을 오가는 큰 배들과 거기에 실린 컨테이너들을 쉽게 볼 수 있다.

용두산 공원에서 내려다보는 바다 모습은 내가 부산에서 가장 좋아하는 풍경이다. 나는 아주 어릴 때, 아버지를 따라 용두산 공원에 왔다가 거기에 만들어 둔 용 모양의 동상을 보고 아주 멋지다고 생각했던 적이 있다. 딱히 크기가 큰 동상이라거나 모양이 특이하다거나 한 것도 아니었는데, 신기한 괴물 모습을 생생하게 만든 것을 그때 처음 봐서 기억에 아주 깊이 남았다. 그 동상을 보면서 어떻게 잘만 하면, 용이 정말로 살아 움직일 것 같다는 상상을 할 정도였다.

"용이 들고 있는 저게 여의주다."

아버지께서 동상을 보고 그렇게 설명해 주셔서 처음으로 여의주라는 말을 알게 되었던 것도 기억난다.

지금은 용두산 공원의 용 동상보다는 다른 모습들이 더 재미있다. 개성 있는 부산타워와 어울린 공원 그 자체의 모습도 보기 좋고, 1950년대 이후 급하게 발전한 부산의 옛 자취가 조금은 남아 있는 공원 올라가는 길과 근처 거리 모습도 정이 간다. 무엇보다 전망 좋은 곳에서 항구와 배들을 내려다보고 있으면 하늘, 바다, 건물, 배 모든 것이 다 잘 어울린다는 느낌이 든다. 밤에 보면 불빛들과 어우러진 밤바다 풍경이 멋지고, 낮에 보면 가릴 것 없는 트인 햇살이 기분 좋다.

많은 컨테이너를 싣고 느릿느릿 움직이는 배를 보면서 얼마나 멀리까지 갈까, 어디에서 오는 길일까 같은 생각을 해 보기도 한다. 그 많은 컨테이너 중 어느 것에는 누가 가진 전부를 걸고 사업을 해 보겠다고 들여오는 상품도 있을 것이고, 다른 어느 것에는 어린이가 기다리고 있는 장난감도 들었을 것이고, 혹은 누구인가의 행복한 저녁 식탁에 올라갈 그릇이나 식기가 가득 쌓인 것도 있을 것이다. 그런 생각을 하다 보면, 세상 사는 것이 험하고 막막하다는 생각에 빠져 있다가도, 그래도 다들 이렇게 저렇게 사는구나 싶어서 기분이 좋다.

부산 사람들은 컨테이너를 더 빨리 처리하기 위한 기술

개발도 부지런히 하고 있다. 우선 부산은 컨테이너를 들어 올리고 내리는 장치 중에 대형 화물을 다루는 안벽 크레인이라는 기계를 활용할 수 있는 준비가 잘되어 있는 도시다. 안벽 크레인은 거대한 기계 팔인 셈인데, 부산항에 있는 안벽 크레인 중 가장 큰 축에 속하는 것은 높이 135미터짜리도 있다. 이 정도면 30~40층 빌딩 높이 정도의 기계인데, 기계 자신의 무게만 해도 1,820톤에 달한다.

이런 크기라면 옛날 만화에서 보던 커다란 로봇보다도 더 큰 것이다. 1970년대 한국 애니메이션 영화로 큰 인기를 끌었던 〈로보트 태권V〉에 등장하는 로봇 크기도 대략 50~60미터 정도라고 한다. 그렇다면 현실의 21세기 부산항에서 사용하고 있는 안벽 크레인은 태권V의 두 배 크기다. 부산항에서 컨테이너를 움직이는 기술자들은 옛날 만화에 나오던 로봇보다 더 크고 힘센 장치를 매일같이 사용해 한국 최고의 항구를 운영하고 있다고 말해도 좋다. 〈트랜스포머〉에 나오는 로봇 중에 덩치가 큰 편인 옵티머스 프라임도 그 크기는 채 10미터가 안 된다. 부산항의 안벽 크레인을 운전하시는 분들은 안벽 크레인으로 옵티머스 프라임을 장난감처럼 붙잡아 갖고 놀 수 있을 것이다. 대형 안벽 크레인은 한 번에 100톤가량의 무게를 들 수 있다고 하니, 50킬로 무게의 사람 2,000명을 한 번에 드는 힘을 가진 기계 팔이 부산항을 움직이고 있다고 봐야 한다.

최근 부산 당국의 홍보 자료를 보면, 앞으로는 기계를 원격으로 조종하거나 인공지능 및 5G 기술을 같이 활용해서 더 빠르고 더 안전하게 많은 화물을 처리하는 기술을 개발해 나가겠다는 내용이 보인다. 그렇다면 머지않아 부산항을 움직이는 것은 만화 속에서 거대한 로봇을 조종하는 것과 크게 다르지 않은 일이 되는 시대가 올 것이다.

그 밖에 부산을 대표하는 것들

항구에서 일하는 사람들과 그렇게 흘러든 물자를 거래하는 사람들 말고, 또 부산 사람들은 뭘 하며 살까? 한때는 부산을 대표하는 산업으로 신발 만드는 사업을 자주 이야기하던 시기가 있었다. 하필 부산이 신발 산업의 중심지가 된 이유를 살펴보려면 한국 사람들이 신는 신발에 대해서 먼저 생각해 볼 필요가 있다.

조선 시대까지 한국 사람들은 짚신을 많이 신었고, 그보다 좀 더 좋은 신발을 신는다면 가죽신을 신었다. 짚신은 값싸고 간편하지만 물이 새고 빨리 망가진다. 논농사를 주로 짓고 여름철에 비가 많이 내리는 한국 날씨에는 별로 좋은 신발이라고 할 수 없다. 가죽신은 일하면서 신기에는 너무 불편하고 지나치게 값이 비싸다. 그런데 기술의 발전에 따라 이런 문제를 단박에 해결하면서 엄청난 인기를 얻은 제품이 나왔다. 바로 고무신이었다.

고무는 본래 아메리카 대륙에서 나던 고무나무의 수액을 뽑아낸 뒤 그것을 굳혀서 만든 물질이다. 옛날 아메리카 대륙에서는 어린이들이 공놀이하는 정도의 장난감으로 쓰이고 있었는데, 이후 세계 각지로 퍼져 나가면서 점차 다양한 용도로 고무가 널리 활용되기 시작했다. 특히 1844년 미국의 발명가 찰스 굿이어Charles Goodyear가 고무에 황을 섞어 화학 반응을 일으키는 처리를 하면 탱탱해지면서 훨씬 안정적으로 변한다는 사실을 알아낸 것이 결정적인 계기였다. 이후 고무는 온갖 분야에 널리 쓰일 수 있게 되었다.

얼마 뒤 고무로 신발을 만든다는 생각도 큰 사업으로 성장했다. 20세기 초 무렵 한국에서도 고무로 만든 신발이 제조되기 시작했는데, 몇몇 사업가가 그 모양을 한복에 잘 어울리는 형태로 개량하고 한국 환경에서 신기 좋게 발전시켰다. 그렇게 해서 흔히 떠올리는 한국식 고무신이 탄생했다. 튼튼하고 편리한 고무신은 삽시간에 한국인의 기본 신발로 자리 잡았다. 1960년대까지도 많은 사람이 일상복으로 흔히 한복을 입었던 것을 생각해 보면 옷차림이란 생각보다 잘 안 바뀐다는 생각이 드는데, 그에 비해 고무신이 퍼진 속도는 굉장하다고 할 수 있다.

고무는 고무나무 수액을 굳혀서 만드는 제품이기 때문에 고무나무가 있어야 생산할 수 있다. 고무나무는 더운 날씨에서 잘 자라는 작물이다. 그래서 아메리카 바깥에서 재배되기 시작한 후에도 동남아시아 사람들이 주로 많이 길렀다. 반면 그 정도로 날씨가 덥지 않은 한국에서 고무를 구하려고 한다면 거의 전부를 외국에서 수입하는 수밖에 없다.

나는 이것이 부산이 신발의 도시가 될 수 있었던 한 가지 이유라고 본다. 20세기 초 한국인이 신던 한국식 고무신 완제품을 외국에서 구할 수는 없었을 것이다. 신발은 한국 안에서 만들어야 한다. 그렇지만 고무신을 만드는 고무는 외국에서 구할 수밖에 없다. 그래서 고무를 수입할 수 있는 한국의 항구 부산으로 고무를 들여오고, 그 부산에서 바로 한국인들이 고무신을 만드는 방식이 기술과 물류가 발달하지 않았던 시대에 가장 쉽게 생각할 만한 방법이었을 것이다. 김윤지 기자의 기사를 보면 1921년에 부산의 선만고무라는 업체에 관한 기록이 있고, 이 회사가 고무신 제조를 했다고 보고 있다. 김 기자도 원료인 고무를 구하기 쉬웠다는 점을 지적하면서, 1949년경에는 당시 부산과 같은 행정 구역이었던 경상남도에 70여 개의 신발 공장이 자리 잡았다고 언급한다.

신발 산업이 더욱 성장하던 1970년대 무렵이 되면 부산의 고무 재질 신발 공장에서는 황을 섞어 고무를 탱탱하게 만드는, 바로 그 화학 반응을 일으키는 방법을 중심으로 한 체계적인 신발 만드는 기술이 거의 완성 단계에 이른다. 황을 첨가한다고 해서 흔히 가황공정이라고 부르는데, 고무를 이용해서 신발 모양을 만든 뒤에 황이 섞여 들도록 하면서 따뜻하게 쪄내면, 신발이 탱탱하고 튼튼하게 완성되는 형태라고 보면 된다.

이후 1980~1990년대가 되면서 다양한 기술을 이용해 신발 만드는 일에 참여하는 여러 업체가 부산 일대에 들어섰다. 신발 회사들이 성장하면서 신발 전문가들이 부산 곳곳에 자리 잡기도 했다.

이 시절이 부산 신발 산업의 황금기다. 1988년에 미국으로 수입되는 신발의 30퍼센트가 한국에서 만든 것이었다는 통계가 있을 정도다. 당시 한국 신발 산업에서 부산의 비중을 생각해 보면, 1980년대 말~1990년대 초의 유명한 할리우드 영화인 〈터미네이터〉 시리즈나 〈고스트버스터즈〉 시리즈 같은 데 나오는 그 많은 미국 사람 중 적지 않은 숫자가 부산 사람들이 만든 신발을 신고 다녔다고 보아도 크게 틀린 추측은 아니다. 부산 신발 황금기에는 신발 디자인을 하는 사람, 신발 생산 기술에 밝은 사람, 신발 판매업자 등등이 모두 부산에 모여 있어서 신발 개발·생산·판매·유통·수출을 한 도시 안에서 전부 끝낼 수 있었다.

황금기에 비하면 현재의 부산 신발 산업은 쇠락한 편이다. 신발 만드는 일은 사람 손이 많이 가는 작업인지라 한국 신발 산업 전체가 약화되었기 때문이다. 그렇지만 아직 한국의 신발 산업에서 부산이 차지하는 비중은 적지 않다. 여러 자료를 보면 2020년대 초에도 한국의 신발 생산 회사 종사자의 50퍼센트에 가까운 숫자가 여전히 부산에서 일하고 있었다. 즉, 지금도 한국의 발을 책임지고 있는 도시는 역시 부산이다. 세계에서 잘 알려진 해외 상표를 단 신발이라고 하더라도 막상 만들어진 위치를 잘 따져 보면, 의외로 부산에서 생산된 제품인 경우가 드물지 않다.

부산은 현대 도시로 일찌감치 성장했고 인구도 많은 편이며 관광객도 적지 않아 시장이 잘 발달한 곳이기도 하다. 그렇다면 옛 영광을 떠올리게 하는 어떤 장소라든가, 신발 사기 좋은 거리가 하나쯤 있어도 좋지 않을까? 2021년에 부산에서 신발 거리를 만든다는 소식을 본 적이 있는데, 멋지고 좋은 신발을 살 수 있는 지역이 잘 조성되면 좋겠다고 생각한다. 그게 어렵다면 해변을 찾는 관광객이 기념품으로 사서 간단히 신을 슬리퍼라도 재미있게 살 수 있는 곳이 생긴다면 반가울 것 같다. 또는 부산 신발 황금기에 묵묵하게 열심히 일하며 부산 경제를 지탱한 신발 공장 여공들을 기념하는 어떤 장소가 있어도 좋을 것이다.

부산의 개성을 잘 드러내는 동물이라면 역시 갈매기다. 부산을 대표하는 노래로 많은 사람이 사랑하는 곡인 〈부산 갈매기〉라는 대중가요부터 시작해서, 부산 곳곳에 갈매기를 상징으로 삼은 시설과 단체는 자주 눈에 뜨인다. 부산광역시의 "부산의 상징"이라는 자료를 보면 시의 상징이 되는 새를 정해서 "시조"라고 부르고 있는데, 갈매기는 1978년 7월 1일에 부산의 시조로 지정되었다고 한다. 이 자료에는 심지어 갈매기의 하얀 몸이 백의민족을 상징한다는 말까지 나와 있다.

따지고 보자면 부산의 동래 지역에는 예로부터 동래학춤이라고 하여 학의 흉내를 내는 춤이 내려오고 있고, 부산 사하구의 을숙도라는 섬은 20세기 중반 이래로 다양한 철새가 찾아오는 지역으로 유명하다. 환경의 변화로 지금의 을숙도는 예전만 못하다는 이야기도 있지만, 그래도 보호 구역으로 지정된 을숙도에는 갖가지 희귀하고 아름다운 새들이 때마다 보인다.

그런데도 부산의 새라고 하면 갈매기를 더 가깝게 떠올리는 것은 그만큼 친숙하게 자주 볼 수 있기 때문일 것이다. 고고한 자태로 창공을 누비는 새보다도, 소란스러운 항구와 시장통 틈바구니에서 어떻게든 생선 조각 하나라도 찾아 먹으려 드는 갈매기가 도시 사람들에게 더 공감을 주었는지도 모르겠다.

부산의 바닷가라면 어지간한 곳에서는 갈매기를 쉽게 볼 수 있다. 해산물이 거래되는 곳에는 거의 항상 갈매기가 있고, 모래가 깔린 해변에도 사람이 자주 드나드는 곳이라면 갈매기도 같이 보이는 데가 많다.

  하필 한국에는 새우깡이라는 과자가 있어서 이것을 갈매기 먹이로 주는 사람들도 자주 보인다. 도는 이야기로는 새우깡에는 정말로 새우가 조금 포함되어 있어서 해산물을 좋아하는 갈매기가 특히 더 좋아한다는 말이 있다. 아닌 게 아니라, 부산의 갈매기가 많은 곳에서 새우깡을 높이 던지면 갈매기들이 모여들어 새우깡이 떨어지기도 전에 낚아채 가는 모습을 볼 수 있을 때도 있다. 새우깡을 생산하는 회사의 공장이 부산 사상구에 자리 잡고 있기도 하다. 그러나 사람이 주는 먹이에 갈매기가 지나치게 많이 몰려드는 것은 생태계에 문제가 될 수 있다는 이야기 역시 종종 들려오므로 주의해야 할 일이다.

  자세히 따져 보자면, 갈매기가 사는 방식과 몸의 구조는 사람과는 사뭇 다르다. 예를 들어, 갈매기는 도대체 어디에서 물을 먹는 것일까? 갈매기는 바다 주변에 살면서 꽤 먼 거리를 바다 위에서만 이동할 때도 있다. 밥을 굶는 것이야 좀 참는다고 해도 도대체 물 마시는 것을 어떻게 참으면서 그렇게 먼 거리를 움직일 수 있을까? 목마르다고 해서 바닷물을 마시면 위험할 것 같다. 사람이 목마를 때 바닷물을 마신다면, 바닷물의 소금기 때문에 수분이 소모되는 양이 수분을 보충해 주는 효과보다 더 크다. 그 때문에 바닷물을 마시면 오히려 물을 안 마신 것보다도 못하게 된다. 갈증은 더 심해진다.

그러나 갈매기의 신체는 사람과 다르다. 갈매기는 부리 근처에 소금물을 걸러 내는 기관이 있다. 먼바다 위를 날다가 목이 마를 때 바닷물을 마셔도 소금을 빼낼 수가 있다. 습기는 빨아들이고 소금기는 더 짠 소금물로 농축해서 콧물 내지는 눈물로 뿜어낸다. 말하자면 갈매기는 살아남기 위해 눈물을 삼키고, 눈물을 흘리며, 그 눈물의 힘으로 바다를 극복할 수 있는 새다.

부산에서 흔히 관찰되는 갈매기는 붉은부리갈매기와 괭이갈매기 등의 무리다. 보통 붉은부리갈매기는 철새로 보고, 괭이갈매기는 텃새처럼 부산 인근에 자리 잡고 사는 것으로 보고 있다. 하지만 텃새라고 해도 괭이갈매기는 필요하다면 거의 70킬로에 이를 정도로 넓은 범위를 오가면서 살아간다고 한다. 부산에서 보이는 괭이갈매기가 경상남도의 다른 도시나 남해안의 다른 섬을 돌아다니며 지내는 일도 얼마든지 가능하다는 뜻이다.

이것도 어찌 보면 집값이 싼 곳을 찾아 아침저녁으로 먼거리를 출퇴근하며 사는 대한민국 대도시 시민들의 삶과 닮은 듯하다. 부산은 특히 하늘에서 보았을 때 무척 아름다운 도시이기도 한데, 갈매기들은 그나마 출퇴근 때마다 그 경치를 보며 다닐지도 모른다는 상상을 해 본다. 대도시치고 부산은 산지가 많아서 사이사이로 건물이 가득 자리 잡고 있다. 집과 파란 바다와 배가 어울려 있는 부산 풍경은, 날씨가 좋을 때 비행기에서 내려다보면 굉장히 멋지다. 해가 좋은 날 열심히 사는 사람들이 모여 있는 수많은 하얀 집들이 빛을 받으면, 상공에서는 도시 거리의 흰 색깔 사이에 그 빛이 머무는 것 같아 보인다.

갈매기는 사람 손바닥 두 개쯤을 합쳐 놓은 크기의 몸체를 가진 작은 동물이다. 그런 작은 동물이 꾸준히 움직여 가면서 꽤 먼 거리를 이동하기도 한다. 2020년 국립공원공단에서 발표한 내용을 보면, 경상남도 통영시 홍도에서 태어난 괭이갈매기가 무려 970킬로 떨어진 일본 동북부 니가타현에서 발견된 일이 있었다고 한다. 2014년 6월 14일 홍도에서 태어난 갈매기의 다리에 출신을 확인할 수 있도록 가락지를 달아서 풀어 주었는데, 6년이 지난 후 멀리 일본의 바다에서 그 갈매기가 발견되면서 이 사실이 확인되었다고 한다. 괭이갈매기는 텃새로 보기는 하지만, 텃새조차도 살기 위해서 움직이다 보면 한국에서 일본으로 국경을 넘는 꽤 먼 거리를 이동할 수도 있다는 증거가 되는 발견이었다.

괭이갈매기란 울음소리를 듣다 보면 간혹 고양이 소리처

럼 들릴 때가 있다고 해서, 고양이 갈매기라는 뜻으로 붙은 이름이다. 괭이갈매기의 울음소리에 관한 연구도 제법 진행되어 있는데, 그냥 아무렇게나 소리를 내는 것이 아니라 의사소통에 도움이 되는 신호로 추측되는 소리가 많다고 한다. 전국과학관 길라잡이의 "우리나라 텃새" 등의 자료에 따르면, 현재까지 밝혀진 괭이갈매기 울음소리의 의미는 대략 8가지 정도로 분류되는 듯하다. 그중에는 위험한 상황이니까 도망가자는 소리도 있고, 나쁜 놈이 있으니까 공격하자는 소리도 있다.

괭이갈매기 소리 중에 가장 많이 들리는 것은 보통 "contact call"이라고 부르는 소리로, 그 뜻은 서로 인사하고 안부를 확인하는 내용이다. 그러니 부산에 가서 갈매기를 만나면 잘 왔다고, 어디에서 왔냐고, 다음에 올 때는 더 좋은 소식과 함께 또다시 와 달라고 인사를 건네는 것으로 생각해도 좋겠다.

부산은 한국의 대도시 중에서는 대전과 함께 온천이 잘 발달한 지역이기도 하다. 부산 동래의 온천은 『삼국유사』에도 실려 있으니, 고대로부터 이미 잘 알려진 곳이었다. 지금도 동래 지역에는 온천장, 온천동 같은 지명이 그대로 남아 있고 영업 중인 온천탕도 쉽게 찾을 수 있다.

부산의 온천은 20세기 초 이후 부산항이 도시로 급성장하면서 더욱 발전했다. 한국 제2의 대도시로 빠르게 성장한 곳이다 보니, 처음 온천과 부산항의 도시 구역이 탄생하던 20세기 초의 옛 모습이 남아 있는 곳이 많지는 않다. 그래도 옛백제병원 건물이나 임시수도기념관, 부산기상관측소 등등 몇몇 20세기 초 건물이 남아 있다. 특히 부산기상관측소는 많은 사람이 찾는 곳은 아니지만 기상전시관으로 개발되어 있어서, 20세기 초 건물에 관심이 있다면 한번 그 모습을 볼 필요가 있다고 할 만큼 개성이 뚜렷하다. 현대적인 곡선, 개나리색의 화사한 벽돌로 된 벽을 갖고 있으면서 90년 된 건물의 예스러움도 잘 드러나 있다.

요즘은 이런 오래된 건물이 주로 근대건축이라는 이름으로 지칭되면서 사람들의 관심을 얻고, 지역에 따라서는 구경거리로 개발되는 일도 많아 보인다. 인천, 군산 등의 몇몇 도시에서는 특별히 꾸며 놓은 근대건축 구역을 홍보하고 있기도 하다. 한국의 근대건축은 현대 한국인에게 친숙한 고층 건물도 아니고, 그렇다고 전통식 한옥도 아니다. 그래서 꼭 다른 나라의 건물 같은 이국적인 느낌과 독특한 격조를 느끼는 사람이 많은 것 같다. 근대건축은 여러 층으로 된 벽돌, 콘크리트 건물이기에 옛날 느낌이 강하면서 동시에 현대에도 전시관, 기념관, 카페, 식당, 도서관 등으로 활용하기 좋다는 장점도 있다.

나는 근대건축을 그냥 철저히 보존하거나 그대로 두는

것을 넘어, 각 지역마다 그곳의 특색이 있는 근대건축물 양식을 현대에 되살리면 좋겠다. 지역별로 그곳 사람들에게 익숙한 근대건축의 양식과 모습을 정해 두고, 그와 닮은 건물들을 새로 지어 활용하면 재미있지 않을까 생각한다. 예를 들어, 부산 어딘가에 무슨 전시관, 관공서, 상가, 혹은 무슨 무슨 거리 같은 것을 조성한다고 해 보자. 그냥 어디서나 볼 수 있는 요즘 건물을 짓기보다는, 부산에서 오래 자리 잡고 있었던 옛백제병원이나 부산기상관측소의 형식을 이어받은 건물을 지어 보면 좋겠다는 상상이다. 만들어 보기에 따라서는 한옥을 새로 짓는 것보다도 더 개성 있는 거리가 될 거라고 생각한다.

비슷한 양식의 건물들이 자리한 거리가 동네의 멋이 되는 사례는 많다. 독일의 동네에는 파크베어크하우스 형태의 건물이 늘어서 있어서 독일다운 느낌이 있고, 아르누보 양식 건물이 많은 파리의 거리나 스웨덴 감라스탄의 상업용 건물들 역시 각자의 특색이 뚜렷하다. 그렇다면 부산에서 새로 개발한 시가지에 상가 단지를 만들거나 온천 지역에 새로 편의 시설 건물, 관광 안내소 등을 만들어야 한다고 생각해 보자. 그럴 때 부산기상관측소의 개나리색 벽돌과 하얀 곡선 아치를 넣은 창문을 흉내 낸 모습으로 설계해 볼 수 있지 않을까? 그런 식으로 부산의 옛 모습을 현대에 되살려 부산다운 개성으로 개발해 갈 수 있을 거라고 생각한다.

전국의 시·도에는 이렇게 저마다 근대건축으로 보존된 건물과 알려진 익숙한 옛 건물이 하나둘쯤은 있다. 그중에는 외국인들의 손을 빌려 설계된 건물도 많겠지만, 그렇다고 해도 어차피 다들 한국인 노동자들의 손으로 지은 건물이다. 나는 그 옛 모습과 양식을 현대에 되살려 활용하는 것이 유산을 잘 사용하는 방법일 수도 있다고 본다.

그런 한편으로 부산의 온천이라고 하면 한 가지 신기한 것이, 부산에 왜 온천이 있는지 이유를 밝혀내기가 쉽지만은 않다는 점도 언급해 볼 만하다. 가장 먼저 떠올릴 수 있는 온천의 원리라면, 화산 근처에 있는 뜨거운 마그마의 영향으로 물이 데워지는 거라고 생각해 볼 수 있다. 그런데 부산에는 활동 중인 화산도 없고, 그 비슷한 역할을 하는 땅을 찾기도 어렵다. 그래서 마그마가 직접 원인이라고 단정할 수가 없다.

고용권 선생의 논문과 같은 몇몇 학자들의 연구를 보면, 부산의 지하에 지하수가 유독 땅속 깊이 들어갔다가 다시 솟구쳐 나오는 지형이 있기 때문이라는 생각도 해 볼 수 있을 것 같다. 별다른 원인이 없어도 땅속으로 깊이 파고 들어가면 100미터만큼 내려갈 때마다 섭씨 3도씩은 올라간다고 하므로, 이론상으로는 땅속으로 내려가면서 열을 받아 따뜻해진 지하수가 어떤 구멍을 통해 빠르게 밖으로 튀어나올 수 있다면 그 물은 온천이 될 수 있을 것이다.

부산에는 동래 온천 외에 아름다운 백사장으로 전국에 유명한 해운대에도 온천이 있다. 바닷가 구경과 온천욕을 동시에 할 수 있는 곳도 있고, 커다란 백화점 내부에 온천이 갖추어진 곳도 있다. 해운대의 이 백화점은 규모가 세계의 모든 백화점 중에서 최대라고 광고하는 곳으로도 잘 알려져 있는데, 2010년 1월 29일 자 『중앙일보』 보도를 보면 그 규모가 어찌나 거대한지 전기 요금만 매달 5억 7,300만 원씩 내고 있을 정도라고 한다.

강가령, 조형성, 김현주, 김선웅, 손문, 김진섭, 백인성. "부산 국가지질공원의 지질명소와 지질유산의 가치: 지질탐방로를 중심으로." 지질학회지 50, no. 1 (2014): 21-41.

강봉룡. "신라 말~고려시대 서남해지역의 한·중 해상교통로와 거점포구." 한국사학보 23 (2006): 381-401.

강정효. ""붉은 물이 솟구치길 5일" 천년의 섬 비양도." 한국일보, 10/NOV/2017 (2017).

강판권. "[강판권의 나무 인문학] 가로수의 제왕." 동아일보, 13/MAR/2018 (2018).

고귀한. "잊을만하면 '쾅쾅' 공포의 여수산단…땅속은 더 위험하다." 경향신문, 12/JUN/2022 (2022).

고용권, 김건영, 김천수, 배대석, 성규열. "부산 동래온천수의 심부환경." 한국지하수토양환경학회 학술발표회 (2003): 583-586.

고웅석. "GS칼텍스 50년만에 세계 4위 단일 정유공장 '우뚝'." 연합뉴스, 18/MAY/2017 (2017).

고재원. "[블랙홀 첫 관측] 천문연·서울대·연세대 등 국내 연구자 8명도 참여." 동아사이언스, 10/APR/2019 (2019).

곽재식. "펄프." 미스테리아 6호, 엘릭시르, 25/APR/2016 (2016).

구본권. "코로나 하늘길 축소에도 서울~제주 '세계 최고 혼잡'." 한겨레신문, 11/JAN/2021 (2021).

국가문화유산포털. "대전광역시 기념물 용호동유적(龍湖洞遺蹟)." 문화재청 국가문화유산포털, 문화유산 검색, 문화재 종목별 검색.

국가문화유산포털. "전주 삼천동 곰솔(全州 三川洞 곰솔)." 문화재청 국가문화유산포털, 문화유산 검색, 문화재 종목별 검색.

국립공원관리공단. "경남 홍도에서 태어난 괭이갈매기, 일본까지 날아가." 환경부 웹사이트, 21/MAR/2016 (2016).

국립문화재연구원. "한국의 지질다양성-울산편." 국립문화재연구원, 2012 (2012).

국립민속박물관(번역). "열양세시기." 국립민속박물관 웹사이트.

국사편찬위원회. "조선왕조실록." 국사편찬위원회 조선왕조실록 정보화사업 웹사이트.

국정신문. "[전문기관 탐방] 임목육종(林木育種)연구소-다수확 우량수종(樹種)연구 산실(産室)." 대한민국 정책브리핑(www.korea.kr), 국정신문, 11/MAR/1993 (1993).

권대익. "건강한 식사 비결, 신맛·감칠맛 찾기." 한국일보, 24/JUL/2022 (2022).

권원배. "서울 강남 압구정 한복판에 핀 대나무꽃.." 뉴스로드, 12/MAY/2022 (2022).

기상청. "점점 더 뜨겁고, 거칠어지는 한반도 바다." 대한민국 정책브리핑(www.korea.kr), 기상청, 19/JAN/2022 (2022).

김광섭. "조선시대 울산바위의 역사적 고찰." 강원문화사연구 16 (2015): 5-50.

김광수. "'예술 굴뚝' 울산에 우뚝." 한겨레신문, 08/JUL/2009 (2009).

김민수. "태양 닮은 미래에너지 '핵융합', 전세계 상용화 연구 불붙었다." 동아일보, 03/DEC/2021 (2021).

김보라. "무거워서 수출 힘든데…점유율 50% '사이판 국민생수' 된 삼다수." 한국경제신문, 13/AUG/2020 (2020).

김부식, 이병도(번역). "삼국사기." 을유문화사, 25/JUL/1996 (1996).

김선필. "제주 지하수의 공공적 관리와 공동자원 개념의 도입: 먹는샘물용 지하수 증산 논란을 중심으로." 환경사회학연구 ECO 17, no. 2 (2013): 41-78.

김소진, 이은우, 황진주, 한우림. "국내·외 고대 구리 제련기술 및 유적에 대한문헌적 고찰." 문화재 48, no. 4 (2015): 126-137.

김여택. "대청댐(大淸—)." 한국민족문화대백과사전 (1995).

김영헌. "'멕시코 원산지' 선인장, 제주까지 어떻게 와 뿌리 내렸나." 한국일보, 15/AUG/2022 (2022).

김우열. "[동해안서 사라진 '국민 생선' 명태 부활하나] ②명태자원 되살리기 위한 복원사업 현주소." 강원도민일보, 03/FEB/2022 (2022).

김우정. "2020년 국내 '캔'물동량, 전체 물동량 8.9% 감소에도 0.5% 감소." 해양한국 2021, no. 3 (2021): 70-72.

김유리. "규창葵窓 이건李健「제주풍토기濟州風土記」의 교육적 의미." 국학연구 20 (2012): 437-464.

김윤지. "[다시 뛰는 100년 역사 부산 신발산업] (1) 부산 신발 모르면 '간첩'." 부산제일경제, 27/MAY/2021 (2021).

김은경. "공작 깃털처럼…빛 반사로 색깔 내는 디스플레이 기술 개발." 연합뉴스, 26/JAN/2021 (2021).

김인철. "멸종위기종 '흑등고래' 그물에 걸려 죽은 채 발견." YTN사이언스, 29/JAN/2018 (2018).

김재철. "김재철박사의 보리이야기." 농업인신문, 24/NOV/2001 (2001).

김재호. "정조 대 수원화성 수리(水利) 시설의 특징과 수리사적(水利史的)

의의." 역사민속학 51 (2016): 167-198.

김정하. "근대 산업화 유적에 대한 한·일의 관점 비교: 영도 조선소거리와 치쿠호오 탄전지대를 중심으로." 비교민속학 61 (2016): 169-194.

김주성. "14년 만에 다시 등장한 쌀막걸리 …나오자마자 동나." 한국일보, 08/DEC/2021 (2021).

김태완. "동요 〈고향의 봄〉 〈오빠생각〉의 이원수·최순애 후손들." 월간조선, 2018년 7월호 (2018).

김태호. "'통일벼'와 증산체제의 성쇠: 1970년대 "녹색혁명"에 대한 과학기술사적 접근." 역사와현실 74 (2009): 113-145.

김태훈. "ETRI 특허 경쟁력, 美 MIT 또 눌렀다." 한국경제신문, 02/APR/2014 (2014).

김현지. "[中企 5색파워] 고부가가치 섬유로 다시 뛰는 휴비스." 동아일보, 26/MAR/2012 (2012).

김형우. "청주 원흥이 방죽 살아나나…올들어 두꺼비 개체수 증가." 연합뉴스, 05/APR/2016 (2016).

남종영. "토종 반달곰 씨 말린 '감자폭탄' 뭐길래?." 한겨레신문, 06/JAN/2013 (2013).

남현호. "세계 최대 감압증류탑." 연합뉴스, 19/DEC/2006 (2006).

노형석. "1500년을 살아낸 뼈, 그날의 역사를 쏟아내다." 한겨레신문, 21/SEP/2020 (2020).

농수산물유통공사. "명태." 농수산물유통공사, 수산물 수출유망품목 해외시장정보, 2010년 12월호 (2010).

뉴시스 편집부. "'분홍 구름 물결 가득' 여수시 선사유적공원 핑크뮬리 군락지." 뉴시스, 08/OCT/2021 (2021).

뉴시스 편집부. "금호석유화학, '라텍스 장갑 91만장' 울산·여수 의료시설에 기부." 뉴시스, 01/NOV/2021 (2021).

뉴시스 편집부. "텃새 '괭이갈매기' 때때로 일본으로 외유 한다." 뉴시스, 06/OCT/2020 (2020).

뉴시스 편집부. "화물연대 파업에 현대차 울산공장 사흘째 생산 차질(종합)." 뉴시스, 10/JUN/2022 (2022).

대전선사박물관. "선사시대문화." 대전선사박물관홈페이지, 자료마당, 대전의 선사시대, 선사시대문화.

동아대학교 석당학술원. "국역 고려사." 경인문화사, 30/AUG/2008 (2008).

동아일보 편집부. "정조때 만든 저수지 만석거, 세계 관개시설물 유산 등재." 동아일보, 13/OCT/2017 (2017).

류재혁, 최해식, 유재일, 홍진혁. "품질 혁신 기반정비 선행…"농가들 선진적으로 변해야." 제민일보, 25/AUG/2022 (2022).

문민주. "[전주한지로드] ③ 전주한지 그리고 서예·공예: 한국 서단의 뿌리 전북⋯바탕엔 부드럽고 질긴 종이." 전북일보, 10/JUL/2022 (2022).

문수경, 김인수, 정보영. "거북손(Polllicipes mitella)의 식품 영양성분 특성." 한국수산과학회지 49, no. 6 (2016): 862-866.

문화재청. "동궁과 월지에서 신라 왕궁 수세식 화장실 유구 확인." 대한민국 정책브리핑(www.korea.kr), 문화재청, 26/SEP/2017 (2017).

문화재청. "또 한 분의 왕, 조선 왕실의 어진(御眞) 앞에 서다." 대한민국 정책브리핑, 07/DEC/2015 (2015).

박경은. "만약 한반도에 매머드가 살았다면." 경향신문, 25/APR/2010 (2010).

박구병. "멸치." 한국민족문화대백과사전 (1995).

박대한. "국제탄소페스티벌서 효성 탄소섬유 활용 예술작품 전시." 연합뉴스, 07/OCT/2015 (2015).

박미라. "'만지면 안돼요' 치명적 맹독 '파란고리문어' 올해만 제주서 9번째 발견." 경향신문, 15/NOV/2021 (2021).

박성래. "거중기 제작에 영향 미친 '등옥함'." The Science & Technology 3 (2006): 108-110.

박양수. "전자통신硏-벨연구소, 韓-美 'IT 대표연구소' 통신기술 협력." 문화일보, 18/APR/2008 (2008).

박영문. "전국서 가장 컸던 규모⋯한밭의 숨결 고스란히." 대전일보, 22/JUN/2017 (2017).

박정재. "북반구에서 확인된 최종빙기 이래 단주기성 기후변화의 증거-북대서양 지역과 한반도를 포함한 동북아시아 자료의 비교/종합." 기후연구 10, no. 1 (2015): 25-41.

박종래. "[ET대학포럼] ⟨47⟩탄소소재산업 진흥, 탄소중립 실현과 수소경제 활성화의 돌파구." 전자신문, 01/DEC/2021 (2021).

박종필. "제주삼다수, '사이판 국민생수' 등극한 이유는." 한국경제신문, 13/AUG/2020 (2020).

박철종. "[문화관광해설사의 비망록-울산여지승람] 박제상의 충절과 부인의 정절⋯세세손손 길이 남을 감동." 경상일보, 30/NOV/2016 (2016).

배문숙. "출연연 기술이전료 1500억 배분 골머리." 중도일보, 24/NOV/2014 (2014).

배창휴. "국내 재배지의 산초(Zanthoxylum schinifolium)와 초피(Zanthoxylum piperitum)의 형태학적 특성과 유전적 다양성." 한국자원식물학회지 29, no. 5 (2016): 555-563.

변지철. "[다시! 제주문화] (26)여다(女多)의 섬 제주⋯슬픈 해녀의 사연." 연합뉴스, 12/DEC/2021 (2021).

변지철. "[제주 지하수 위기] ①"18년간 걸러진 자연의 물" 제주 섬 전체가 천연 정수기." 연합뉴스, 19/MAR/2019 (2019).

부산광역시. "지역상징." 부산광역시 웹사이트, 부산소개, 부산의 상징.

부산박물관. "동삼동패총발굴조사." 부산박물관 웹사이트, 학술연구활동, 유적조사.

서동철. "두루봉 유적 보존 못한게 恨." 서울신문, 18/JAN/2007 (2007).

서울경제 편집부. "[서울경제TV SEN] 현대중공업, 세계 최대 컨테이너선 완공." 서울경제, 18/NOV/2014 (2014).

서울경제 편집부. "고려아연, 3분기 주목할 부분은 금 생산량과 생산 능력." 서울경제, 24/OCT/2014 (2014).

서현교. "'현대차 초기 엔진개발, 미쯔비시가 막았었다'." THE SCIENCE TIMES, 02/MAY/2007 (2007).

서형주, 정수현, 김영순, 홍재훈, 이효구. "쌀보리, 겉보리 및 밀을 이용한 엿 기름의 특성." 한국식품영양과학회지 26, no. 3 (1997): 417-421.

선유정. "과학공간에서 정치공간으로: 은수원사시나무 개발과 보급." 한국 과학사학회지 31, no. 2 (2009): 437-474.

성규열, 박맹언, 고용권, 김천수. "부산지역 지열수의 기원과 진화." 대한자 원환경지질학회 2001년도 춘계 공동학술발표회 (2001): 39-41.

성명환, 이진면, 이상민. "제주도 지하수의 지역산업연관 효과 분석." 농촌 경제 34(5) (2011): 55-71.

성효현, 김지수, 서지원. "세계유산의 등재기준(vii)의 적용 사례 분석과 잠 정목록 상에 있는 한국 자연유산에의 적용 가능성 연구: 설악산을 중심으로." 대한지리학회지, 51(1) (2016): 1-21.

소봄이. "'신비의 꽃·경사 징조' 대나무꽃, 2년 만에 전북 정읍서 발견." 세 계일보, 01/JUL/2019 (2019).

손영옥. "'구스타프 황태자 폐하, (서봉총) 금관을 꺼내십시오'." 국민일보, 03/APR/2016 (2016).

손천만보전과. "위치와 면적." 순천만국가정원 순천만습지 소개 웹사이트, 순천만 안내.

송근섭. "도의회, 충주댐·대청댐 공업용수 '충북 우선 배분' 촉구." NEWS1, 16/DEC/2019 (2019).

송창희. "청주 두루봉 동굴은 포유류 최대 서식지." 중부매일, 03/MAR/2016 (2016).

송호인. "墓域附加支石墓: 청동기시대의 의례·상징 매체." PhD diss., 서울대 학교 대학원, 2020 (2020).

수원문화원. "수원지명총람." 수원시, 수원문화원 (1999).

신동명. "고뤠~? 멸치 그물에 고래가 걸렸다고?." 한겨레신문, 29/JUN/2015 (2015).

신발산업진흥센터. "한국 신발산업 통계(산업현황)." 부산경제진흥원 신발 통계자료 웹사이트, 신발정보, 신발통계자료.

신승은. 올해 상반기 제주지역 수출 1억달러 돌파 전년 동기 2배." 제민일보, 21/JUL/2021 (2021).

심영석. "KAIST 등 공동연구팀, 화학색소 없는 구조색 컬러인쇄 기술 개발." NEWS1, 14/DEC/2021 (2021).

심재, 신익철 등(번역). "교감 역주 송천필담." 보고사, 28/DEC/2009 (2009).

아주경제 편집주. "'악재 털었다'… 현대중공업 골리앗 FPSO 내달 초 인도." 아주경제, 21/JAN/2015 (2015).

안소현, 김호연. "화분분석으로 본 신라 왕경 식생사와 문화경관." 한국고고학보 117 (2020): 71-103.

안소현. "월성 해자 식물유체로 본 경관 복원 연구." 한국상고사학보 105, no. 105 (2019): 199-228.

안주영, 윤은영, 박학수, 전효수. "여수 월내동 출토 비파형동검의 보존." 박물관 보존과학 13 (2012): 51-58.

여수=곽래건. "정유·석유화학 단지의 혈관 '사외 관로'… 동맥경화를 막아라." 조선비즈, 06/MAR/2018 (2018).

연민수 등(번역). "신라가 김춘추를 파견함." 사료라이브러리 > 일본서기 > 권제25 천만풍일천황(天萬豐日天皇 ; 아메요로즈토요히노스메라미코토) 효덕천황(孝德天皇 ; 코우토쿠텐노) > 효덕천황(孝德天皇) 3년 > 미상 >신라가 김춘추를 파견함.

연지민. "흥수아이·소로리 볍씨 논쟁 점화." 충청타임즈, 18/JAN/2018 (2018).

연합뉴스 편집부. "부산신항에 일부 자동화 원격조종 크레인 설치한다." 연합뉴스, 22/JUN/2019 (2019).

연합뉴스 편집부. "비양도 천년기념비." 연합뉴스, 21/JUL/2002 (2002).

연합뉴스 편집부. "산업계, 한−볼리비아 '리튬 협력'에 기대(종합)." 연합뉴스, 26/AUG/2010 (2010).

연합뉴스 편집부. "신발산업 100년 중심지 부산에 '황금신발 테마거리'." 연합뉴스, 20/SEP/2021 (2021).

염정섭. "18 세기 말 華城府 수리시설 축조와 屯田 경영." 농업사연구 9, no. 1 (2010): 55-96.

오강원. "琵琶形銅劍~細形銅劍 T 字形 靑銅製劍柄의 型式과 時空間的 樣相." 한국상고사학보 41 (2003): 1-31.

오산리선사유적박물관. "청동기 유적 − 속초 조양동." 오산리선사유적박물관 웹사이트, 학술정보, 강원, 영동지방, 선사유적, 청동기, 속초 조양동.

우리역사넷. "거중기의 발명과 화성 축조." 우리역사넷, 사료로 본 한국사, 서양 문물의 수용과 과학의 발달.

우리역사넷. "목사 이형상의 순력 기록화, 제주 문화가 담기다." 우리역사넷 웹사이트, 한국사 연대기 조선 탐라순력도.

울산항만공사. "2021년도 울산항 통계연감." 울산항만공사, UPA-2022-011-10 (2022).

원재정. "[국감] 쌀 자급률마저 '흔들', 문재인정부 농정 난맥상 드러내." 한국농정, 22/OCT/2021 (2021).

원종찬. "[예술인의 연애] 이원수의 '고향의 봄'과 최순애의 '오빠 생각'." 인천화락, 2012 Vol.1 (2012).

원호섭. "만화영화 '태권V' 현실화한다면…." 동아일보, 29/JUL/2011 (2011).

유성은. "더 리얼 블루스 : 블루스 음악의 이해와 역사." 커뮤니케이션북스, 12/MAR/2020 (2020).

유용욱. "충청지역 구석기 유적의 다양성: 금강유역을 중심으로." 충청문화연구 21 (2018): 221-251.

유해균, 변순규. "명태 초기 생활사에 고수온이 미치는 영향." 해양환경안전학회지 21, no. 4 (2015): 339-346.

유혜민, 박지연, 송예슬, 이은정, 강송이, 김주효, 박민지 등. "한국의 갯녹음 실태 연구." 응용지리 33 (2016): 79-102.

윤계순, 고하영. "찰보리를 이용한 인절미 제조와 품질 특성." 한국식품영양과학회지 27, no. 5 (1998): 890-896.

윤기윤. "두루봉동굴 '흥수아이' 첫 발견자 김흥수 씨." 충북일보, 13/APR/2015 (2015).

윤온식. "[광주] 여수 안도패총서 5개의 팔찌를 낀 인골 확인." 문화체육관광부 국립중앙박물관 웹사이트, 소식 참여, 소식, 알림, 24/APR/2007 (2007).

윤우용. ""세계 3대 광천수 '초정약수' 지켜라"…청주시 보전 나서." 연합뉴스, 16/JUL/2020 (2020).

이길우. "선비의 기품 뽐내는 합죽선에 박쥐를 그려넣은 까닭은?." 한겨레신문, 11/AUG/2015 (2015).

이명지. "'코발트·리튬·텅스텐·니켈·망간' 미래를 이끌 다섯 가지 핵심 광물." 한경BUSINESS, 30/JAN/2018 (2018).

이미자, 김양길, 서우덕, 최인덕, 김현영, 강현중, 김선림. "국내 겉보리 이용 엿기름의 효소역가 및 이화학적 특성." 산업식품공학 20, no. 1 (2016): 8-14.

이상준. "동궁과 월지 조사 연구 현황과 과제." 한국고대사연구 100 (2020): 27-49.

이석우, 김인식, 이제완, 최영임, 이욱. "임목개량 60년: 성과와 전망." Korean Journal of Breeding Science 52 (2020).

이선규. "두발로 걷는 원시악어 발자국 화석, 세계 최초 경남 사천에서 발견." 부산일보, 12/JUN/2020 (2020).

이용상. "[Car스텔라] 저무는 엔진의 시대… 31년 만에 운명 맞은 정주영 뚝심." 국민일보, 01/AUG/2022 (2022).

이윤석. "[이윤석의 조선 후기史 팩트추적(9)] 유리, '애지중지' 보배였던 반전 과거 있다? ." 월간중앙, 17/SEP/2021 (2021).

이윤선, 이승호. "기후변화가 벼의 생산량에 미치는 영향." 국토지리학회지 42, no. 3 (2008): 405-416.

이윤정. "양궁 남자 단체전 금 가른 김제덕의 활…. '꿈의 소재'로 만든 한국기업 제품." 조선비즈, 28/JUL/2021 (2021).

이지효. "청주 두루봉 동굴 사냥·장례문화 발달." 중부매일, 11/JUN/2017 (2017).

이채경. "『三國遺事』와 스토리텔링: 동서양 이야기의 비교를 중심으로." 국제언어문학 39 (2018): 257-289.

이한수. "괭이갈매기." 전국과학관 길라잡이, 과학학습콘텐츠, 우리나라 텃새 (2015).

이행 등, 이익성 등(번역). "신증동국여지승람." 한국고전종합DB. 1530경.

이현정. "꽃가루와 함께 온 '콜록'… 고통스런 천식, 벗지 못하는 마스크." 서울신문, 09/MAY/2022 (2022).

李亨求. "春川 中島의 古代 共同體社會." 한국고대사탐구 21 (2015): 371-438.

이효신, 한상억, 박지민, 현정오, 강규석. "우리나라 임목육종 사업의 주요 성과 및 연구 동향." 산림과학 공동학술발표논문집 2014 (2014): 291-291.

이희수. "인류본사." 휴머니스트, 27/JUN/2022 (2022).

이희준. "[문화人칼럼] 소제동 철도관사촌." 중도일보, 20/APR/2022 (2022).

일연, 김희만 등(번역). "삼국유사." 국사편찬위원회 한국사데이터베이스.

임중권. "[임중권의 현장을 가다] 산업용 'LMF' 생산 휴비스 전주공장, 글로벌 점유율1위…'향토기업'우뚝." 국민일보, 28/JUL/2019 (2019).

장길수. "국방과학연구소, 자율터널탐사(ATE) 로봇 개발." 로봇신문, 21/JUN/2022 (2022).

장대석. "450살 전주 '곰솔' 나무 죽어도 천연기념물 된다." 중앙일보, 01/SEP/2004 (2004).

전봉관. "금광왕 최창학의 새옹지마." 나라경제, 칼럼, 2009년10월호 (2009).

전승욱, 전병희, 최창근. "제주 남부해역 조하대 하계 해조군집 및 갯녹음 특성." 해양환경안전학회지 25, no. 2 (2019): 212-219.

전창훈. "'월 5억7천만원씩' 전기 먹는 신세계." 부산일보, 29/JAN/2010 (2010).

정상빈. "명태 살리기 7년… 내년에도 20만 마리 방류." KBS NEWS, 뉴스

9(강릉), 23/DEC/2021 (2021).

정윤주. "삼성 "28㎓ 통합형 기지국에서 8.5Gbps 다운로드 속도 달성"." 연합뉴스, 15/APR/2020 (2020).

조근영. "HSI를 활용한 두꺼비 서식지 조성모델 연구: 원흥이방죽 대체서식지를 중심으로." 상명대학교 대학원 석사학위 논문 (2017).

조민규. "비빔밥으로 외국인 입맛 사로잡은 대한항공." 서울경제, 09/MAR/2017 (2017).

조민주. ""82년 살면서 이런 광경은 처음"…울산 울주군서 대나무꽃 개화 '눈길'." NEWS1, 17/MAY/2021 (2021).

조성하. "[코리안 지오그래픽] 섬, 휴식의 땅<3>제주도-물의나라." 동아일보, 30/JUL/2003 (2003).

차지완. "여수석유비축기지 확장." 동아일보, 23/SEP/2009 (2009).

최대임(번역). "동국세시기." 홍신문화사, 01/AUG/1989 (1989).

최미랑. "플라타너스, 대기오염물질 정화기능 많아." 국정브리핑, 21/JUN/2004 (2004).

최수상. "울산해경, 1억700만 원짜리 밍크고래 주워.. 판매금 국고로." 파이낸셜뉴스, 02/DEC/2019 (2019).

최종권. "전국 화장품 30%생산…'K-뷰티' 메카 청주서 화장품산업엑스포." 중앙일보, 17/OCT/2022 (2022).

통계청. "인구 천명당 범죄발생건수(시도), KOSIS." KOSIS, 통계청@통계정책과(자료문의처: 042-481-3608), 수록기간: 년 2004~2020/자료갱신일: 2021-11-30 (2021).

하종훈. "신라 설화에 묻어난 미다스왕…동서양 잇는 최중심 '오리엔트'." 서울신문, 16/JUN/2022 (2022).

한국수자원공사. "물과 미래." 한국수자원공사, 2016 세계 물의 날 자료집, 11-B500001-000080-10 (2016).

허균, 신승운(번역). "도문대작." 한국고전종합DB, 고전번역서 > 성소부부고 > 성소부부고 제26권 > 설부 > 최종정보, 1611경.

허만규, 윤혜정, 최주수. "trnL-trnF 서열에 의한 한국 귤나무속과 두 근연 식물종의 계통분류학적 연구." 생명과학회지 21, no. 10 (2011): 1452-1459.

허문회. "통일벼 품종 개발." 농정반세기 증언: 한국농정50년사 별책 (1999): 337.

홍미진, 김미란, 이호, 조상문. "독도에서 번식하는 괭이갈매기의 연간 서식 범위 첫 보고." Ocean and Polar Research 41, no. 2 (2019): 99-105.

홍의영, 오세욱(번역). "북관기사." 한국고전종합DB, 1807경.

홍정원. "[포토]현대중공업 골리앗 FPSO 완공 기념식." 아시아투데이, 13/FEB/2015 (2015).

황상일, 윤순옥. "자연재해와 인위적 환경변화가 통일신라 붕괴에 미친 영향." 한국지역지리학회지 19, no. 4 (2013): 580-599.

황선도. "친애하는 인간에게, 물고기 올림." 동아시아, 04/SEP/2019 (2019).

황천규. "대전부르스 노래비를 찾습니다." 충청신문, 05/OCT/2020 (2020).

황태호. ""日보다 먼저 개발하라" 가보지 않은 길에서 이룬 '반도체 독립'." 동아일보, 28/MAY/2021 (2021).

Archetti, Marco, Thomas F. Döring, Snorre B. Hagen, Nicole M. Hughes, Simon R. Leather, David W. Lee, Simcha Lev-Yadun et al. "Unravelling the evolution of autumn colours: an interdisciplinary approach." Trends in ecology & evolution 24, no. 3 (2009): 166-173.

Bhacker, M. Redha. "The cultural unity of the Gulf and the Indian Ocean: A Longue Duree historical perspective." In The Persian Gulf in History. Palgrave Macmillan, New York (2009): 163-171.

Bruggink, Sjoerd C., Maurits NC de Koning, Jacobijn Gussekloo, Paulette F. Egberts, Jan Ter Schegget, Mariet CW Feltkamp, Jan Nico Bouwes Bavinck, Wim GV Quint, Willem JJ Assendelft, and Just AH Eekhof. "Cutaneous wart-associated HPV types: prevalence and relation with patient characteristics." Journal of Clinical Virology 55, no. 3 (2012): 250-255.

Candela, Rosolino A., Peter J. Jacobsen, and Kacey Reeves. "Malcom McLean, containerization and entrepreneurship." The Review of Austrian Economics (2020): 1-21.

Carpenter, Roger E., and Mary A. Stafford. "The secretory rates and the chemical stimulus for secretion of the nasal salt glands in the Rallidae." The Condor 72, no. 3 (1970): 316-324.

Chaiklin, Martha. "The Flight of the Peacock, or How Peacocks Became Japanese." In Animal Trade Histories in the Indian Ocean World. Palgrave Macmillan, Cham (2020): 277-314.

de Souza, A. Domiciano, Philippe Bendjoya, Farrokh Vakili, Florentin Millour, and R. G. Petrov. "Diameter and photospheric structures of Canopus from AMBER/VLTI interferometry." Astronomy & Astrophysics 489, no. 2 (2008): L5-L8.

Feitosa, Johnny Peter Macedo. "Evaluation of the use of different types of Carnauba Wax as additives for warm mixtures."

Friedlaender, Ari, Alessandro Bocconcelli, David Wiley, Danielle Cholewiak, Colin Ware, Mason Weinrich, and Michael Thompson. "Underwater components of humpback whale bubble-net feeding behaviour." Behaviour 148, no. 5-6 (2011): 575-602.

GOLDSTEIN, DAVID L., Maryanne R. Hughes, and ELDON J. BRAUN. "Role of the lower intestine in the adaptation of gulls (Larus glaucescens) to sea water." Journal of experimental biology 123, no. 1 (1986): 345-357.

Huybers, Peter, and William Curry. "Links between annual, Milankovitch and continuum temperature variability." Nature 441, no. 7091 (2006): 329-332.

Kaler, James B. "Canopus." The Hundred Greatest Stars (2002): 36-37.

Kim, Jeong-Sook, and Soon-Wook Kim. "Monitoring Flaring State in the Black Hole X-Ray Binary/Microquasars GRS 1915+ 105 and Cyg X-3: Radio Timing with the Korean VLBI Network." In AIP Conference Proceedings, vol. 714, no. 1. American Institute of Physics (2004): 160-166.

Lev-Yadun, Simcha, and Kevin S. Gould. "Role of anthocyanins in plant defence." In Anthocyanins. Springer, New York, NY (2008): 22-28.

Lin, Gang, and Xiaozhen Rao. "Metamorphosis of the pedunculate barnacle Capitulum mitella Linnaeus, 1758 (Cirripedia: Scalpelliformes)." Journal of the Marine Biological Association of the United Kingdom 97, no. 8 (2017): 1643-1650.

Lévi-Strauss, Claude. "The use of wild plants in tropical South America." Economic Botany 6, no. 3 (1952): 252-270.

Miller, Michael J., Tsuguo Otake, Gen Minagawa, Tadashi Inagaki, and Katsumi Tsukamoto. "Distribution of leptocephali in the Kuroshio current and East China Sea." Marine Ecology Progress Series 235 (2002): 279-288.

Rao, X., & Lin, G.. Effects of age, salinity and temperature on the metamorphosis and survival of Capitulum mitella cyprids (Cirripedia: Thoracica: Scalpellomorpha). Journal of the Marine Biological Association of the United Kingdom, 100(1) (2020): 55-62.

Schaberg, P. G., P. F. Murakami, M. R. Turner, H. K. Heitz, and G. J. Hawley. "Association of red coloration with senescence of sugar maple leaves in autumn." Trees 22, no. 4 (2008): 573-578.

Seier, M. K., H. C. Evans, O. H. Bonilla, A. Rapini, F. S. Araujo, R. C. Costa, K. M. Pollard, K. de L. Nechet, D. J. Soares, and R. W. Barreto. "Embarking on classical biological weed control in Brazil: the rust fungus Maravalia cryptostegiae versus Cryptostegia madagascariensis." In Proceedings of the XV International Symposium on Biological Control of Weeds, Engelberg, Switzerland, 26-31 August 2018. Organising

Committee, XV International Symposium on Biological Control of Weeds 2018 (2018): 71-73.

Sharpe, F. A., and L. M. Dill. "The behavior of Pacific herring schools in response to artificial humpback whale bubbles." Canadian Journal of Zoology 75, no. 5 (1997): 725-730.

Singh, Lovedeep. "The metal box that transformed global trade: The innovative vision of Malcom McLean behind the container revolution." Legacy 19, no. 1 (2019): 4.

Song, Dong-Heon, Tae-Wan Gu, and Hyun-Wook Kim. "Quality Characteristics of Senior-Friendly Gelatin Gels Formulated with Hot Water Extract from Red Maple Leaf as a Novel Anthocyanin Source." Foods 10, no. 12 (2021): 3074.

Sumich, J. "Growth of baleen of a rehabilitating gray whale calf." Aquatic Mammals 27, no. 3 (2001): 234-238.

우리나라 도시에 숨겨진 과학 이야기
곽재식의 도시 탐구

초판 1쇄 인쇄 2022년 11월 10일
초판 1쇄 발행 2022년 11월 15일

지은이 곽재식

펴낸이 김연홍
펴낸곳 아라크네

출판등록 1999년 10월 12일 제2-2945호
주소 서울시 마포구 성미산로 187 아라크네빌딩 5층(연남동)
전화 02-334-3887   **팩스** 02-334-2068

ISBN 979-11-5774-730-6 03500